中国人类学

第一辑

周永明 /主编

商务印书馆
创于1897 The Commercial Press

2015年·北京

图书在版编目(CIP)数据

中国人类学. 第1辑/周永明主编. —北京:商务印书馆,2015
ISBN 978-7-100-11861-3

Ⅰ.①中… Ⅱ.①周… Ⅲ.①人类学—研究
Ⅳ.①Q98

中国版本图书馆CIP数据核字(2015)第306323号

中国人类学
第一辑
周永明 主编

商 务 印 书 馆 出 版
(北京王府井大街36号 邮政编码100710)
商 务 印 书 馆 发 行
北京市艺辉印刷有限公司印刷
ISBN 978-7-100-11861-3

2015年12月第1版 开本 787×1092 1/16
2015年12月北京第1次印刷 印张 21 1/2
定价:59.00元

全球代中国:《中国人类学》发刊词

发轫于20世纪初期的中国人类学，迄今已走过近百年历程。作为一门现代社会科学学科，人类学在中国的发展，可谓一波三折，坎坷艰辛。纵观历史，其发展过程主要受到三方面因素的影响和催化，包括中国历史环境之起伏，世界政经体系之重组，以及自身学术范式之更新。前者影响了人类学在中国的滥觞、成长、沉沦和复兴，后两者则对学科整体的自省和变化产生了巨大推动。尤其是在世界殖民体系崩溃后，人类学对以往知识生产的视角和方法进行了深刻反思，导致了学科研究范围、对象、理论、方法和视角前所未有的变化和扩展，进而又对20世纪80年代后复苏的中国人类学产生了深刻影响。如果说早期人类学研究注重异族文化特别是前国家形态的社会和人群，全球化的浪潮已经将研究范围和对象扩展到包含西方社会的“地球村”的各个角落。可以自豪地说，当代人类学的范围无远弗届，对象无所不包，成果迭出不穷，影响流布深远，研究的广度和深度均称空前。《中国人类学》的创刊，可谓躬逢其盛，生逢其时！

顾名思义，《中国人类学》的学术定位，将重点讨论与中国相关的理论和实际问题。和以往不同的是，当代的“中国”概念已经不限于其地理版图，而且包括其在世界范围的活动和影响。众所周知，全球化对人类社会带来了深远的变化，中国经验尤为显著。中国过去数十年间通过改革开放，成功融入全球市场经济并迅速崛起，成为举足轻重的全球化力量，置身当代世界最重要的历史事件。当前中国资本、人员和观念在世界范围内的流通和碰撞，规模之盛，强度之大，令人震撼，引人注目。一百多年前，面对西方的挑战，中国的有识之士发出了如何理解和应对数千年未有之大变局的惊呼和呐喊。斗转星移，用“大变局”来形容中国当今发生的变化，丝毫不为过。全球化正在深刻地改变中国的历史进程，与此同时，国力不断增强的中国也愈来愈成为推动全球化进程的积极主动角色。近年来，中国在全球范围内的政治、经济和文化活动已引发学者愈来愈多的关注和研究。

正因为此，全球化应该成为中国历史的一个标杆。以往对中国历史阶段进行宏观界定，通常或以时间年代为标尺，冠以古代、近代和现代中国等分段；或以社会属性为刻度，赋予奴隶制、封建制或社会主义中国的标签。《中国人类学》提倡采用时间、空间和属性三位一体的维度，用“全球代”这一概念来界定大变局中的中国。需要指出的是，全球代和全球化是两个概念，彼此相互关联重合，又有所区别。虽然全球化不等同于西方化，是一个多边过程，但因不平等的世界政治经济秩序，许多表面高度全球化的国家常常只是被动或是边缘的参与者。全球代国家指的是在经济、政治和文化领域占据重要位置，并以此主动地、积极地影响其他国家全球化过程的实体。显而易见，美国是当今全球代国家的典型代表。而当今中国正在上演的历史大戏，一方面自身被日益全球化，一方面在全球其他国家施展“中国化”的影响，正是全球代国家的一体两面。

这个业已改变的社会和历史场景，为中国人类学研究的范畴、对象、方法、分析概念和理论框架带来了前所未有的机会和挑战。如何赋予全球化和当代中国进程深度的理论和概念反思？如何记录和诠释全球代中国，寻找和发现新的研究领域、对象和视角，都是中国人类学界不可回避的问题。回溯历史，前辈先贤当年搁置欧美学界对“原始”族群的强烈关注，通过研究攸关中国社会的农村和农民生活，对拓展人类学研究领域、对象和视角，做出了自己的独特贡献。同理，如何界定和研究攸关当代中国社会本质的新现象，如何定位和理解中国向全球代的转变过程，呼唤包括人类学在内的学术共同体的集体努力。近年来学界同仁倡导海外民族志研究，以及加强世界范围内民族学研究的努力，已启良好开端。《中国人类学》将秉承学科传统，瞄准历史机遇，立足时代前沿，提倡理论创新，鼓励研究者在继续深耕国内的同时，将视野随着全球代中国伸展到世界各地。开新域，创新法，发新声，为学科建设添音加符，共谱华章，以无愧于中国人类学者生逢其时的“大变局”时代！

目　录

青年学者专栏

全球化专栏

路学专栏

书 评

编后记

青年学者专栏

前进与后退：中国西南边疆的古茶林、少数民族与模棱的现代性

洪伯邑*

一、前言

今日“边疆”一词，在以汉人为中心的中国社会语境里，带有多重甚至互相冲突的意涵（Hung 2013）。例如，边疆常意指中原文化以外的“化外之地”，带有“落后”之地的意义。在西南中国，边疆等同于落后这层意义，尤常见于对少数民族地区的指涉。举例而言，西南少数民族刀耕火种的生产方式被论述成为落后地景（landscape）的代表（Sturgeon 2005）；而少数民族也因此被当作是生活在落后状态的族群（Harrell 1995；Harwood 2009；Sturgeon 2007；2010）。这种把边疆等同于落后，进而把少数民族当作落后族群的论述，是中国国家力量对边疆赋予其“原始性”（primitivity）的建构，目的不只是为凸显少数民族地区的落后，更为了对比出中原汉人主体社

* 洪伯邑，台湾大学地理环境资源学系。通讯方式：poyihung@ntu.edu.tw。

会相对优越的现代性（modernity）（Gladney 2005）。也因此，一直到今天，政府在西南执行的许多政策，都是为了改善那些所谓落后的边疆地景，从而让少数民族步上现代化（modernization）的道路。

与此同时，中国的西南边疆则又标示着“原始自然”尚未被破坏的地方；而生活在这片原始自然的少数民族则被主流汉文化认为是保存“传统”最完善的族群（Schein 2000）。这样的说法与意象，常见于西南中国的旅游发展论述里（Litzinger 2004）。再则，一些国际环境保护组织在中国西南的主要项目，又加深了中国西南边疆等同于原始自然这样的意象。例如，联合国教科文组织（UNESCO）把云南西北的三江并流区域列为世界的自然遗产。根据教科文组织的介绍，三江并流区域是世界上少有的自然基因库，人为的干扰还非常少，不仅是中国的也是全球的生物多样性热点（UNESCO 2012）。在这样的情况下，中国的西南边疆被当作是人为干扰强度极低的自然天堂。在环境主义者的理念里，他们把“人”从“自然”里抽离（Weller 2006），然后将现代化发展的过程视为破坏西南边疆原始自然的人为因子。

“落后”与“自然”，这两个看似相对不相容的意象，同时并存在中国的西南边疆；也因而让“现代化”的意义在西南中国变得模棱两可。一方面，现代化是改善西南边疆“落后”景况的必经之路；但另一方面，现代化又被当作是破坏西南边疆“原始自然”的威胁因素。关于西南中国现代化的发展，学者已经累积了不同面向的研究。例如，关于经济作物种植与“落后”论述之间的关系（Sturgeon，2010），边疆意象重构与旅游发展（Oakes 2007；Kolås 2011），西南边疆自然环境与国际非政府组织的项目（Litzinger 2004；Hathaway 2010）。这些研究多少都对西南边疆的地景意义转变有所着墨。更具体地说，这些研究体现了中国西南边疆的地景意义建构，不论是“落后”或是“原始自然”，都为了重新建立改革开放后边疆发展、晚近社会主义体制（late-socialist regime）（Zhang 2006）与市场经济（market economy）三者的关系。在这些研究的基础上，我提出这些关于“落后”与“原始自然”相对意义的并置（juxtaposition），无论是象征性的或者在实质的物质意义上，皆源于西南边疆“模棱的现代性”（ambiguity of modernity）（Hung 2013）。

所谓“模棱的现代性”，根源于“不相容却又同时并存的欲求”（Warde 1997：173；Adema 2000）。本文以西南边疆少数民族地区的茶叶生产为研究基础，提出西南边疆对于“传统”的保存与“进步”（advancement）的想望，形成两股不相容却又同时并存的欲求（Hung 2014）。而这些欲求则具象地呈现在茶叶种植地景的转变上，形成一种“自然”与“发展”的“群聚”（assemblage）现象。再者，本文也提出“传统”与“进步”两者不相容却又同时并存的欲求，其实提供了国家更多的游移空间（Hung 2014），在象征与实质意义上建构一种“现代性中的传统”（tradition in modernity），借以更弹性地迎合瞬息多变的茶叶市场需求。除此之外，本文也探究少数民族如何借由茶叶生产在模棱的现代性中重新定位自身族群的位置。大体而言，我用云南茶产业地景的变迁来探视模棱现代性的出现及其带来的效应。民族志是我主要搜集资料的方法，而主要的田野调查点是在景迈山上的芒景村（图 1）。芒景村的村民大多是布朗族人。而我主要关注点是在芒景村当地进行的台地茶园（亦称现代茶园）改造；简单而言，人们将台地茶园改造成“生态茶园”，以期在未来所有的生态茶园都能恢复成古茶林或古茶园。

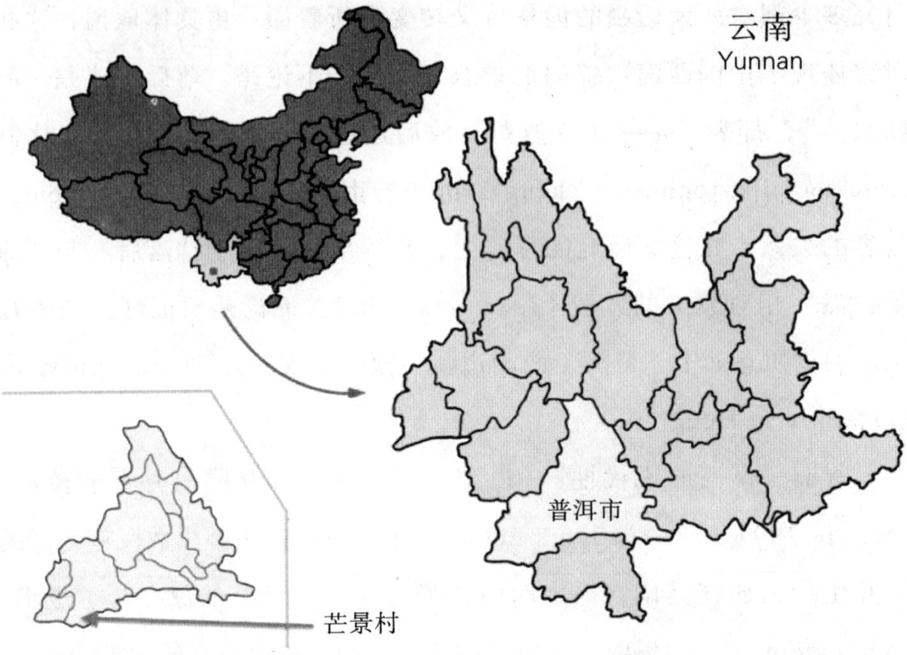

图 1. 云南省普洱市景迈山位置（原图下载自 http://zh.wikipedia.org/wiki/File:Location_of_Pu%27er_Prefecture_within_Yunnan_(China).png，本文作者进行了修改）

在理论工具的部分，我以“全球化群聚”（global assemblage）（Ong and Collier 2005）为架构来检视中国西南边疆上模棱的现代性。在理论架构的解释后，我将简单交代本文的研究方法与资料搜集。再者，我会简要地阐释云南主要的三种茶地景的意义转变，包括台地茶园、生态茶园与古茶林；从中我也会分析“现代性”与“自然”如何在这三种茶地景的转变中产生意义上的重构。紧接着，我把焦点放到芒景村的茶地景变迁，解析在官方论述里，生态茶园的“生态”一词，如何重新形塑“现代性”与“自然”的关系。在文章结论之前，我会比较细致地看待芒景村民如何对茶地景的改造做出回应，尤其是他们对“传统”、“现代”、“科学”与“自然”这些词汇的重新理解与布朗族人到底居于何位置的困惑。

二、理论对话：全球化群聚与模棱的现代性在中国

关于现代性的讨论，大致可以分为两个路径。首先是将现代性视为西方启蒙时代后的产物，着重理性，强调进步（Harvey 1991）。在这层理解下，现代化是一种线性的（linear）进步过程，是从所谓的“传统”的“非理性”社会进步到“理性”与“科技化”（technoscientific）的社会（Taylor 1989）。因此，为了达到现代性的目的，技术的创新是必须的，从而启动新形式的工业生产与消费，并借以支持社会与政治结构以及文化上更进步的改革（Woods 2011）。

“发展”（development）被视为通往现代性下科技理性社会的途径（Escobar 1992；Ferguson 1999）。更进一步说，在西方论述的现代性下，“发展”在全球各地成为一种进步的统一形式，却不论其源自西方社会脉络的事实（Gupta 1998）。然而，这种源自西方却被视为全球统一化的现代性模式，已经受到挑战；学者呼吁以一种“越界西方”（beyond-the-west）的研究视角来检视现代性（Robinson 2003）。这种“越界西方”的视角，强调多元的地理历史脉络与文化的“在地处境”（situatedness），借此重新审视现代性与现代化过程，并对西方霸权式的现代性提出批判（比如 Escobar 1995；Gupta 1998；Ong 1988）。

大体而言，“越界西方”的方法是反对把西方的现代性模式套用到全球的不同角落，并强调“在地性”（provincialize）的过程（Chakrabarty 2007）。也就是说，对于现代性的关注，必须对以欧洲为中心的现代性思维提出反思，从而观照西方以外的知识与文化体系和现代性的关系（Escobar 2008）。换句话说，现代性或现代化不是遵循着西方模式的单一过程，而是在不同的非西方社会脉络下，呈现出的多元状态。在“越界西方”的思维下，我们必须探照不同社会脉络下的“另类现代性”（alternative modernities），甚至是“现代性的替代”（alternatives to modernity）（Escobar 2008）。不过，有学者忧心，过于

审视“另类现代性”或“现代性的替代”，可能会低估了全球化资本的力量。更具体地说，那些对多元现代性或他种形式现代性的过度强调，多少忽视了21世纪前所未有的全球经济不均与暴力（Watts 2003）。

必须强调的是，以西方为中心的现代性模式与“越界西方”两者并不必然是相互排斥的。相反，我认为，要对现代性议题有更全面的观照，我们必须同时注重西方霸权式的现代性单一逻辑，与其在地多元的现代性实践。为了更深刻理解两者间的相互关系，我以“全球化群聚”（Ong and Collier 2005；Collier 2006；亦参见 Marcus and Saka 2006）为理论架构，来思考在中国社会脉络下的现代性意涵。“全球化群聚”字面上指称一种“内在紧张”（inherent tension）的状态；具体而言，“全球化”意指“全括的”（encompassing）、“无缝的”（seamless）、“移地的”（mobile）；相对的，“群聚”意指“多元的”（heterogeneous）、“权变的”（contingent）、“不稳定的”（unstable）、“部分的”（partial）、“在地处境的”（situated）（Ong and Collier 2005：12）。

讨论全球化群聚，必须进一步认识“全球化形式”（global form）。所谓“全球化形式”，指的不只是技术科学面向，它同时也是一种集体的政治与道德结构，泛用到全球各地而不管社会文化有多么的不同（Ong and Collier 2005：11）。在这样的理论架构下，我们可以说现代性是一种源自西方却被泛用到全世界的全球化形式，是一种集体的政治与道德结构形式（Hung 2013）。但是，现代性作为一种全球化形式也无可避免地与其他在地因子产生互动；这些互动是权变的，没有特定规则的，不稳定的，因而在个别的地点不断形塑与再形塑出“现代性的群聚”（assemblage of modernity）（Hung 2013）。

在中国社会的脉络下，学者已经纷纷在不同的子题上对现代性意义的转变作出讨论；例如，现代性与工业化的生产与消费（Rofel 1992），现代性作为社会经济转变的“协商过程”（process of negotiation）（Oakes 1998），现代性与“地方建构”（place making）（Feuchtwang 2004）等等。与此同时，也有学者提出在讨论中国在地处境的现代性时，不能忽略新自由主义发展对全球，包括对中国的影响（Harvey 2007；Wang 2006）。近来，全球化群聚已被用来重新检视中国的私有化（privatization）与新自由主义理性（neoliberal rationality）之间的关系（Zhang and Ong 2008）。当新自由主义理性作为一种全球化形式，支持着中国的市场私有化的过程时，中国政府强势介入的力量并没有因为新自由主义的到来而消失；再者，中国各地的私有化进程并无一套统一的规则可循。相反，在中国私有化就是一种群聚的过程，综合着各式全球的与在地的因子，而非单一循着自由主义理性的路径而行（Zhang and Ong 2008）。

回到现代性的议题。现代化进程，在西方社会给的特定剧本里，强调进步与科学的重要（Gaukroger 2009）。进步与科学俨然定义了现代性的全球化形式，套用到包括中国在内的世界各个角落。但是，一个更关键的提问是，现代性的“全球化形式”，如何在中国的脉络里，转化成在地处境下的“群聚”，进而产生了什么效应？接下来，我将以西南边疆的转变，以云南茶地景的变迁为案例，来回答上述提问。

云南的茶地景带有现代性下不同的意义。我认为，这些茶地景的变迁正体现了中国西南模棱的现代性。如前所述，模棱的现代性源自并存却不相容的欲求（Warde 1997）。所谓并存却不相容的欲求或许具有广泛的定义，但在中国的西南边疆，我认为并存却不相容的欲求表现在对“现代性”与“自然”的同时需求上。自然似乎标示着远离现代化人为干扰的环境。但是从西南边疆茶产业的发展上看，茶地景的转变正展示着边疆对自然与现代性两者需求之间的挣扎，这些尤其凸显在古茶林的意义建构上。

在2000年以前，古茶林或古茶园通常代表着少数民族“落后的”

茶业生产方式，因而需要被“现代化”的台地茶园取代。然而时至今日，尤其在云南普洱市境内，那些所谓“现代的”台地茶园，正被改造成生态茶园，进而准备复育（restore）成古茶林里拥有的“自然环境”。我认为这些茶地景变迁的本身就是一种“群聚实践”（practice of assemblage）（Li 2007：264）的过程。群聚实践的过程把“自然”和“现代性”结合在一起，却也让这层结合处在紧张的关系中。从群聚实践的过程中，我们重新理解这些看似不相容的“自然”与“现代性”因子是如何结合在紧张的状态里，并在边疆上形成模棱的现代性。我以民族志的材料，分析现代性不仅以“全球化形式”强加在边疆茶叶的生产上，同时又在人们茶叶生产的日常生活实践（everyday practices）中，群聚不同的因子，让现代性模棱化。

三、研究方法概述

本文的研究成果是为期约 16 个月的多点民族志调查的一部分，主要的资料来源是根据 2010 年 10 到 12 月，以及 2011 年 3 到 5 月在云南省普洱市所做的调研。除了文献资料的搜集和对当地官员的访谈外，我主要以参与观察的方式，实际记录与了解景迈山上芒景村民的日常生活与茶叶生产的关系。

如同戈尔茨坦（Goldstein 2006：5）所述：最日常的生活经验，往往提供了检视现代性过程的最好材料。在民族志调研期间，我参与了芒景村民茶叶生产的日常实践，从采摘茶叶、制作加工，一直到产品销售。在此同时，我也观察并记录了村民、当地官员和外地茶商之间的互动。透过这些参与和观察，我得以从那些看似稀疏平常的日常生活节奏中，窥见茶与村民生活在经济、政治与文化等层次上的深层联结。虽然我的参与观察主要集中在芒景村里几个跟我关系比较紧密的布朗族家庭，但是他们的生活经历是芒景村民茶叶生产日常实践的缩影。

语言是我的一个研究限制。我只能说普通话，而无法用布朗话和当地村民沟通。不过，40 岁以下的村民大多能使用流利的普通话，尤其是与外地来的茶商或官员对话时。布朗村民之间大多以布朗话作为彼此沟通的语言；虽然如此，我很容易地可以要求村民做普通话的翻译，从而理解他们对话的意涵。

四、云南境内三类茶地景的并置：台地茶园、生态茶园与古茶林

在云南，茶被政府当作是拉抬边疆经济发展的现金作物（cash crop）之一（Sturgeon 2010）。云南的主要茶产区包括西双版纳自治州、普洱市与临沧市等，主产普洱茶。从 2000 年初起，由于普洱茶市场的腾飞，云南的茶地景发生了大变化。从 1999 年到 2007 年普洱茶市场崩盘之前，普洱茶的市价已经增值了超过十倍之多；更有报道指出，一磅上等普洱茶可以要价超过 150 美元（Jacob 2009）。这期间，许多山林被开垦成为台地茶园（图 2）。

图 2：台地茶园里密集而单一种植的茶树（洪伯邑摄）

大多数普洱茶其实产自台地茶园；不过，普洱茶也产自云南的古茶树。与台地茶园不同的，古茶树的树龄高达上百年甚至上千年，也没有台地茶园那种密集单一的人工种植管理。古茶树通常与其他乔木树种一起生长，也鲜少强烈的人为干预，因此形成了古茶林或古茶园的特殊地景（图 3）。这些古茶林或古茶园的地景，标示着历史上曾经辉煌的云南茶叶贸易。兴盛的茶叶贸易可以追溯到明清时代（Yang 2009），而云南的茶业生产甚至可以追溯到唐代（Giersch 2006）。回顾历史，云南的茶从这些古茶林里产出，经由茶马古道运送至藏区与东南亚（Freeman and Ahmed 2011；Yang 2009）。

图 3：芒景村的古茶林（园），茶树多与其他树种混着生长（洪伯邑摄）

台地茶园与古茶林造就了云南两个主要的茶地景。这两种茶地景其实隐含着“现代性”与“自然”的相对意义。但值得注意的是，两种茶地景的相对意义并不是永恒不变的，而是随着不同的政策与市场更迭产生意义的转变，甚至是彼此间相对意义的翻转。

市场需求是改变台地茶园与古茶林的驱力

台地茶园的开发始于20世纪70年代的人民公社时期。云南省于1974年开始宣导“改造老茶园，积极发展新茶园”，此后台地茶的种植便逐渐扩增（Huang 2005）。与此同时，所谓的“老茶园”，包括古茶林，也开始渐渐被单一种植的台地茶园取代（Freeman and Ahmed 2011）。然而，在人民公社时期开发的台地茶园，其实并非为了茶叶市场的发展，而是一种让少数民族茶农迈向所谓“社会主义现代性”（socialist modernity）的手段（Sturgeon 2005）。

这种不为市场，而是为了“社会主义现代性”的台地茶开发，持续到80年代早期人民公社结束。但是即使在80年代以后，一直到2000年早期为止，台地茶园的开发仍旧不以市场发展为主要目的，而是为了彻底去除云南少数民族一直以来刀耕火种的土地利用方式（Sturgeon 2005）。然而，从2000年初开始，因为普洱茶市场力道强劲且快速的攀升，台地茶园的开发便明显地导向突如其来的市场需求。

根据大多数普洱茶商贩的说法，普洱茶市场价值的重新建立，其实源自于台湾。在90年代后期，台湾茶商从香港买进大量的普洱老茶。普洱老茶因为陈化而产出的独特风味，很快让普洱茶重新建构它的市场价值。一时间，普洱茶似乎等同于葡萄酒一般，越“陈”越有市场价值。这种普洱茶陈放越久价值越高的说法，带动了市场上“藏茶”的风气（Yu 2006）。无论茶商或一般的消费大众，大家纷纷开始抢购普洱茶，不为喝只为把茶囤积，等到往后茶价攀高了再转手卖出，普洱茶俨然成为一种投资商品了。因此，普洱茶价从2000年初开始就不断攀升，一直到2007年中普洱茶市场泡沫化为止。这期间的“普洱茶热”，当然改变了云南的茶地景。

因为市场上飙升的普洱茶热，普洱茶的需求快速地增加；此间关于台地茶园的开发已经不只是为了终结少数民族的刀耕火种，更重要的是为了迎合市场的需要。面对突如其来的大量需求，政府单位开始着重茶叶生产的“效益”。台地茶园运用现代的人工管理技术，加上相对高的茶叶产量，比较能符合市场快速成长的需求；也就是说，台地茶园的开发被视为是茶叶生产现代化的进程，是着重经济效益的典范。相对于台地茶园的“高效益”，古茶林里的茶叶生产，因为古茶树采摘的难度，需要更高的人力需求；再者，由于古茶树树龄的缘故，茶叶产量比台地茶园低，在古茶的市场价值攀高前，古茶的生产是不符合所谓“经济效益”的。

为了提高生产效益并把边疆的茶产业迈向更现代化的道路，政府开始鼓励台地茶园的开发，也将其视为振兴边疆经济的手段。普洱市茶叶办公室的官员指出，2007 年云南省境内的茶叶种植面积高达 4545000 亩，而在 1990 年时才 2406000 亩；而这期间增加的茶园面积大多是台地茶园的开发。不过，普洱茶市场在 2007 年遭遇市场泡沫化，在不到一个月的时间茶价从最高点跌到谷底（Jacobs 2009）。一直到今天，台地茶的价格仍在谷底盘旋；相反，因为市场对普洱古树茶的重新认定，古树茶的价格虽有起落，但在泡沫化后仍然稳定成长，时至今日古树茶的价值已经比台地茶高出许多。以 2011 年 4 月在芒景村的鲜叶价为例，1 公斤的台地茶鲜叶约 10 到 12 元人民币，而 1 公斤的古茶鲜叶可以卖到 40 到 60 元人民币不等。

吊诡的是，那些曾经被认为不符合生产经济效益的古茶林，在今天反而成为制作普洱茶的上等原料，甚至被当作是还原普洱茶“本真性”（authenticity）的唯一制作原料。同时，因为古茶林的“自然”环境与“有机”的生产方式，在市场的消费趋势上更显其价值。而那些曾经被认为是茶叶生产现代化的台地茶园，除了渐渐失去其市场优势，更被批评是过度使用农药化学肥料，并缺乏生物多样性的生产方式，是破坏生态环境的代表。

从上述的讨论可以看出，台地茶园与古茶林的意义随着不同的政治经济情况而变。从70年代到2000年初期，台地茶园的开发主要是为社会主义现代性与终结边疆地区刀耕火种。而从2000年早期普洱茶市场开始腾飞后，台地茶的开发主要是为了符合茶业市场经济的需求，而此时古茶林则被认为是落后不符合经济效益的茶叶生产。2007年在普洱茶市场泡沫化后，台地茶园渐渐被视为是破坏环境的，而古茶林则被标榜成同时兼顾“自然”与产业开发的“有机”茶叶生产。目前，因为市场对古树茶的需求增加，许多台地茶园正被改造成所谓“生态茶园”。

从相对到模棱的结合：生态茶园

因为台地茶价大幅滑落与古树茶价的渐势攀升，许多台地茶园被改造成生态茶园，目的也是把台地茶园恢复成过往的古茶林样貌。在普洱市，对台地茶园的改造是在“科学普洱”的政令下执行的。在“科学普洱”的政策指导下，所有普洱市境内的台地茶园都被改造成生态茶园；而生态茶园被当作是台地茶园与古茶林之间的一种过渡。茶农们被要求砍掉台地茶园里将近三分之二的茶树，然后在茶树之间种上五种当地的树种，包括沉香、厚朴、香樟、白花羊蹄甲、山樱桃等等（图4）。另外，任何农药与化学肥料在生态茶园里都是禁止使用的，目的就是为了还原类似古茶林那样的“自然环境”。根据当地官员的说法，他们期待生态茶园在长远之后终会成为古茶林。换句话说，生态茶园把台地茶园的“现代性”去除，为的就是把“自然”的古茶林复原回来。

图4：生态茶园（洪伯邑摄）

虽然生态茶园把台地茶园的现代性元素去除，但是它以“有机”生产呈现另一形式的茶产业现代化。换句话说，生态茶园所宣称的有机生产方式，被认为是比台地茶园“更进步”的茶叶生产。也因此，生态茶园在自然与现代性之间形成一种模棱的结合：一方面，生态茶园的有机种植代表一种更现代化的生产模式；另一方面，它又是一种“回归自然”，欲把古茶林复原的机制。

目前，台地茶园、古茶林与生态茶园三种茶地景并存在云南。台地茶园与古茶林之间相对的意义，加上生态茶园呈现对自然与现代性的模棱结合，正是中国西南边疆“模棱现代性”的体现。然而，有关自然与现代性的意义并不是直接由上而下的加诸到那些茶地景的；相反，对于茶园的改造正是一种重新定义的过程。也就是说，有关自然与现代性的意义，是从茶叶生产的日常实践里产生出来的。民众对于什么是自然，什么是现代性的不同感知，是从茶叶生产的日常实践中获得的。

接下来我将以芒景村的茶园改造为案例，从官方说法（official rhetoric）与民众的日常生活实践来讨论西南边疆的模棱现代性。云南省普洱市澜沧县政府，在“科学普洱”的政策方向下，开始推动芒景村的茶园改造。在 2011 年时，所有在芒景村的台地茶园正被改造成生态茶园。这些茶园改造的背后，有政府官员的支持，当然也让“官方说法”成为重新定义云南茶地景意义的论述途径。

五、芒景村茶园改造的　官方说法

云南省委前书记在 2011 年 5 月 13 日到芒景村考察。他的到访得到云南各大新闻媒体的关注，而媒体报道也直接引用省委书记的讲话。针对生态茶园的建设，书记认为是“生态生产方式后退 50 年，品牌科技水平前进 50 年”的具体实践（Shen and Li 2011）。这句话是从官方说法里重新认定了茶地景的意义。

前半段，“生态生产方式后退 50 年”，隐含了对所谓“现代化”台地茶园发展的批评。根据白恩培的说法，“发展绝不能破坏生态环境”。然而，台地茶园的开发，在芒景村，甚至整个云南，已经造成自然环境的伤害。如同一位普洱市茶业办公室的官员所说，对台地茶园的批评主要针对农药与化学肥料的使用，另外就是对森林砍伐的疑虑（另见 Fuller 2008）。也因此，数十年前被认为“传统”落后的茶叶生产方式，现在反而在官方说法里成为一种“生态”的，不破坏自然的生产方式。

回到芒景村茶园改造的案例，传统上布朗族村民与古茶林的关系，在今天被重新理解成是“生态生产方式”，因此书记特别标榜把生产方式“后退”50 年，恢复到台地茶园开发还未进到芒景村的时期。“后退”50 年的意义，也意味着把台地茶园那些破坏环境的“现代化”生产方式剔除，回归布朗族人“生态的”茶叶生产。也就是说，布朗族人“传统的”生产方式不再被视为是“落后的”，而是“生态的”；传统与生态于是在芒景村的茶园改造中重新联结在一起。

但是另一方面，所谓“生态的”生产方式并不只意味着回归传统，同时也是往更进步的“有机”（organic）生产前进。有机生产在中国已经渐渐被视为一种更先进安全的食品生产方式。因此，在上述的官方说法里，茶叶生产不只要“后退”50 年，也要“品牌科技水平前进 50 年”。在“前进”50 年这层官方说法里，确保了在芒景村的茶园改造是一种“进步”的象征。更具体地说，生态茶园的建设，不只是“后退”50 年的传统回归，同时是“前进”50 年迈向更先进有机生产的实践。

因此，生态茶园成为一种“后退”回归传统与“前进”迈向有机的结合。这等“前进”与“后退”的同时存在，形成了芒景村茶叶生产的模棱现代性。模棱的现代性就根源于对“前进”与“后退”两者看似不相容却又同时存在的欲求（Hung 2014），进而在芒景村建构出一种“现代性中的传统”（tradition in modernity）（Hung 2013）。

“现代性中的传统”，体现在生态茶园的开发，重新组建了“传统”与“现代性”的关系。从台地茶园到生态茶园的改造过程，“传统”与“现代性”不再是两个相对的概念，而是市场在古树茶需求的带动下，形成的“传统”与“现代性”的群聚（assemblage）。然而，在这些茶园改造的过程里，在与芒景村民的日常生活交织后，“传统”与“现代性”而成的群聚又有不同的诠释理解。

六、茶地景改造与意义在创造：对生态茶园的多层回应

当官方说法借由生态茶园来建构一种“现代性中的传统”，芒景村

当地大多数布朗族人其实对茶地景的改造有不同的理解。当然，整个茶地景的改造过程，其实也是布朗族村民重新理解现代性与自然之间关系的过程。在台地茶园大规模的改造成生态茶园之前，“生态”这个概念对很多村民来说是很模糊的。村民是借由亲身参与整个茶园改造过程，衍生出他们自身对“生态”这样概念的不同理解，同时也从对“生态”概念的不同理解，重新定位他们跟“现代性”与“自然”的关系。以下就芒景村民对茶园改造的不同回应作出分析。

生态茶园与经济损失

春茶生产的时节通常是芒景村的布朗族人最忙碌的时候。然而，2011年的春天，对许多拥有台地茶园的村民而言，除了例行的茶叶采摘之外，他们也正在历经茶园改造的过程。在2011年4月一个有些凉意的早晨，我跟布朗村民瓦肖一起[1]。瓦肖起了个大早要赶往民哎家中。瓦肖说，近日乡政府的人要来找民哎，让民哎带着他们考察芒景村的茶园改造，所以会到瓦肖的茶园里去。在往民哎家的路上，瓦肖顺道带我看了正在改造中的台地茶园。根据瓦肖的说法，台地茶园里的茶树大概被砍掉了三分之二，让茶树与茶树之间至少保留两公尺的距离。言谈之间，他索性点了根烟，开始跟我抱怨整个茶园改造过程如何让村民的收入减少，而政府对茶农的补贴不是还没拿到，就是根本不足以补足他们的损失。瓦肖说，他的茶地没有很多古茶树，所以他大多靠着台地茶的买卖来维持生计；但是现在政府把他的台地茶树砍掉那么多，让他蒙受比一般村民更多的经济损失。

事实上，包括瓦肖在内的许多村民，都不认为台地茶园就是“不生态的”。瓦肖认为，台地茶园只要不施用农药与化学肥料，也可以很

1 文中所有提及的村民名字皆为假名。

生态。许多村民都和瓦肖有类似的想法。瓦肖告诉我，所有在道路边上的台地茶园都先被改造成生态茶园，其实是因为当地政府想在芒景村发展观光，根本不是为了发展生态茶。瓦肖说，台地茶园不稀罕了，古茶树稀罕，外地人才想看！

“现代的”与“科学的”：保存自然不同的两个道德标准

虽然有许多像瓦肖那样的村民，他们因为台地茶园改造而蒙受经济损失，但是也有很多村民把茶园改造当作是自己往“科学化”生产的道路前进。值得注意的是，村民们把“科学化”的生态茶园当作是远离“现代化”台地茶园的第一步。也就是说，他们把“科学化”与“现代化”当成是两个不同的茶叶种植与生产方式。

民哎，一位芒景村当地的布朗族官员，负责在芒景村推行“科学普洱”的政策方针。在芒景，一个主要的政策目标就是把所有的台地茶园改造成生态茶园。因为乡政府的官员要来实地考察推行的状况，民哎把瓦肖找来，准备到时候一起陪同乡政府的人到瓦肖的茶园里，实地看看茶园改造的情况。而我和瓦肖一同前往民哎的家。

民哎一看到瓦肖和我，便起身打招呼并递烟，然后邀我们进屋，屋里民哎正用柴火烧着水，准备泡茶。瓦肖在民哎正要加些柴火的当下，用开玩笑甚至有些调侃的语调问民哎，是否需要更多的干柴烧火，因为他的茶地里很多刚砍下来茶树可以做柴火。民哎没有搭话，继续把干柴加到火堆里烧水，屋里火光伴随着时有的噼啪烧柴声。顿时，民哎起身，倏忽递来两个玻璃杯在竹编的桌上，放上些许茶叶在杯底，接着又递给瓦肖和我各一支烟。点烟的当下，水开了，滚烫的蒸汽从水壶嘴上腾腾冒出。民哎马上拎起水壶，把滚烫的水往玻璃杯里倒，一下子屋子里夹杂弥漫着烟味、烧柴味、水蒸气与杯中茶香。民哎啜一口茶，把烟轻夹在嘴角，然后对着瓦肖说：“生态的才好，生态的才是科学的！”

此刻民哎突然转向我，问我是否同意这样的说法。显然，民哎并非真的要听我的意见，反而是期待我认同并背书他的话。通常在田野调查的过程中，我会刻意避免对村民的言谈作出对或错的价值判断。但是此次民哎似乎逼着我得具体说个看法，于是我说："是没错，生态学在很多地方是一门科学，但是……"；我话还没说完，民哎马上打断我，并对着瓦肖再强调了一次“生态的就是科学的”。民哎其实是借着我的话来说服瓦肖，让他能接受茶园改造这样的政策。当我想要进一步解释我的话时，另外两个村民也来到民哎的家门口。

其中一个村民一踏进民哎家门，闻到满室夹杂的烟味与柴烧味，就对民哎嚷嚷着说："你的茶要吸烟了啦！”[1]瓦肖马上接着开玩笑地说，“这很不科学喔！”民哎回应说："我们（布朗族人）没有不科学的！”民哎认为，布朗族人有“科学的传统”，是源自祖先与古茶林的关系。在民哎的认知里，“生态的”等同于“科学的”；而布朗族的祖先老早就以“生态的”方式生产利用他们的古茶林，也因此布朗族人承袭了祖先对古茶林生态的利用方式；而这些古老却生态的利用方式，在今天看来，也是一种最“科学的”茶叶生产方法。“这是我们布朗族实实在在的茶文化”，民哎强调地说。

另外，在民哎以及许多村民的认知里，“现代化”的台地茶园与“科学化”的生态茶园是两个不同的概念。也就是说，“现代化”与“科学化”被村民当作是两个不同的过程。如同民哎的想法，他认为“现代化”的很多事物其实是“不科学的”。他以台地茶园为例，台地茶作为“现代化”茶园的发展，其实是与布朗族“科学的传统”脱离的一种茶叶生产方式。事实上，许多村民都与民哎有类似的想法，也

1 茶叶非常容易吸收烟味而变质，一般藏茶都必须远离任何有烟味的地方。

认为台地茶园对“生态环境”的破坏，其实也是对布朗族以“生态”作为“传统”的破坏；因为当布朗族人开始以“现代化”的方式开垦台地茶园，包括砍伐原本的古茶林、使用农药化肥等等，都违背了布朗族祖先原本“生态的”茶叶生产方式。既然“现代化”的台地茶园是不符合“生态的”生产方式，回到“生态的”等同于“科学的”这样的逻辑思维，许多村民也就此认为“现代化”其实是“不生态”也“不科学”的。

事实上，芒景村村民从台地茶园改造成生态茶园的过程里，把“现代化”与“科学化”理解成两个不同对待古茶林的标准。如果把古茶林视为广义的“自然”，那么村民们已经把“现代化”与“科学化”理解成人与自然关系里两套不同的道德观。在许多村民的认知里，“科学化”是借由“生态的”方式善待并利用茶叶资源，而不是所谓使用更多“现代化”的生产工具或技术。相反，“现代化”的茶叶生产，被认为是违反善待自然的道德原则的，因为其破坏环境的结果。就如民哎说的那样，很多布朗族人都认为自己承袭了祖先“生态的”茶叶生产方式，所以布朗族人，在台地茶园改造成生态茶园的过程中，已经开始摒弃“现代化”茶叶生产，并回归原本生态生产的“科学传统”。

吸烟是“不科学”的：布朗村民的素质

虽然芒景村布朗族人把生态茶园当作是回归族人“科学传统”的生产方式，但大多数的外地人，包括政府官员与茶商，更关注的是生态茶园的“有机”生产。更具体地说，这些非布朗族的外地人，认为生态茶园需要的是一套严格的“科学化管理”，包括严格的卫生生产标准。关于这点，外地的官员与茶商时常抱怨芒景村布朗村民在制茶的过程不够卫生，以至于无法符合“更现代的”科学化有机生产。比如抽烟这件事就常常被这些外地的官员与茶商提起，他们认为布朗族人不注重卫生，制茶时常抽烟，素质不够，因而不足以提升到科学化有机生产。

这次乡政府的人来芒景村，根据民哎的说法，主要是看看芒景村台地茶园改造生态茶园的情况。更重要的，乡政府的人也为省委书记的即将来访做准备。民哎说，书记选择芒景村作为考察的行程之一，除了见证普洱市普洱茶产业的发展，也同时要了解整个“科学普洱”政策方针的具体作为。

乡政府的人来访时，我经由民哎的介绍，有幸能与大家同行。民哎准备带乡政府的人到瓦肖的茶园；先前提到，瓦肖的台地茶园才刚刚被改造成生态茶园不久。乡政府的人觉得，瓦肖等村民的茶园或许可以作为茶园改造的实际案例，待省委书记来访时能前往考察；但这之前，乡政府的人想先去看看。

临行前，一位乡政府的大哥，热情邀我跟他同车。车里，这位大哥说着在芒景村这样的“民族地区”推行生态建设是很困难的。他说，“生态建设产业化，产业发展生态化”不能只是个政府口号；而这两年来乡政府依循着上级的领导，把整个芒景村的生态建设，借由茶园的改造彻底做到了。乡政府大哥骄傲地跟我说，现在上级领导都把芒景村当作考察的“热点”，因为芒景村已经是“科学普洱”政策推行的标杆。

民哎照着他原本的计划，领着乡政府的人到瓦肖刚改造好的生态茶园。我和乡政府的人员同车，而民哎骑摩托车在前头带路，瓦肖和另外两位布朗族村民也骑着摩托车随行。抵达茶园，乡政府的车就停在路旁，挨着瓦肖茶园的边上。坐在我身旁的乡政府大哥把车门打开下车，我随之在后；在我下车的当下，乡政府大哥就指着我看地上散着的三两烟蒂。他让开车的把车子停到路的另一边，闷不作声地站在原地。不知所以然的民哎与瓦肖一行人走过来，乡政府大哥立即指着地上的烟蒂，然后指示民哎说，别在白书记来考察时让他见到满地的烟蒂。民哎看着地上的烟蒂，诧异中带着难为情，在听完乡政府大哥的指示后，立马要求瓦肖等随行村民别在茶园里吸烟，“会搞出森林火灾的！”民哎提高音量说。此刻乡政府大哥打断民哎的话，说民哎搞错重点了；乡政府大哥说这不是什么森林火灾的问题，是茶叶生产卫生条件的问题！

回到车上，乡政府大哥又跟我提到抽烟与制茶卫生条件的问题。他说，要在像芒景村这样的少数民族地区推动“科学普洱”是很困难的，主要是因为布朗族村民们的整体“素质”还不够。因为素质不够的关系，大多数村民，包括村里面的官员，都搞不清楚真正“科学普洱”的核心工作应该是什么。乡政府大哥认为，现在在少数民族地区推动“科学普洱”最核心的工作应该包括对村民个人素质的提升；他觉得唯有村民的素质提升了，才能彻底根绝村民在采茶制茶的过程里的“不文明”行径，比如抽烟。

乡政府大哥的言论反映了一般外地官员与茶商对布朗族村民的观感。他们认为，科学化管理的茶叶生产包含对卫生条件的重视。因此，像制茶过程里抽烟这种不符合卫生的行为，就是违反科学化管理的行径。因此，在这些外地官员与茶商的认知里，实现所谓科学化茶叶生产管理，首要任务是要求布朗族村民从生产卫生的“身体实践”中，来提升整体村民的素质问题。

七、结论

以“模棱的现代性”为焦点，本文对中国西南边疆少数民族的茶叶生产提出思考，并借以重新理解现代化的进程。对边疆意义的理解，不只要探究那些在地的变动因子，也要同时讨论结构性的要素（Fold and Hirsch 2009），例如国家力量的介入与市场经济的牵动。“全球化群聚”（global assemblage）提供了一条分析的路径，让研究的视野可以同时观照变动与不变动的各种因子，理解这些不同的因子如何群聚，分化，又再次群聚的过程，并在不同的时空脉络里产生边疆上模棱的现代性。

从芒景村的台地茶园改造成生态茶园的过程，我们看到模棱的现代性展现在对“传统”与“进步”两者同时却又相对的欲求；而这也是政府对边疆少数民族地区的发展走向。从芒景村的例子看，一方面生态茶园标示着生产方式的“后退”，是一种回归“传统”兼顾自然环境保护的生产。另一方面，生态茶园也宣示了一种生产方式的“前进”，是往科学化有机生产的道路前进。于是政府推动的“科学普洱”方针，正是国家力量对边疆“现代性中的传统”（tradition in modernity）的重新建构，是与兴起中的“自然”与“有机”茶叶市场的接轨。

当国家力量以茶产业建构边疆“现代性中的传统”，芒景村以布朗族为主的村民们，也从茶叶生产的日常实践中产生对“现代性”与“科学”的不同理解。如前述，布朗族村民把“现代性”与“科学”当成是两个对待自然的不同道德标准。“现代的”，就像台地茶园，是对自然环境有害的；而“科学的”，就像生态茶园，是以科学化的生态方法来善待自然环境。因为西方对现代性定义的影响，在中国社会的历史脉络里，“科学”通常是定义“现代化”的要素之一（Greenhalgh and Winckler 2005；Sigley 2007；Wang 2011；Weller 2006）。然而，在芒景村大多布朗族人的经验里，“科学”与“现代性”的联结被模糊化了，也在模糊化的过程里获得新的意义。

这些“传统”、“现代性”、“科学”与“自然”持续变动中的群聚，是中国西南边疆模棱现代性的体现。边疆上的少数民族，如芒景村的主要村民布朗族，也在这些变动的群聚里重新被看待。今天，许多所谓中国的传统，正从科学的验证里获致现代的意义（Karchmer 2002）。类似的状况也发生在芒景村的茶叶生产中，因为在“科学普洱”的政府政策下，芒景村布朗村民的“传统”生产方式被重新定义成是“生态的”茶叶生产。然而，在持续变动的群聚中，布朗族人作为少数民族的社会地位并没有根本的变动。

“科学普洱”除了要回归传统符合生态的生产，也同时要往科学化的有机生产迈进。在这个层面上，非布朗族的外地人，包括政府官员与茶商，多以“低素质”来陈述布朗族人的茶叶生产。这些外地的政府官员与茶商大多都是所谓的“汉人”，是中国社会的主体族群。这些以汉人为主体的外地官员与茶商，强调有机茶生产的“科学化管理”，并借此以“素质”的论述看待布朗族人。他们认为布朗族村民的素质不够，比如喜欢在制茶的过程里吸烟，因此很难进阶到科学化管理的有机茶生产。“素质”因此成为汉民族对其他特定群体“价值定化”（value coding）（Yan 2003）的指标，把布朗族人再次定位成需要不断教化、协助与训练的族群。

但是，无论是往科学管理的有机茶叶生产“前进”，或者往传统符合生态原则的生产方式“后退”，中国的西南边疆与边疆上生活的少数民族，依然不同于以汉民族为主体的中国，而是“另类中国”（other Chinas）（Litzinger 2000）。无论“现代性”如何被看待，边疆与少数民族都还是对比于中心汉民族的现代性。当现代性象征“进步”，边疆与少数民族就被当作是“落后的”，所以需要台地茶园的开发；而当现代性被理解成“破坏自然”的源头时，边疆与少数民族就被归类到“自然生态的”，所以需要回归传统生产方式的生态茶园；在现代性又被赋予有机生产的“科学化管理”时，边疆与少数民族又被说成“低素质”，是需要被教化提升的。也就是说，模棱现代性里“传统”、

"现代"、"科学"与"自然"不断组合、分裂、再组合的群聚过程，并没有打破中国的结构性族群关系（structured ethnic relation），反而是更深化边疆和少数民族与汉文化主体中国之间的界线。

参考文献：

黄桂枢，《普洱茶大观》，昆明，云南民族出版社，2005。

齐丹卉、郭辉军、崔景云等，"云南澜沧县景迈古茶园生态系统植物多样性评价"，《生物多样性》，2005（3）：221-231。

沈向兴，李汉勇，"发展绝不能破坏生态环境：白恩培普洱市调研纪行"，《云南经济日报》，2011 年 5 月 16 日。http://ynjjrb.yunnan.cn/html/2011-05/16/content_1614086.htm。

余舜德，"市场、价值建构与普洱茶交易中的陈韵"，2006（65）：68-105。

Adema, Pauline
2000. Vicarious Consumption: Food, Television and the Ambiguity of Modernity. *Journal of American Culture* 23(3):113-123.

Chakrabarty, Dipesh
2007. *Provincializing Europe: Postcolonial Thought and Historical Difference*. Princeton: Princeton University Press.

Collier, Stephen
2006. Global Assemblages. *Theory, Culture & Society* 23:399-401.

Collier, Stephen, and Aihwa Ong
2005. Global Assemblages, Anthropological Problems. In *Global Assemblages: Technology, Politics, and Ethics as Anthropological Problems*. Aihwa Ong and Stephen Collier, eds. pp.3-21. Malden, MA: Blackwell Publishing.

Escobar, Arturo
1995. *Encountering Development: The Making and Unmaking of the Third World*. Princeton: Princeton University Press.

Escobar, Arturo
2008. Territories of Difference: Place, Movements, Life, *Redes*. Durham, NC.:Duke University Press.

Feuchtwang, Stephan
2004. *Making Place: State Projects, Globalisation and Local Responses in China*. London: UCL Press.

Fold, Niels, and Philip Hirsch
2009. Re-thinking frontiers in Southeast Asia. The *Geographical Journal* 175(2):95-97.

Freeman, Michael, and Selena Ahmed

2011. *Tea Horse Road: China's Ancient Trade Road to Tibet*. Bangkok:River Books.

Fuller, Thomas

2008. A Tea From the Jungle Enriches a Placid Village. *The New York Times*.http://www.nytimes.com/2008/04/21/world/asia/21tea.html?scp=3\&sq=Pu'er\&st=cse.

Gaukroger, Stephen

2009. *The Emergence of a Scientific Culture: Science and the Shaping of Modernity* 1210–1685. Oxford:Oxford University Press.

Giersch, C. Patterson

2006. *Asian Borderlands: the Transformation of Qing China's Yunnan Frontier*. Cambridge, MA: Harvard University Press.

Gladney, Dru C.

2005. Alterity Motives. In *China Inside Out: Contemporary Chinese Nationalism and Transnationalism*. Pal Nyiri and Joana Breidenbach, eds.pp. 237–291. Budapest: Central European University Press.

Goldstein, Joshua Lewis

2006. Introduction. In *Everyday Modernity in China*. Madeleine Yue Dong and Joshua Lewis Goldstein, eds. pp.3–21. Seattle, WA: University of Washington Press.

Greenhalgh, Susan, and Edwin A.Winckler

2005. *Governing China's Population: From Leninist to Neoliberal Biopolitics*. Stanford, CA: Stanford University Press.

Gupta, Akhil

1998. *Postcolonial Developments: Agriculture in the Making of Modern India*. Durham, NC:Duke University Press.

Harrell, Stevan

1995. Introduction: Civilizing Projects and the Reaction to Them. In *Cultural Encounters on China's Ethnic Frontiers*.Stevan Harrell, ed. pp.3–36. Seattle, WA: University of Washington Press.

Harvey, David

1990. *The Condition of Postmodernity: An Enquiry into the Origins of Cultural Change*. Malden, MA:Blackwell Publishing.

2007. *A Brief History of Neoliberalism*. Oxford: Oxford University Press.

Harwood, Russell

2009. Negotiating Modernity at China's Periphery: Development and Policy Interventions in Nujiang Prefecture. In *China's Governmentalities: Governing Change, Changing Government*. Elaine Jeffreys, ed. pp.63–87. London and New

York:Routledge.
Hathaway, Michael
2010. Global Environmental Encounters in Southwest China: Fleeting Intersections and "Transnational Work." *The Journal of Asian Studies* 69(2):427–451.
Hung, Po-Yi
2013. Tea Forest in the Making: Tea Production and the Ambiguity of Modernity on China's Southwest Frontier. *Geoforum* 47:178–188.
2014. Frontiers as Dilemma: the Incompatible Desires for Tea Production in Southwest China. *Area* 46:369–376.
Jacobs, Andrew
2009. A County in China Sees Its Fortunes in Tea Leaves Until a Bubble Bursts. *The New York Times*.http://www.nytimes.com/2009/01/17/world/asia/17tea.html?_r=1\&scp=1\&sq=Puer\&st=cse.
Karchmer, Eric
2002. Magic, Science, and Qigong in Contemporary China. In *China off Center: Mapping the Margins of the Middle Kingdom*. Susan Debra Blum and Lionel M. Jensen, eds. pp.311–322. Honolulu: University of Hawaii Press.
Kolas, Ashild
2011. *Tourism and Tibetan Culture in Transition: A Place Called Shangrila*. London and New York: Routledge.
Li, Tania Murray
2007. Practices of Assemblage and Community Forest Management. *Economy and Society* 36(2):263–293.
Litzinger, Ralph
2000. *Other Chinas: The Yao and the Politics of National Belonging*. Durham, NC:Duke University Press.
2004. The Mobilization of Nature: Perspectives from Northwest Yunnan. *China Quarterly* 178:488–504.
Marcus, George, and ErkanSaka
2006. Assemblage. *Theory, Culture & Society* 23:101–106.
Oakes, Tim
1998. *Tourism and Modernity in China*. London and New York: Routledge.
2006. Welcome to Paradise! A Sino-U.S. Joint-venture Project.In *China's Transformations: The Stories beyond the Headlines*. Lionel Jensen, and Timothy Weston, eds. pp.240–264. Lanham, MD:Rowman & Littlefield Publishers.
Ong, Aihwa
1988. Colonialism and Modernity: Feminist Representations of Women in Non-western Societies. *Inscriptions* 3/4:79–104.

Rofel, Lisa

1992. Rethinking Modernity: Space and Factory Discipline in China. *Cultural Anthropology* 7(1):93–114.

Schein, Louisa

2000. *Minority Rules: The Miao and the Feminine in China's Cultural Politics.* Durham, NC: Duke University Press.

Sigley, Gary

2006. Chinese Governmentalities: Government, Governance and the Socialist Market Economy. *Economy and Society* 35(4):487–508.

Sturgeon, Janet

2005. Tea for Trees: the Impact of State Policies on the Akha in Yunnan. *Indigenous Affairs* 2:38–44.

2007. *Border Landscapes: The Politics of Akha Land Use in China and Thailand.* Seattle, WA:University of Washington Press.

2010. Governing Minorities and Development in Xishuangbanna, China: Akha and Dai Rubber Farmers as Entrepreneurs. *Geoforum* 41(2):318–328.

Taylor, Peter

1989. The Error of Developmentalism in Human Geography. In *Horizons in Human Geography*. Derek Gregory and Rex Walford, eds. pp.303–319. London: Macmillan.

UNESCO

2012. *Three Parallel Rivers of Yunnan Protected Areas*. http://whc.unesco.org/en/list/1083. Retrieved on September 16, 2012.

Wang, Hui

2006. *China's New Order: Society, Politics, and Economy in Transition*. Cambridge, MA:Harvard University Press.

2011. *The End of the Revolution: China and the Limits of Modernity*. Verso, London.

Warde, Alan

1997. *Consumption, Food and Taste: Culinary Antinomies and Commodity Culture.* London:Sage Publications.

Watts, Michael

2003. Alternative Modern-Development as Cultural Geography. In *Handbook of Cultural Geography*.Kay Anderson, Mona Domosh, Steve Pile and Nigel Thrift, eds. pp.433–453. London: Sage.

Weller, Robert

2006. *Discovering Nature: Globalization and Environmental Culture in China and Taiwan*. Cambridge:Cambridge University Press.

Woods, Michael

2011. *Rural*.London and New York: Routledge.

Yan, Hairong

2003. Neoliberal Governmentality and Neohumanism: Organizing Suzhi/Value Fow through Labor Recruitment Networks. *Cultural Anthropology* 18(4):493–523.

Yang, Bin

2009. *Between Winds and Clouds: the Making of Yunnan* (Second Century BCE to Twentieth Century CE). New York:Columbia University Press.

Zhang, Li

2006. Contesting Spatial Modernity in Late-socialist China. *Current Anthropology* 47(3):461–484.

Zhang, Li and Aihwa Ong

2008. *Privatizing China: Socialism from Afar*. Ithaca, NY:Cornell University Press.

伏藏与主体建构：当代藏汉的佛教互动

李晋*

一、导论

中国社会在市场改革后的宗教复兴引起了学界的广泛关注。贯穿既有研究的主线是国家与宗教领域的关系。较早的研究受到上世纪 90 年代中国研究内部市民社会论辩的影响，希望从宗教领域的重新复苏来透视更广泛的国家与社会的关系。那时的研究主要关注市场改革后的社会变迁如何调动和重塑旧有的宗教传统、资源和社区，以及探究这些重塑与国家退场、价值观念变迁和市场资源释放之间的关系（Overmyer 2003；Dean 1997；Weller 2001；Madsen 1998；Gates 2000）。更近期的研究有些试图从超越市场改革的更长的历史时段审视宗教复兴的意义及其与国家的关系（Mayfair Yang 2008；Palmer and Goossaert 2012），也有学者借鉴了宗教社会学特别是世俗化理论和宗教市场论来讨论当代中国的宗教问题（杨凤岗 2006）。但是无论何种理论框架，依托于何种历史视野，目前的大多数研究都聚焦于宗教如

* 李晋，密歇根大学人类学系。通讯方式：lijin@umich.edu。

何作为一种整体的社会存在而非个人信仰在国家与社会的互动中具有意义。

这个特点构成了当前研究的一个理论缺陷，即当学者们从社会存在的角度理解宗教并在国家与社会的结构变化中寻找其复兴的动力和原因时，他们并未充分解释宗教主体如何形成。换句话说，既有的对促成宗教复兴之制度、环境、资源或组织的讨论，并不能解释新一代的信仰者如何在市场改革后生成。我们可以通过引用著名宗教社会学家何塞·卡萨诺瓦（Jose Casanova）对中国宗教复兴的论断来说明这一点：

> （我们不能以社会主义国家的宗教衰败来否认宗教的全球复兴），因为宗教在这些地区的衰败源于国家的压制，随着国家压制的减弱或消失，宗教可以迅速走向复兴。当代中国的宗教复兴和前东欧社会主义国家融合了民族主义的宗教复兴证明了这一可逆性（reversibility）。（卡萨诺瓦 1994：27）

卡萨诺瓦的论述符合中国研究者的主流观点。但是他所说的“可逆性”存在着一个重要漏洞，即忽略了在现实历史中代际的逝去经常是不可逆转的，可以观察到的宗教在市场改革后的“逆转”并不是一个随着国家进退而自然发生的过程，它首先需要有人的参与，因此相关研究首先需要回答推动宗教复兴的信徒或能动者（agents）如何存在，以何种姿态和立场存在，这就需要对主体形成（subject formation）和主体性（subjectivity）进行提问。但是这一问题并不容易回答。诚如卡萨诺瓦所言，三十年的社会主义革命和改造使宗教走向衰败，科学主义教育在中国社会特别是城市领域塑造出相当比例的从未接触过宗教或是视宗教为迷信的群体（Whyte and Parish 1985）。人类学家安娜格诺斯特（Ann Anagnost）在90年代的一篇论文（1994）里谈到过这一代际的断裂。她的困惑是如果革命时期的宗教如学者所言已经彻底解体，那么已经消逝的东西如何走向复兴？她在当时认为寺庙虽然失去了公共的宗教职能，但是其中一些作为古迹有幸得到保存，并成为市场改革后宗教复兴的契机。我想强调的是安娜格诺斯特的困惑至少说明了任何关于“可逆性”的想法皆过于简单，宗教的消逝与复苏之间实则存在着复杂的张力与联系。

更进一步讲，卡萨诺瓦关于“可逆性”的论述预设了这样一种认识，即宗教信仰在社会主义时期因国家压制走向了私人领域，比如隐藏于家庭内部或是信仰者的内心，因此在国家收缩后，这些被压制的信仰在公共领域内重新得到表达和实践。这一认识的基础是西方社会科学在世俗化思潮兴起后的一些经典概念——例如托马斯·拉克曼（1967）的“无形的宗教（invisible religion）”，或是彼得·伯格（1969）的“宗教的私域化”。这些理论共同关注宗教与公共空间的复杂联系。在它们的影响下，学界对宗教复兴的定义即是宗教在公共领域内的重新出现。中国研究移植了这一模式，只是学者们通过强调“国家的压制”来突显中国案例的特殊之处（Mayfair Yang 1998）。但是宗教领域在社会主义时期的解体显然不能等同于彼得·伯格等学者在欧洲发现的宗教的“边缘化”或“私域化”。社会主义革命对宗教的摧毁要更为彻底，近三十年的反宗教话语和政治运动伴随着过去信仰者的离世、改变、流亡和传承的中断，从而造成信仰团体的代际断裂。因此，相比于彼得·伯格从空间维度把宗教复兴描述成为从私域到公域的再次扩展，中国的宗教复兴体现了时间维度，因为代际断裂要求我们探寻新的信仰者如何在市场改革后形成，这些主体能动者如何成为宗教复兴的前提和条件。这就是说，相比于预先接受学界对宗教复兴的基本定义和理解，我们应该寻求适合中国特点的理论解释。

本文试图通过藏传佛教宁玛派在汉地的传播来透析宗教信仰者的主体建构。[1]虽然汉藏佛教的交流古已有之，并在民国时期逐渐成形（Naquin 2000；Welch 1969；Tuttle 2005；Kapstein 2008），但是我们不能认为市场改革后藏传佛教在汉地的传播是过去纽带的自然复兴。正如我强调的，汉藏两地的佛教在社会主义时期经历了代际的中断，因此我们应该聚焦于市场改革后新一代的向汉地讲经的藏族僧侣如何形成，他们为何产生向汉地布道的主体意识，并由此重塑藏汉佛教的纽带。具体而言，这一过程与宁玛派在复兴宗教中使用的伏藏策略关系密切。按照宁玛派的说法，当莲花生大师在公元10世纪将密教传入藏区时，已经预见到了后来的末法时代并将很多经文和法器埋入地下。后世的僧侣可以通过寻找和掘启这些伏藏品为宗教复兴提供本真性（authenticity）与合法性。众所周知，社会主义时期有大量佛教器物被埋入地下，当宁玛僧侣在市场改革后从周遭的地理中挖掘出这些器物时，他们视其为莲花生大师的伏藏品——具体的历史情境为宗教的宇宙观提供了支持。可以想见的是，这些埋藏于社会主义时期的器物有些已经承载并象征着汉藏佛教在过去的互动与纽带（比如五台山的山志）。当它们作为伏藏被挖出时，促使新一代的僧侣相信莲花生大师业已预言汉藏佛教的融合。这是市场改革后藏传佛教宁玛派在汉地传播的缘起。

这样，在伏藏实践里，地景（landscape）、物质性（materiality）、人的行走与找寻（wayfaring），以及宗教的符号学阐释勾连起汉藏社会和历史的不同断面，并在此基础上生产出新的宗教主体和跨地域的纽

1 宁玛派是藏传佛教的重要支派。简要地讲，它是藏传佛教里的旧派。由于吐蕃王朝末期的朗达玛灭佛，藏传佛教经历了一段黑暗时期。在随后的宗教复兴中，新的经典被引入到西藏，但是有些僧侣主张恪守灭佛前在西藏流传的佛教典籍和仪轨，这些旧派佛教徒被称为“宁玛巴”。“宁玛”在藏语里意为“古”、“旧”。

带。这一复杂的人与物的互动体现了布鲁诺·拉图尔（Bruno Latour）所说的“团聚”（assembly）。从一方面讲，本文试图突出西南地区作为“文化走廊”的历史背景如何在具体的宗教实践中塑造出新的宗教主体，帮助我们从新的角度反思中国社会的宗教复兴。在更深的理论层面上，我希望这项研究能够揭示“物”如何通过自身属性卷入主体和社会的建构过程，如何成为这一过程中的重要契机。从这个意义上讲，这项研究承继了过去二十年来人类学理论兴起的对“物”的关注。

接下来的写作分为三个部分：我将首先介绍藏传佛教宁玛派在康区的复兴及其在汉地的传播。通过从新的角度探讨宁玛派的伏藏传统，我将指出本文的视角如何弥补既有作品的不足。第二部分是对田野材料进行具体分析，我将呈现作为“物”的伏藏品如何在市场改革后促成并推动了藏族僧侣向汉地传法；最后，我会结合此处的案例对更普遍的人类学理论做出探讨。这样做的安排是因为大多数读者并不熟悉伏藏，因此我需要首先介绍经验材料为理论探讨做铺垫。我将主要关注中国社会宗教复兴的具体语境如何能够推动人类学对“物”的研究。

二、伏藏与宗教复兴

藏传佛教宁玛派在汉地的传播以青海、四川两省交界的五明佛学院为中心。这座佛学院在创立之初不过是一座只有数十人的讲经场，但是在随后的二十年里，它迅速成长为整个藏区宁玛派的中心，其全盛时近万人的规模堪比藏区历史上任何著名寺庙。五明佛学院的崛起归功于其创立者晋美彭措，他被称作“法王”，是当代藏区最著名的伏藏师。市场改革之后，当国家权力的收缩为宗教复兴创造了条件时，法王在色达和周边地区开启了不少伏藏，并在此基础上创立了五明佛学院，吸引了安多、康巴境内各县的僧俗前来修行。80年代末期，佛学院成为最早向汉地传法的宁玛派寺庙，并依靠典籍翻译，汉语讲经，吸引了汉人信徒常驻学佛，直接推动了当代藏、汉佛教互动的形成。汉地佛教徒的供养和布施进一步保证了寺院的建设和发展。五明佛学院的成功为其他藏区寺院吸收汉地资源提供了模式。

英语学术圈已经从不同角度论述了五明佛学院的崛起及其在汉地的传播（Germano 1998；Yu 2011；Jones 2012）。在这之中最早、最重要的作品是藏学家大卫·杰马诺（David Germano）的论文（1998）。杰马诺曾经在90年代于五明佛学院短暂停留，他将佛学院的崛起视为藏传佛教在地方社会复兴的具体表征，认为这一案例可以反映藏族僧侣如何在市场改革后利用自身的宗教传统发出声音。杰马诺关注佛学院通过以伏藏为主的宗教传统在时间维度上塑造出一种坚实的对藏传佛教历史的认同，并在空间维度上重整地方社区的宗教地理网络。

从时间维度上讲，通过宣称掘出莲花生大师的伏藏，法王本人的传承和思想获得了合法性，支持这一关联的是藏传佛教的转世观念。按照宁玛派的看法，莲花生大师曾经授记他的主要弟子在未来开启伏藏。换句话说，能够取出伏藏者，其前世是莲花生大师的弟子或是与这些弟子有转世关系的高僧或伏藏师。因此，伏藏的发现往往伴随着主体性的生成，通过“意识”到自己是过去高僧的转世并将这一传承追溯至莲花生大师的主要弟子，伏藏的发现者在互为交织的藏传佛教史与转世谱系中确立自己的位置。从空间维度上讲，伏藏的开启能够重建藏区的佛教地理，因为从观念上推导，伏藏的发现说明在未知的过去，那些与莲花生大师有传承关系的高僧曾经在伏藏地点闻思修行，埋下伏藏。因此在现实中，一旦发现伏藏，其发掘地点往往会成为圣地。僧侣们会在这些场所修建寺庙和佛塔，举行宗教仪式，人员和资源的流动形成真正的宗教网络。譬如佛学院所在的喇荣谷实际上是法王早期发现伏藏的地点之一。他宣称莲花生大师在经文中曾经授记这里是末法时代的清静之地，在此闻思能够获得更多的智慧与福报。这是五明佛学院甫一建立便声名鹊起的原因。

这样，在时间与空间这两个维度，伏藏传统从观念与方式上为社会主义革命后的宗教重建提供了支持。如果我们将任一地理区域内的佛教社区理解为“躯体”（body），正如杰马诺的文章标题所表明的，掘取伏藏使藏区社会“重拾（在社会主义运动中）被肢解的躯体（Remembering the dismembered body）”。杰马诺进一步从长期的宗教史框架探寻伏藏运动在当下的意义，比较和阐释宇宙观与历史事件的古今关联：首先，他将社会主义革命比作吐蕃王朝末期的朗达玛灭佛。在朗达玛灭佛后，为了恢复佛教，有些僧侣主张从印度引入新的典籍和思想，还有些人认为印度的佛教已经不再遵循古法，与其引入变化后的典籍，不如致力于重续灭佛前就已传入藏区的正统密教。后一种态度即是宁玛派的主张，伏藏思想也是在这一时期随之成形。不难看出，上述分殊在社会主义语境下再次显现：一部分僧侣流亡印度并融合自由主义思想进行改革，宁玛派则再次主张用古老的伏藏技术恢复藏区自身的传统。

古今相似性还体现在另一方面，即宁玛派主导的在过去二百年间存在于康区的“无宗派运动”传统（Samuel 1993：256-263）。与西藏格鲁派的僧院体系相比，康区的寺庙淡化教派间的界限，通过松散的联合抵抗周边的权力中心。在过去，这种抵抗主要指向以格鲁派为中心的拉萨政府和后者的集权，但是在今天，这种抵抗指向国家权力本身。通过把法王传承追溯至历史上各个教派的高僧大德，五明佛学院强调各派僧俗只要能够遵守戒律，精进闻修，便可以自由地往来或离开佛学院。法王相信目前整个藏区的主要任务是恢复基础的闻思教育和戒律，而这个目标需要跨教派的共同合作。

因此，伏藏实践在新情境下再现了宁玛派的传统诉求，即强调藏传佛教自身的主体性，通过回到古老的历史来重建现实。但是，正如杰马诺所忽略的，伏藏传统实际上在另一方向上推动了汉藏互动的形成。杰马诺的论文提到了佛学院内的汉僧（Germano 1998：118），但是仅仅把他们视为五明佛学院声名远播的证据。如果我们能更充分地审视法王如何决定向汉地传法，伏藏如何在此过程中发挥作用，我们或许能够更好地从跨地域的视角补充杰马诺的论述，聚焦于宗教主体性的形成。仅以杰马诺重点论述的无宗派运动为例。佛学院内有一座坛城，共有23间佛堂，供奉着藏区历史上八大教派的创始人及护法。但是在这之外还有一间汉传佛堂，供奉着弥勒佛、玄奘法师以及济公和尚。藏传佛教的僧侣认为济公的狂放不羁和超凡能力显示了密教徒的特质[1]；玄奘造像则象征着汉人信徒是新一代的从汉地西行的求法者。弥勒佛被很多人认为是佛教里的未来佛——而在弥勒造像的一侧，悬挂有法王的照片。这样，汉传佛堂的构造及其在整座坛城里的位置都在暗示汉传佛教是无宗派运动在新时期的组成部分。这一汉藏互动在法王的领导下会最终结束末法时代。从这个意义上讲，重归藏传佛教的主体性和藏传佛教的复兴，完全可能伴随着汉藏佛教纽带的重新建立。

在近期的研究里，通过重新审视五明佛学院的发展，人类学家郁丹（Dan Smyer Yu）和社会学家艾莉森·琼斯（Alison Jones）把焦点集中在汉藏佛教互动的形成，但是他们未能像杰马诺那样侧重于思考藏传佛教自身的脉络。郁丹的研究（2011）更像是依托于人类学界常见的“国家—社会”视角，在市场改革的背景下理解消费主义与市场伦理如何塑造汉族信徒与上师的互动。琼斯的研究（2011）将汉藏互动理解为一个宗教市场，她同样从经济角度阐释藏族僧侣如何向汉地

1 譬如，佛学院流传的资料里拿济公与瑜伽士作比，参见NMDHH，1998：249。

传教，以及这一跨地域的宗教网络所可能产生的经济、政治与文化意义。尽管经济与象征资本的交换确实构成当今佛教互动的主要方面，在某种意义上讲也是佛教社团自古以来的构成方式，但是正像我指出的，我们必须跳出“国家—社会”或是市场改革这些结构性的框架，更细致地理解宗教主体性如何在新代际中生成。在新近出版的作品里（2011），凯博文（Arthur Kleinman）从相同的思路出发，指出我们应该把宗教理解为个人对意义的找寻。宗教首先关于人如何存在于世界，赋予周遭世界以意义。如果我们想要理解宁玛派僧侣如何形成其主体性，如何定位于汉地，我们必须像杰马诺那样更细致地理解他们所置身的宗教与文化世界，特别是伏藏这一塑造宗教主体的传统领域。

三、伏藏与汉藏互动

1. 法王前世：列绕朗巴

我已经指出，伏藏实践提供了主体性形成的途径与契机。一方面，通过“意识”到自己是前世高僧或者伏藏师的转世，伏藏的发现者会生成相应的理解和参与世界的方式；另一方面，通过宣称取出莲花生大师的教法，伏藏师能够培养更多的继承其思想和话语体系的信徒。在这个过程里，伏藏师对前世的感知至为关键。虽然它仅仅是个体层面的观想与理解，但是如韦伯（Weber 1968）所言，由于掌控着知识与权威，克里斯玛的主体性能够经由外在的制度化过程对宗教领域产生深远的影响。因此，笔者会探寻伏藏实践如何塑造法王的宗教观，如何使其产生向汉地传法的想法。法王自身的主体建构是探寻的起点。他的主体意志最终通过佛学院和众多弟子推动了汉藏互动的形成。

如果伏藏塑造的主体意识促使法王向汉地传法，我们可以从整理他的前世故事入手，因为这些故事必然有与汉地结缘的片段和线索。

这种联系是双向的辩证过程：一方面，现实中的历史事件可以在与前世有关的地方故事、传说、偈颂和歌曲中获得依据和理由；另一方面，法王也可以受到这些素材的启发意识到自己在今世的职责，从而将修辞转化为现实。笔者无法在本文中对所有的转世谱系加以梳理。我将聚焦于法王的上一世，一位名为列绕朗巴的色达本地的伏藏师。他的密传不但记录了他在生前的事迹和传说，而且记载着他在开启伏藏时的具体观想。我们可以从中看到列饶朗巴（法王）与汉人信徒的联系：

> 一次，大师在青海省境内开取伏藏时，当地的护法神、土地神有些不高兴，降大冰雹，制造违缘，伏藏大师非但未受半点损害，而且为了制裁他们，除了开掘自己所应取的伏藏品外，将土地神所拥有的财产全部没收无余。最后，那些设障的护法神、土地神追悔莫及，无地自容，在大师面前拱手作揖，连连忏悔。
>
> 当年，第九次边地魔军蜂拥而至，进入西藏，准备摧毁佛法。军兵无法抵挡来势凶猛的魔军，藏地的高僧们迫切地祈请伏藏大师降伏魔众　　大师将附有魔军首领的魂石拴住，插入金刚橛，顿时那块魂石鲜血横流。当时，魔军已包围布达拉宫，正进入大昭寺的时候，主帅忽然七窍流血，栽倒在地，西藏顺利渡过了这一场劫难。
>
> 又一次，在色达时，净现中出现了一千多位空行母，以优美的金刚舞供养大师，最后依次融入，只剩下十六位。她们有的是康巴装束，有的是安多打扮，还有汉族的服饰。其中两位汉族空行母对大师宣说了未来藏传佛法兴衰的十六种预言。（FWJMPCZ 2001：8　10）

引文首段是对无宗派运动的暗示：不难想见，五明佛学院的崛起必然会招致其他寺庙和派别的妒忌和竞争[1]，藏传佛教在汉地的拓展也会受到汉传佛教界的排斥。作为地方神灵，土地神和护法神的阻挠象征着佛教内部的派系壁垒，列绕朗巴没收他们的财产，预示着法王胜出一筹以及佛学院对各地资源的整合。列饶朗巴在19世纪末被邀请到拉萨担任十三世达赖喇嘛的老师，从他的生卒年代（1856–1926）判断，引文次段提到的"魔军"很可能是清末攻占拉萨后导致达赖喇嘛出走的赵尔丰的部队。[2]因此，佛法与魔军的较量象征着西藏与汉地国家权力的对抗。文中的其他细节支持了这种解读。

引文末段是列绕朗巴在开启伏藏时的观想。在宁玛派里，伏藏师的观想通常与莲花生大师的授记有关，这些授记是他对未来历史的预言。由于方言原因，佛学院很少有来自卫藏地区的僧侣，因此空行母的康巴、安多和汉地装束，恰恰符合并象征着列绕朗巴在今世（即法王）的信徒构成。这一段的结尾意味深长：两位汉族空行母为列饶朗巴讲述了藏传佛教在未来的兴衰变化。这说明当他转世为法王后，一方面，他将见证由汉人主导的社会主义国家如何使喇嘛王国走向覆灭；另一方面，他也将见证汉人信徒的供养如何使佛教走向复兴。不难看出，列绕朗巴的密传显示了市场改革后的藏、汉佛教互动和法王的领导作用。

2. 物的能动性

通过分析列绕朗巴与法王经历的暗合，我们不难看出在宁玛派的宇宙观里，莲花生大师的授记不是简单的预言，这些大成就者可以凭借智慧透析历史的发展，而且可以通过自身力量将预言实现

---

1 这些竞争主要来自两个方面：一是法王在复兴宗教上的一些主张可能会不同于其他寺庙；另一个原因是资源的竞争。在笔者调查的过程中，汉族信徒转投其他上师或寺庙始终是五明佛学院很头疼的事情，这在2002年法王圆寂后表现得更为明显。

2 参见 Goldstein 1991：50–51。

（Thondup 1986：68）。这就具体反映了宁玛派僧侣为何相信莲花生大师能够通过预留伏藏串联起不同的世代，他的授记如何成为历史发展的母本。我们可以借助英国人类学家阿尔弗雷德·杰尔（Alfred Gell）的理论（1998）来理解宁玛派的宇宙观。他的理论强调物的能动性，指出我们无法脱离于物去揣测、承载、传递，或建立人与人的互主关系。譬如，在艺术领域，创作者把自己的主体性和能动性，包括意图、愿望、憧憬、技巧、手法融汇于作品，流传于世，当后来的欣赏者面对作品时，他们可以还原并想象创作者的情境，揣测他的立意与技巧，物不但成为欣赏者揣测作者主体性的媒介，而且在搭建两者关系的过程里发挥了自身的能动性。伏藏传统的结构基本与此类似：莲花生大师预见到了后来的末法时代，把自身的主体意志和教法转化在经书和法器之中，以伏藏品的形式留给后世的僧侣，物由此成为勾连互主关系的媒介。然而，杰尔的理论的重要之处在于他强调"人—物—人"的结构是为了反其道而行之，他意在提醒我们不能采用一种简单的韦伯主义视角将一切能动性（agency）归结于人的意愿（human intention）。能动性的成立在于它对外在世界的效果，需要从外在世界的变化中体察。这就是说，没有人能够脱离于物去推敲凝结在物之背后的人的意图，在人与物共同组成的体系里，对人的主体性与能动性的探寻必须考虑物的中介作用（mediation），研究者也因此不能罔顾物的属性及其能动性。正是如此，无论僧侣们如何强调莲花生和伏藏师的智慧、主体意志、内观与神通，伏藏实践的部分关键实际上在于作为物的伏藏品本身，因为在实际操作中，伏藏师经常需要通过他们开启的经文和器物来推敲、想象、感受和建构莲花生大师的意图。

包裹在伏藏师周围的是一个物的世界。他们在这个世界里不断寻找、遭遇、推敲和确定意义，透过物的中介来理解宗教世界和自身的主体意义。这一由物及人的塑造过程为更大范围内的变迁提供了契机。韦伯·基恩（Webb Keane）曾经指出，所有宗教体系都需要为种类繁多的器物和事物赋予意义，但是物的属性既无法穷尽，也无法尽纳，宗教的符号学解释总是侧重于物的某些方面而忽略其他方面，因此那些被忽略的或是偶然遭遇的物的属性，会为宗教的符号学解释提供新的空间（Keane 2007）。譬如，在1986年开启伏藏时，法王收获了一部藏文版的五台山山志，山志的扉页上有古汉语题字。在法王看来，这件物品似乎象征着莲花生大师已经预见到了社会主义革命与佛教的衰微，并埋下伏藏允许当代僧侣在复兴佛教的过程中向汉地传法。在不久后的一次法会上，他说自己感受到五台山的文殊菩萨在邀请他。他让弟子取出蒲团和马鞍，摆在地上，如果打卦的结果是前者，他就安住于学院修佛；如果是后者，他就周游各地传法。最终的结果是马鞍。因此在1987年，法王带领弟子从色达出发，东行至成都，经由观音道场峨眉山后前往北京，在那里拜会班禅喇嘛，并最终在五台山举行了为期数周的传法活动。

作为汉、藏佛教的共同圣地，五台山的地景（landscape）承载着自帝国以降两地佛教的互动与交融。在五台山逗留期间，法王在与周遭事物的互动中进一步巩固着向汉地传教的信念。他多次梦到文殊菩萨为他讲述如何向汉地传法，或是因为感觉自己对五台山的景物似曾相识而相信在前世来过这里。他还在一处山洞里发现一尊佛像，认为它是莲花生大师的伏藏，并通过观想这尊造像得到了所谓出自莲花生大师的教法。他还在离去前在五台山的不少地点埋下了新的伏藏。这次汉地之行结束后，佛学院开始致力于藏文经典的翻译工作。法王在那时已经从新一代的弟子中培养出几位懂汉语的堪布，这些人在后来一系列吸收汉地资源的过程中发挥了决定性的作用。90年代初，佛学院开始尝试用汉语讲经，吸引了第一批汉人僧侣前来学佛，尽管当时的汉僧不过几十人，但是法王力排众议，决定修建一座可容纳数百人的“汉僧显密经堂”，这可能也是藏地历史上第一座专供汉人使用的经堂（NMDHH 1998：38）。

在1994年，法王在青海开启了一座名为“金刚萨埵仪轨”的伏藏。他指出从此伏藏内取出的教法对汉地众生大有裨益（FWJMPCZ 2001：210）。他的传记记载道：

> 在大圆满《应成续》中，普贤如来悬记：末法时代是金刚萨埵佛尊普渡众生的时代。1994年上师在青海取出的金刚萨埵伏藏仪轨，在最后一行小字中，莲师清楚地注明：此仪轨与汉地众生有特殊因缘，将利益以汉地为主的广大众生。（JGSDXFRYBZYGJJ 1999）

金刚萨埵仪轨的传播确立了佛学院在汉地的地位，到90年代末，佛学院已经拥有很多汉人信徒，常住在色达的就有数百名汉僧。此时，法王再次授意现在是“金刚萨埵身像”的救世时期，他要求汉族信徒用水晶建造一尊等身高的金刚萨埵佛像，并修建佛殿与之匹配，这样才能报答金刚萨埵对汉地的眷顾。1997年底，在汉族信徒的捐赠下，金刚萨埵殿落成开光。法王又提出在每年的四月初八举办金刚萨埵法会，同样由汉人来承担。目前，佛学院每年有四次大型法会，分别是持明法会、金刚萨埵法会、地藏王菩萨心经法会和极乐法会，虽然从名义上讲只有金刚萨埵法会是由汉人认捐的，但是实际上各种例行法会都能从汉地获得大量布施。地藏王菩萨心经法会在汉地很受欢迎，因为汉族信徒们相信地藏王主管钱财；[1] 极乐法会以“往生西方极乐世

1 梁永佳在云南喜洲的调查中发现，民间经常将“地藏王”误写作“记账王”，这或许可以表明在民间信仰里，地藏王与钱财或救赎财存在关系。参见梁永佳，2005：96。

界”为主题，这是汉传净土宗的主要法旨。佛学院还出版了不少印刷品论证净土宗与密宗渊源密切。经由这些努力，佛学院与汉地佛教界紧密地联结起来。

四、未来的研究方向：作为“团聚”的宗教

本文仅仅对伏藏实践做出初步探索。我试图表明，这一宁玛派的地方传统与市场改革后逐渐形成的藏汉佛教互动存在着紧密的联系。通过关注宁玛派僧侣如何在伏藏实践中形成其主体性，我试图在两个方面做出理论性的探讨：首先，我认为学界应该更加关注新一代的信仰者如何在市场改革后逐渐形成，这将有利于我们从新的角度理解中国社会的宗教复兴。其次，由于宁玛派的伏藏传统关系到人如何在与物的互动中塑造主体性，它能够使我们承继人类学理论在近年来的新发展，思考“物”如何在文化解释与社会构成中占据重要位置。

目前，学界对伏藏的研究主要集中在人文科学领域。从文本典籍出发，佛教研究者对这一问题的关注主要集中在伏藏是否为伪经（Aris 1989；Gyatso 1993；Germano 1998），这也是藏传佛教内部各派别争论的焦点。有些学者认为伏藏是骗局，是伏藏师及其弟子巧妙安排以获得合法性的策略；还有些学者认为伏藏是密宗里一种特殊的传承方式。佛教传承可分为两种：一种以语言为媒介，通过公共场合里的口耳相传完成，这是大多数佛经和教法所强调的方式，它们认为佛经内容来自佛陀本人，换句话说，它们强调的是一种未经中断的传承及其合法性。与此相反的是另一种情况，即有些传承在历史上被迫中断，因为种种原因隐没于世，只能在小范围内得到保存和流传。宁玛派通过埋藏伏藏品使佛教传承在不利的社会环境中留存下来，进而通过开启再次见之于世。这样的说法在密宗传统里是可以想象的，

但是没有任何研究能够阐释宁玛派究竟以何种具体的方式埋藏与开启伏藏。

人类学者的经验研究以及宁玛派在当代的伏藏实践能够为基于文献考证的佛教研究提供新的洞见。在我看来，当佛教研究者的问题意识集中在伏藏是否为伪经时，尽管他们看似聚焦于物，但是这一对“真伪”的追究使他们的注意力仅仅放在伏藏如何承载着人的意愿（真相是什么？究竟是谁的意愿？莲花生大师，还是作假的伏藏师？），因而未能充分考虑物的能动性和它在整个伏藏体系里的意义。对物的真正观照要求我们思考物如何塑造人的想象和认识，如何构建起人的世界。问题的关键不在于某件伏藏品是否出自过去的高僧，而在于后来的代际如何找到过去埋下的器物从而认为它是前世留下的伏藏品。这个转向要求我们追问不同代际的僧侣为何（或如何）在同一地区埋藏与开掘器物，它要求我们聚焦于更广阔的物的世界，比如伏藏品所置身的地景。

历史档案表明，色达的僧侣和民众在社会主义革命期间埋藏了大量器物，官方曾经组织工作队在色达境内进行搜索。我们有理由认为宁玛派僧侣在市场改革后掘出的伏藏实际上是社会主义革命期间埋下的器物。因此，未来的研究应该聚焦于不同代际的僧俗如何选择埋藏和开启的地点，从而使伏藏实践得以实现。可以想见，这些地点必定在地方性的文化脉络中具有重要意义，譬如在藏族文化里，地理景观经常成为宗教观想的素材，而在朝圣的过程里，藏民们会把途经的地点通过偈语串连起来，编织成为能够用语言传唱的地图。未来的研究应该关注文化惯习与语言载体如何塑造人与地景的互动，如何使不同代际的人们通过对地景的共同认识在同一区域埋藏与开启器物。当我们在更广阔的物的世界寻找答案时，我们可以拓宽佛教研究者的问题意识：一方面，伏藏是否为有意识的传承与它是否为骗局是两个不同的问题。即便不是有意识的传承，这一体系仍然可能依托于真实的文化运作，否则我们很难解释它为何能够自11世纪以来被反复运用并获得信众的认可；另一方面，我们应该探寻伏藏传统如何实现，彼此分离的代际如何能够重新建立联结，这一探寻自然会使我们注意到物（包括地景）的能动性。

实际上，人类学的经典研究不乏类似案例。自皮埃尔·布迪厄（Pierre Bourdieu）和南希·曼恩（Nancy Mann）以降，人类学家开始思考物如何塑造人的文化思维和惯习，如何促成社会在时间与空间里形成（Bourdieu 1977，1992；Mann 1970；Gell 1998；Bender 1993；Ingold 2000；Tilley 1994）。譬如在对澳洲土著和印第安人的研究里，人类学家阐释了地方人群如何在与地景和物的互动中猜想过去的历史，揣测祖先的意图，并以祖先为名塑造新的代际和社会生活（Munn 1986；Myers 1991；Morphy 1992；Basso 1992）。莲花生大师是藏传佛教世界里的祖先——与同样经历过社会解体的澳洲土著和印第安人类似，宁玛派的伏藏传统反映了地方社群如何应对社会解体和代际中断，如何通过文化想象重新寻找和建立一个可以栖居的世界。这种努力所恢复的宗教并不是一个先在的体系，它在人与物的互动中不断生成，经由物的中介发生变化。它类似于拉图尔所描绘的“团聚”（assembly）。这种新的看待宗教的视角不同于宗教人类学的既有理论，因为它不再采用一种整体性的全景视域（panoptic view）来审视宗教领域（Durkheim 1912；Evens-Prichard 1956；Geertz 1997；Turner 1967；Bloch 1991；Asad 1993），而是试图置身于团聚的丛结之中去寻找和理解人与物的遭遇以及由此产生的各种可能。作为文化走廊，西南地区的物与地景凝结着藏汉文化在过去互动的痕迹，本文提出的进路或许可以成为西南人类学的视角之一。

参考文献

FWJMPCZ,《法王晋美彭措传》，色达：五明佛学院，2001。

JGSDXFRYBZYGJJ,《金刚萨埵修法如意宝珠仪轨讲记》，色达：五明佛学院，1999。

NMDHH,《宁玛的红辉——今日喇荣山中的一块密乘净土》，色达：五明佛学院，1998。

SDXZ,《色达县志》，成都：四川人民出版社，1997。

梁永佳,《地域的等级：一个大理村镇的仪式与文化》，北京：社科文献出版社，2005。

Anagnost, Ann

1994. "The Politics of Ritual Displacement." In *Asian Visions of Authority*, edited by Charles F. Keyes, Laurel Kendall, and Helen Hardacre, 221-254. Honolulu: University of Hawaii Press.

Aris, Michael

1989. *Hidden Treasures and Secret Lives: A Study of Pemalingpa*, 1450-1521, *and the Sixth Dalai Lama*, 1683-1706. London: Routledge.

Asad, Talal

1993. *Genealogies of Religion: Discipline and Reasons of Power in Christianity and Islam*. Baltimore: The Johns Hopkins University Press.

Basso, Keith H.

1996. *Wisdom Sits in Places: Landscape and Language Among the Western Apache*. Albuquerque: University of New Mexico Press.

Bender, Barbara

1993. *Landscape: Politics and Perspectives*. Oxford: Berg Publisher.

Berger, Peter

1967. *The Sacred Canopy: Elements of A Sociological Theory of Religion*. Norwell, MA: Anchor.

Bloch, Maurice

1991. *Prey into Hunter: The Politics of Religious Experience*. Cambridge: Cambridge University Press.

Bourdieu, Pierre

1977. *Outline of A Theory of Practice*. Translated by R. Nice. New York, Cambridge University Press.

Bourdieu, Pierre

1992. *The Logic of Practice*. Translated by Richard Nice. Stanford, Stanford University Press.

Casanova, Jose

1994. *Public Religions in the Modern World*. Chicago: The University of Chicago Press.

Dean, Kenneth

1997. "Ritual and Space: Civil Society or Popular Religion?" In *Civil Society in China*, edited by Timothy Brook and Michael Frolic, 172–192.

Durkheim, Emile

1995. *The Elemtentary Forms of Religious Life*. New York: The Free Press.

Evens-Pritchard, E. E.

1956. *Nuer Religion*. Oxford: Clarendon Press.

Gates, Hill

2000. "Religious Real Estate as Indigenous Civil Space." *Bulletin of the Institute of Ethnology*, Academia Sinica: 313–333.

Geertz, Clifford

1973. *The Interpretation of Culture*. New York: Basic Books.

Gell, Alfred

1998. *Art and Agency: An Anthropological Theory*. Oxford: Oxford University Press.

Germano, David

1998. "Re-membering the Dismembered Body of Tibet: Contemporary Tibetan Visionary Movements in the People's Republic of China." In *Buddhism in Contemporary Tibet: Religious Revival and Cultural Identity*, edited by Melvyn C. Goldstein and Matthew T. Kapstein, 53–94. Berkeley, Los Angeles and London: University of California Press.

Goldstein, Melvyn C., and Matthew T. Kapstein

1998. *Buddhism in Contemporary Tibet: Religious Revival and Cultural Identity*. Berkeley: University of California Press.

Goossaert, Vincent, and David A. Palmer

2011. *The Religious Question in Modern China*. Chicago: University of Chicago Press.

Ingold, Tim

2000. *The Perception of the Environment: Essays on Livelihood, Dwelling, and Skill*. New York: Routledge.

Ingold, Tim

2007. *Lines: A Brief History*. London: Routledge.

Jones, Allison Denton

2011. "Contemporary Han Chinese Involvement in Tibetan Buddhism: A Case Study from Nanjing." *Social Compass* 58 (4): 540–553.

Kapstein, Matthew T.

2004. "A Thorn in Dragon's Side: Tibetan Buddhist Culture in China." In *Governing China's Multiethnic Frontiers*, edited by Morris Rossabi, 230–269.

Seattle: University of Washington Press.

Kapstein, Matthew T. ed.

2009. *Buddhism Between Tibet and China*. Somerville, MA: Wisdom Publications.

Keane, Webb

2003. "Semiotics and the Social Analysis of Material Things." *Language and Communication*: 409–425.

Keane, Webb

2007. *Christian Moderns: Freedom and Fetish in the Mission Encounter*. Berkeley: University of California Press.

Kleinman, Arthur, Yunxiang Yan, Jun Jing, and Sing Lee, ed.

2011. *Deep China: The Moral Life of the Person, What Anthropology and Psychiatry Tell Us About China Today*. Berkeley: University of California Press.

Latour, Bruno

2007. *Reassembling the Social: An Introduction to Actor-Network-Theory*. New York: Oxford University Press.

Luckmann, Thomas

1974. The Invisible Religion. New York: MacMillan.

Madsen, Richard

1998. *China's Catholics: Tragedy and Hope in an Emerging Civil Society*. Berkeley: University of California Press.

Morphy, Howard

1992. *Ancestral Connections: Art and an Aboriginal System of Knowledge*. Chicago: University of Chicago Press.

Munn, Nancy D.

1970. "The Transformation of Subjects into Objects in Walbiri and Pitjantjatjara Myth." In *Australian Aboriginal Anthropology*, edited by Ronald M. Berndt, 141–163. Nedlands: University of Western Australia Press.

Munn, Nancy D.

1986. *Walbiri Iconography: Graphic Representation and Cultural Symbolism in a Central Australian Society*. Chicago: University of Chicago Press.

Myers, Fred R.

1991. *Pintupi Country, Pintupi Self: Sentiment, Place, and Politics Among Western Desert Aborigines*. Berkeley: University of California Press.

Naquin, Susan

2000. *Peking: Temples and City Life*, 1400–1900. Berkeley: University of California Press.

Overmyer, Daniel

2003. "Religion in China Today." *China Quarterly*: 307–316.
Samuel, Geoffrey
1993. *Civilized Shamans: Buddhism in Tibetan Societies*. Washington D.C.: Smithsonian Institution Press.
Schwartz, Ronald
1994. *Circle of Protest: Political Ritual in the Tibetan Uprising*. New York: Columbia University Press.
Tilley, Christopher
1994. *A Phenomenology of Landscape*. Oxford/Providence, USA: Berg Publisher.
Turner, Victor
1967. *The Forest of Symbols: Aspect of Ndembu Ritual*. London, England: Cornell University Press.
Tuttle, Gray
2007. *Tibetan Buddhists in the Making of Modern China*. New York: Columbia University Press.
Weber, Max
1968. *On Charisma and Institution Building*. Chicago: University of Chicago Press.
Welch, Holmes
1967. *The Practice of Chinese Buddhism*, 1900–1950. Boston, MA: Harvard University Press.
Weller, Robert P.
2001. *Alternate Civilities: Democracy And Culture in China and Taiwan*. Boulder, CO: Westview Press.
Whyte, Martin King, and William L. Parish
1985. *Urban Life in Contemporary China*. Chicago: University of Chicago Press.
Yang, Fenggang
2006. "The Red, Black, Grey Market of Religion in China." *The Sociological Quarterly*: 93–122.
Yang, Mayfair, ed.
2008. *Chinese Religiosities: Afflictions of Modernity and State Formation*. Berkeley, Los Angeles and London: University of California Press.
Yu, Dan Smyer
2011. *The Spread of Tibetan Buddhism in China: Charisma, Money, Enlightenment*. New York: Routledge.

“医生”的“隐身衣”：一个景颇族村寨的权力/知识与日常生活

袁长庚*

一、作为文化批评的医学人类学

与人类学的其他分支领域有所不同，医学人类学似乎没有一个清晰的发展史，或更为准确地说它是多种力量合流之后的产物，因此难以断言一个清晰的理论原点。一方面，在早期人类学的论述中，经典作家们已然注意到了与身体、健康等问题相关的文化特征；另一方面，在战后全球发展项目实践推动下，医学工作者和人类学在处理第三世界发展问题上的合作越发频繁（Singer Merrill and Hans Baer 2007）。此外，对战后资本主义社会“人的境况”所做出的哲学追问，也有许多成果指向疾病、健康、社会生活医学化（medicalization）等问题。这些思想和实践的相互激荡，推动医学人类学在上世纪末的兴起。

应该说对身体状态的人文社会科学研究并不是人类学的独创，尼采宣布上帝之死以降，人们的肉身就逐渐成为生活实践的一个重要的

* 袁长庚，香港中文大学人类学系。通讯方式：ycg0451015@126.com。

焦点（Lock Margaret and Judith Farquhar 2007）。20世纪思想家对于身体的偏爱不是一个偶然现象，这与晚期资本主义（late capitalism）社会文化的特征相吻合。人类学在这一潮流中所扮演的角色之所以重要，概因以异域为研究对象的若干发现构成了西方工业社会审视自身的一个重要的资源。也正因此，医学人类学在二战以后，迅速从早期对异族医疗文化的博物学兴趣当中挣扎出来，在多种理论以及具体实践的推动下，向现代社会的医学话语发出挑战。当然，并非所有的人类学家都坚持这样一种研究思路[1]，但其活力与影响力却是医学人类学内部最为突出的。

莫瑞·辛格（2006）将批判的医学人类学纳入整个社会科学对健康问题的关注中加以讨论。他概括了这一领域的若干核心概念，例如“健康”、“疾病”、“并发性流行”（syndemics）、“患者体验”、“医疗化”（medicalization）、“医疗体系多元化”以及“医疗霸权”等。辛格强调批判医学人类学与政治经济学之间的亲缘关系，但同时在他所罗列的这些关键概念之中我们又可以归纳出这一研究进路的若干特点。

第一，强调在某种特定的权力关系之下，社会医学景观（social medicalscape）的内部复杂性，拒绝承认将医学问题仅仅当作某种科学或政策问题；

第二，关注“知识”或“话语”的建构过程，试图去说明主导人们身体实践的观念并非是中立的科学研究滞后的成果。反之，我们身处一个被生物医学所形塑的社会之中，而生物医学本身（尤其是它与消费主义、政治实践和全球化等相结合，在人们日常生活中蔓延开来）又是追随某些特定的价值和意识形态而实现其自身的再生产；

1 拜伦·古德（Byron J. Good）将医学人类学的思想资源归结为四个方面：经验主义、认知研究、以意义为中心（meaning-centered）的范式以及批判理论或政治经济学（Good 1994）。

第三，批判医学人类学要求从日常生活中发现被权力话语所忽略的细节，并把这些生活的“边角料”重新组装成为可以使人重新审视健康问题的重要参照。

可以想象，这样一门专注于身体、权力等议题的学科无法绕过福柯所奠定的理论体系。“米歇尔·福柯”这个名字之于当下的批判医学人类学，颇有些类似于德里达（1999）对马克思的描述——“幽灵们”（spectres）。其复数形态意在说明这一影响在批判医学人类学内部的异质性。无论怎样评估其思想遗产的价值，福柯对今天的医学人类学家而言依然是有意义的，尤其是他晚期所留下的大量开放性文本，仍旧值得我们不断反思和开掘。从某种程度上说，批判医学人类学连通“个体”与“社会”，“边缘”与“中心”，“反抗”与“压制”，甚至彻底重组这些对立概念之间的关系，无疑为福柯的理论注入了新的活力。正如人类学家乔纳森·因达（Inda 2005：7）所归纳的，对今天的人类学而言，福柯理论在处理若干问题上仍有意义，例如：权力和知识相配合，定义什么是“真实”，而这种实践几乎都是以问题的导向（problem-oriented）为起点。

本文理论分析恰恰是在这一点上处理福柯的遗产。之所以在题目中使用“权力 / 知识”这种连接，是为了强调一种再生产方式的连续性。换言之，为什么不能将权力和知识之间的连接符号去掉？恰恰是因为权力的核心问题就是它必须附着在知识的生产和传播上才能得以实现，这是一个相对抽象的过程性概念。（Foucault 1980）这里“权力”是一个超越政治和国家机器之上的广义的概念，它通过福柯所谓“微观物理学”（micro-physics）得以实现。此外，这个斜杠符号还说明所谓“权力”，注定是一个过程的集合。权力不是静止的，它与知识的结盟一直在被具体的实践所修正、重塑甚至颠覆，这恰恰是福柯式的经验主义的核心。

本文最后一个关键词是“日常生活”，本文并不打算从现象学的角度将这一观点复杂化，而倾向于延续医学人类学内部对这一视角的经典应用（Farmer 1999；Scheper-Hughes 1992）。医学人类学对日常生活的强调，目的在于揭示社会政治经济权力向社会生活的延伸，也就是法默（Paul Farmer）所谓“结构性暴力”（structured violence）。但人们往往误认为这种像日常生活的延伸无非是福柯理论的一个注脚，但实际上关于如何处理日常生活中的案例与宏观权力结构之间的联系是一个经常产生争议的议题，例如关于南茜·谢珀–休斯对巴西日常生活中暴力的研究就存在不同解读（格莱德希尔 2011：292）。我在本文中将日常生活看作是一个不能被简化的相对独立的空间，它依赖人们的实践活动及其所遵循的文化逻辑而得以维持。它肯定受制于某一种具体的权力运作，但又不是权力笼罩下的傀儡般的反射，就这一点后文还将专门论述。

二、艾勇的故事[1]

2009年9月，我参与某国际组织的研究团队，赴云南省中缅边境D州开展一项应用性的医学人类学研究，为期一月。调查展开前，我们被告知必须向当地政府详细解释调查课题以及拟定研究方案。我们的研究课题是有关地方社区医疗服务现状问题，因此首要问题是搞明白在一个村寨当中，都有哪些人在提供医疗服务，这并不限于现代化医学服务，也包括传统医学的从业人员甚至社区宗教人员。研究团

1 依照学术论文一般原则，本文对所有具体的人名和地名都进行了处理。本节的相关数据来自风雨寨村委会的相关文件，另外，关于艾勇的案例，笔者曾在硕士学位论文中有专章论述，此处若干民族志细节为硕士论文材料的改写，不再一一详述。参见：袁长庚（2011）《B超的隐喻》（中央民族大学硕士学位论文）。

队决定首先采访乡、行政村两级领导，然后再进入一个自然村做具体调查。

因为有乡、行政村两级政府部门的配合，对医疗服务资源的“筛查”得以顺利进行。在对相关负责官员的采访中，他们提到官方所认定的可以提供医疗服务的群体，除了乡一级卫生院、妇幼保健站以及各村村医之外，还包括一些政府许可挂牌经营的传统草药医生。毕竟在“非物质文化遗产”的分类之下，将草药医生纳入官方医疗体系并无不妥。在与村民的接触中，我们还了解到他们有时也去计划生育服务站接受一些服务[1]。这样一来，村寨的医疗服务及其对象就是一个典型的“官方-社区”之间的对立关系。如果不是在风雨寨偶然结识艾勇并了解到他的故事，那么我对该地区乡村医疗卫生实践的理解大约会严格遵循上述框架的限定。

风雨寨是 D 州东部某县的一个行政村，从地理环境上看属于典型的“山坝结合”，山地约占总面积的三分之二强。历史上，这里的景颇族受到周边强势民族的影响，大多定居于山间，直到解放后才逐渐迁移至平坝地区。风雨寨下设 5 个自然村、9 个村民小组，共 396 户 1670 人，全部为景颇族。风雨寨地处景颇山的核心地带，其文化保留尚好，绝大多数人都可以熟练使用景颇语大山方言，但是很少有人会读写。从经济状况来看，风雨寨并不是一个富裕的村寨，2009 年全村人均收入尚未超过 3000 元。传统上这里属于山地耕猎型生计方式，解放后逐渐集中于稻米生产。近年来，粮食种植效益下降，政府与企业合作在当地推广甘蔗种植，村民收入有所改观。

初次结识艾勇实在风雨寨的民兵活动室，当时调查小组正在组织

1 在新型农村合作医疗得以大规模推动之前，计划生育服务站的一些免费医疗服务很有吸引力。另外，计划生育工作推广力度之大，客观上促使其工作人员与基层社区之间建立起频繁的联系，也成为一些村民选择在计生服务站就医的原因。

一次焦点小组访谈（focus group discussion），他在整个过程中始终面带微笑地坐在桌子一角，几乎一言不发。但从表情来看，他对在座其他人的意见显然有许多回应。我断定他并不愿意在村干部眼前畅所欲言，因此在访谈结束后临时向调查组申请专门为他做一次入户采访。[1]

艾勇的家坐落在半山坡上，宽敞的院落里规整地排列着三间瓦房。尽管外观陈旧，但仍可以显示出主人的经济状况在村寨当中应属于中上。甫一坐定，他就向我坦白："我的父亲曾经是一名赤脚医生，我小的时候就跟他学习一点简单的医学知识。现在我仍旧在村子里帮人打针。"

无缘无故发现了一位"医生"，我多少有些惊讶，向身边的向导求证，他说这在村子里又不是什么秘密。我问他为什么没有早告诉我还有这么一位医生，向导回答说：他不是医生，只是帮忙"打针"而已。

艾勇的父亲在 1949 年之前曾在村中接受过几年私塾教育，是风雨寨当时为数不多的"识字人"。"文革"时接受培训成为村寨赤脚医生。其实所谓培训，只不过是在乡里集中学习半年时间，学习最基本的医学常识，真正的本事大多于日后行医实践中逐渐积累。在艾勇记忆中，小时候时常在半夜三更被乡亲们急促的敲门声惊醒。在缺医少药、交通不便的时期，父亲的一些简单治疗却往往事关人命。乡村常见的疾病无非痢疾、感冒、咳嗽、发热等，虽然并非顽症但却影响日常生产，并将直接影响人们的生活能否得以维系。父亲虽是半路出家，但却难得踏实，随着实践经验日渐丰富，医术也渐渐提高。经年累月的服务赢得了村民们的尊敬，艾勇认为自己家中虽无人为官，但在村子里却受人尊敬，这与父子两代行医不无关联。

艾勇初中毕业后留乡务农，作为家中独子，父亲有意向其传授毕

1 根据焦点小组访谈的操作要求，调查人员必须注意在座访谈对象的肢体语言和面部表情，我正是在这个记录的过程中发现艾勇与他人的不同之处。

生行医所积累的经验。晚年父亲卧病在家，艾勇顺其自然接过药箱继续在寨中服务。二十岁出头时他与隔壁村中一户缅甸归侨的女儿恋爱成家，当时曾经在缅甸北部军阀部队中服役数十年的岳父一贫如洗且吸食鸦片，负债累累。艾勇凭借在村中为村民提供一些医疗帮助而换取一些经济回报和劳动力支持。数年过去艾勇不但清偿了债务，而且自己摸索着以药物治疗的方法帮助岳父成功戒毒。如今岳父已搬来与他们夫妇同住并帮忙照顾孩子，四口之家得以共享天伦。

艾勇认为"赤脚医生"与现在政府认定村医不同，他们与村民们的关系更为紧密。虽然行医只是业余工作，主要精力还是操持生计，但"身份"的模糊反倒使得他们可以不受多种禁忌的约束。赤脚医生行医只收取成本费用，近年来由于政府禁止非法行医，除却草药，艾勇自己已不再储备其他药品。人们前来求助，大多是自备药品、注射器具，也就是艾勇和村民所说的"帮助打针"。赤脚医生行医的根本原则是"方便村民"，遇事先从患者家庭出发，尽量便宜行事。能用传统草药，则不推荐西医，能在家中吃药解决，则不推荐去卫生院打针，能在家中自己打针，则不推荐住院治疗。我的向导还告诉我，有时艾勇农忙时期外出行医，患者家属会主动帮助承担家中的农活。艾勇说自己的这点本领能助人助己是善莫大焉，对此已经知足、满意。

与艾勇的意外相遇并非研究中的既定任务，调查所得也与研究主旨无关，但他的故事却有助于我们从另一侧面理解社区中"医疗"与"日常生活"之间的关系。和他的父亲一样，艾勇也是某种历史实践的产物，但他们在日常生活舞台上扮演的角色却得以超脱具体政策的起伏而在社区之中沉淀。现代化医学的目的是使技术、服务能够惠及人们的生活，或曰"扎根社区"。而"根"这一意象所传递出的意蕴，应该可以在艾勇的身上得以体现。

从批判医学人类学的视角出发，艾勇的存在和"隐蔽"显示出在社区内部村民们试图掌控“身体”和“生命”的努力，这看似某种实用主义的生活策略，但却客观上挑战了医学权力/知识在村寨的垄断地位。我所感兴趣的问题是：为什么艾勇的“医生”身份可以和他的实践区别开来，而做出这一区分的恰恰又是村民们？

三、穿“隐身衣”的“医生”

19世纪以降的中国现代化实践，重要内容之一就是身体的改造，进而洗刷“东亚病夫”的耻辱。无论政权如何更迭，执政者所秉持的意识形态有何差别，对国民身体的改造从未停止（黄金麟 2001）。这种身体改造的起点是强国保种，而其后则逐渐发展为一种对待现代主义的态度。这一漫长的历史过程本身既包含政策制定与实践，也包括名目繁多的见解与主张。如果考虑到这种实践的对象往往是抽象的“民”，类似福柯对西方资本主义社会“生命权力”（biopower）的分析。

按照福柯本人的论述，所谓“生命权力”就是将“人口”（population）的若干生物学指标当作基本衡量标准，通过多种不同的治理技术的实践，来达到将“身体”对象化并对其加以控制的目的（Foucault 1978：140）。在后来福柯又进一步论证说这是一种权力的技术（technology of power），其核心在于权力通过对什么样的指标的重视而使“人口”成为一个可能的治理对象（Foucault 2007）。沿用他一贯的分析路径，这一过程同样是通过两个互相缠绕的方面的实践得以实现，第一是政府本身的卫生、人口、婚姻政策；第二是其他组织及个体的“配合”。

“生命政治”是福柯理论体系中最为广泛使用的概念之一，其移植成活率之高大约是因为许多社会的经验都符合其两点基本判断。以中国近代史为例，我们既可以发现国家对人口的改造，如优生优育和增强国民体质等，是在一个抽象的层面讨论“人口”问题（Greenhalgh 1994；Brownell 1995）。但另外一个方面这种观念经过各种途径传入社会，会被迅速接纳成为衡量新公民的标准（Kleinman 2010）。

如上所述，福柯的“生命政治”所包含的两个方面的实践，通常不会互相越界。即国家只是选取若干方面对人口做出管理，而对个体身体的细微改造主要依赖各种社会组织，如学校、医院、军队等来开展，目的是使个体将规训内化为自身的行动准则。但在毛泽东时期，社会主义中国的某些实践却希望将这二者融为一体，即现代医学实践直接进入人们的日常生活，其代表便是“赤脚医生”制度。

关于如何评价“赤脚医生”制度，学术界意见不一（李德成 2007），本文无意卷入这一争论。但艾勇是这个制度的“遗产”，对他的个案的讨论不能脱离造就他的制度背景。我认为如果要“深描”艾勇个案的道德含义和象征色彩，社会主义基层公共卫生的制度探索与当下社区生活的逻辑是必须要连接在一起的两个前提。归纳而言有两点，恰巧呼应本文题目中两个引号的用意。

首先，赤脚医生并不是“医生”，或准确地说，不是今天中国社会对医生的固有认识。赤脚医生的选拔往往依赖本乡本土，选拔的标准也必须尊重乡土道德的要求（杨念群 2003）。另外，如杨念群（2006：381–404）所述：

> 赤脚医生获得特殊待遇、地位和相应的尊敬，表明乡间民众对医生这个传统角色和身份仍维系着一种习惯性认同，他往往以乡土的人情网络为基础。不过，这种人情的 认同 因为没有了往日的情景而表现得相当含蓄。赤脚医生表现出的角色形象也与过去乡间的郎中和 巫医 不同，他（她）们毕竟是在一种被制

度化的政治氛围中加以定位和安排的。贫农协会的监控虽然是一种政治运动的产物，但也部分地承载着一般民众对赤脚医生行为的道德期待。在制度安排与人情网络的双重规训下，赤脚医生对自己的道德约束自然会随之加强。

可见赤脚医生首先是一种身份上的模糊状态。他们既保留了现代西医卫生执行者的某种权威，又因为政治话语和乡村道德的约束而不能将这种权威转化为高高在上的社会资本。艾勇父子两代行医，但却并不被村民认定是“医生”，政策起伏所造成的命名差异固然是原因之一，但即便当我明确提出“村子里还有没有其他人提供医疗服务？”这样的问题时还没有人明确指出他的存在就让人深思了。这种“否认”包含两种含义：第一，艾勇不是一个“医生”，他是一个村民一个邻居，是一个不需要被单独划分出去的个体；第二，艾勇所提供的一些基本服务，不是“行医”，而是类似于建房、婚嫁、生产等日常实践的一种互惠性的（reciprocal）帮忙。艾勇生活状况的改观说明人们对他的接受与认可，而正是这种“认可”与“否认”之间的对照才显示出一种底层逻辑的有效性。

其次，艾勇的所有医疗实践，都可以完整地“隐藏”在乡村的日常生活之中。这种“隐藏”的条件除了上述身份上的认识，还包括节律上的吻合。由于他就居住在村寨当中，而且每日劳作、休息的时间与其他村民无异，因此大量的服务都是在一些空闲时间完成的。例如晚间、节日甚至是串门的时间。与此相反，医院所代表的观点是：如果身体出现不适应当及时脱离日常生活，进入到另一个专门的医疗空间当中（即使这个空间就在村子旁边，它也是区别于人们的正常的生活空间的）。“病”首先是一个异常状态，因此应对它的方式也应当是将正常的生活暂时搁置，服从于另一种安排。

艾勇的“隐身衣”根本上仍旧是赤脚医生制度设计之初所坚持的一些基本原则编织而成。例如基本要求是解决常见的健康问题，尊重乡土知识与村庄道德，强调身份的平等，要求“医生”要参与生产生活等等。仅就风雨寨的情况而言，艾勇的存在有效地补充了现有医疗服务体系的空隙，使得人们能够以低廉的成本（不只是金钱）便可以接触到“西医”的存在。如果考虑到市场经济对乡村自身再生产能力的冲击，那么这个赤脚医生的儿子所具备的社区象征意义就更加值得重视。它说明村庄仍然需要，并且可能保持自身相对的自主性，而创造这一自主性的实践可能并不一定能为权力/知识所察觉，下文将就这一问题详细展开论述。

四、 底层能说话吗？

上世纪80年代后期，美国后殖民主义理论的代表人物之一斯皮瓦克（Spivak 1988）发表了《底层能说话吗？》（Can The Subaltern Speak？）一文。在其后二十多年间，这篇晦涩难懂的长文被广泛引用，成为西方女性主义乃至整个社会科学研究中最为重要的文本之一。简单说来，斯皮瓦克沿用葛兰西对“底层”研究的分析，以解构主义的基本路径去反思后现代哲学话语、道德诉求中所可能存在的对于底层的压制。在斯皮瓦克看来，即使是像福柯、德勒兹这样严肃的后现代思想家，也有可能在某些随意的状况下坠入西方话语权力体系的陷阱。

斯皮瓦克所依据的经验材料，第一是当时为西方广泛赞誉的英国殖民政府对印度“寡妇殉葬”（Sati）习俗的废除。这种“一个白人男人从一个褐色男人那里拯救一个褐色女人”的表述方式本身，恰恰是德里达一贯强调的表征（representation）的再生产。即以看似无可置疑的人道主义道德为旗帜，去将“妇女”转化成为一种单纯的对象，一个文本，而彻底忽视她们自身可能具备的更为丰富的自我表达。斯皮瓦克不是要为某种陈规陋习辩护，而是揭穿这种表征生产的面具，而重新让人们思考究竟底层能否表达自己。此处的“能否”，不是对话语权归属的强调，而是对结构本身的展示。换言之，“妇女”是一个知识和话语的丛结，它只能与帝国主义、资本主义、法律以及男权社会等话语勾连起来才能成其为一个“知识问题”。

第二个事例是一个年轻的印度女性自杀的案例，此前她受命实施一次政治行动，在行动失败后她选择结束自己的生命，为了使自己不陷入某种男女私情谣言的污名之中，她甚至安静等待月经的来临，以此来表明自己的某种态度和“清白”。斯皮瓦克认为，即便她的行动已经构成了对传统和主流文化的抵抗，但其死后的命运仍然被无情的操纵和掩饰。在此斯皮瓦克有些悲观的认定：底层是不能“说话”的，必须由外力来引导他们不再将底层当作一个“正常状态”（Spivak 1988）。

在处理艾勇的个案时，我的脑海中不断浮现斯皮瓦克的追问。但我认为斯皮瓦克的悲观论调本身是对另一种视角的遮蔽，那是她的问题的另外一种问法：谁在听？（Who Are Listening？）我认为斯皮瓦克追问的缺憾在于：如果“说话”被当作一个根本性的问题般的隐喻，那么日常世界的丰富性和相对独立性就失去了讨论的意义。例如，如果一定要强调发出声音才算主体性的表达，那么生活中诸多无声的地带也就失去了意义，但从人类学的角度考察，在这些“寂静”之中可能蕴藏着相对的主体性张力。举一个不太恰当的例子，人类学家理查德·鲍曼（Bauman 1983）在对英国17世纪贵格思想形成的研究中表明，“沉默”本身就是一种象征符号，它和“说话”一道组成完整的表达。虽然艾勇和他的邻居们并非主动地使用沉默去反抗什么，但这种实践本身已经说明日常生活自有其难以撼动的价值准则，这是一个依附于权力运作的空间，但却从边缘瓦解了权力的霸权和垄断。

艾勇以一种有限但同时也非常有效的互惠性的实践，完美地嵌入（embedded）他所生活的地方社区，补充甚至改变了地方医学服务实践的格局。因其如此自然地与历史和地方知识、社会网络相契合，我们很难用人类学意义上的“抵抗”这一概念，去描述他以及社区成员与地方权力之间的互动方式。同时更为重要的是：在艾勇和村民们那里，这不是一个“弱者的武器”式的反应。他们顺应着生活的逻辑，“各取所需”，即使是生活在权力所划定的生活空间之内，但实践的指向却并非是权力的主导一方。

实际上，斯皮瓦克本人对自己早先所做出的论断有所修正，在2006年清华大学的演讲中她自己已经提出了“谁在听”的问题（斯皮瓦克 2006）。此外，在一篇对当下文化状况进行反思的文章中，她强调过程性的人民（process-people）对系统性人民（system-people）的纠正作用，也正是要强调用流动的观察和干预去抵制对底层加以固化的实践。我在此想要强调的是：“统治-抵抗”视角在当下中国人类学研究当中的某种滥用实则有可能产生对问题本身的遮蔽。如果对日常生活世界的丰富性不加以考察，那么相应的行动方案就必定会落入对既有权力结构的依附。我们不能将此处问题的解决寄希望于对别处知识的盲目接纳，在地方社区的日常生活空间中所萌发出的这些实践的种子，实则纠正了外部话语对内部的不实想象，而尊重权力结构下多重空间的丰富程度，是认识“底层”主体性的一个重要前提。

反思“统治-抵抗”范式并非是要否认权力的作用，更不是取消抵抗的合法性，相反，这种反思的目的是为了推动结构本身做出改变。对“抵抗”的滥用（相比于中国学界，西方更甚）本身同样是一种权力 / 知识再生产的特征，而艾勇的案例表明，不均衡的权力结构以及地方政治经济网络相结合的产物往往会制造出更为复杂的生活空间，因此对类似于斯科特（James Scott）进路的某种反思就显得尤为必要（朱晓阳 2008）。

五、结语：走失的医生

当我写作本文的结尾部分时，中国大陆多个城市发生针对医生群体的恶性伤害事件。继此前一连串针对政府机关、公安机关、学校等目标的伤害事件之后，“医院”也进入高度敏感地区的行列。这再次暴露了中国“医患”关系在经历了三十年商品化、“专业化”的改造之后，矛盾积累之程度终于无法置之不理。有媒体报道此次事件之时，配发了一张图片：身穿白衣的护士们佩戴钢盔值班，目光戒备[1]。

从血腥的暴力事件到多少带有一些荒诞感的照片，这种并置本身揭示出中国社会当下医疗实践当中一个悖论：一方面，没人能够否定近三十年来中国医学现代化在国家、市场、学术等多重力量的推动之下取得令人瞩目的成绩；另一方面，医疗服务的普及并未能建立一种良性的医患关系，疲惫不安的医生和愤怒的患者家属之间似乎没有谁是真正的赢家，而解决这一困局的办法似乎只有依赖政府意志的“加强防范”。

中国人类学者邵京（Shao 2006）在《流动的劳动与血钱》（Fluid Labor and Blood Money）一文中强调对绝大多数中国农民而言，“经济”没有带给他们可以参与这个游戏其中的权力，但却让他们深切感受到没有这种权力所带来的尴尬与羞辱。邵京同时从经济人类学的角度出发，认为“经济”本身就是一种意识形态，它使得社会生活遵

1 财新网专题报道，《刺医》，http://topics.caixin.com/doctor_vs_patient/，2012 年 5 月 14 日访问。

循经济法则（economic law）并且侵蚀“身体”，使得物质生产与人口再生产合二为一。作为一种文化的“经济”本身和资本、技术、政策都存在着共生关系（symbiosis），而人类学家需要进一步追问在一种特定的状态下价值是怎样与社区历史社会条件相嫁接的。

沿用邵京对“经济”的分析，我认为“隐身医生”艾勇的故事从另一个角度折射出针对当前中国社会医学景观（medicalscape），尤其是针对“医生”这一群体的文化想象的症结。上世纪90年代以来愈演愈烈的医疗卫生服务商品化改革，以及这种改革所遵循的盲目追求“效益”的功利主义哲学，或可被看作是形塑时下国人眼中医生群体不良形象的主要原因（王绍光 2006）。但人类学家关心的是，仅仅将行政主导下的商品化所造成的困境归纳为“消费者”与“服务提供者”之间的矛盾关系，并不足以解释目前社会民众与医疗机构之间的紧张关系。换言之，制度设计可以被看作是当下困境的重要诱因，但却并不是全部，制度本身所包含的象征意义与历史文化背景的结合是塑造“医-患”关系的重要的同时也是隐蔽的力量。

首先，商品化置换了医生与社区之间的关系，从而在“医生”与其所处的社会之间建立起森严的区隔。医生是一个特殊的知识群体，也是一个特殊的服务提供群体，而普通人不允许就这一点发出质疑的声音。一旦这样的社会形象建立起来，那么医疗实践本身的成功与失败都会被蒙上交换的逻辑，如果患者损失的是健康乃至性命，那么出路似乎有（正当的或不正当）的激烈冲突。

其次，市场原则本身不承认有某种不均衡的“道德话语”。例如医生的投入只能限于其所收获的比例之内，医生与患者之间必须建立一种形式上的绝对公平[1]，此外连对医患关系的形容也应该拒绝某种传统

1 这种公平意味着事实上患者没办法在欠缺知识的前提下参与到有关治疗的讨论，同时医生也没有义务迁就患者的“无知”。

的道德话语。“救死扶伤”固然是全社会都倡导的，但在实际操作的过程中这明显是违反“经济”理性的。这好比“范跑跑”困境：如果从业者不遵循这种道德倡导，那也应当被视作个体所应有的权利。作为“消费者”的病人们会很快学会经济交易的一套游戏规则，并变本加厉地应用到自己的生活之中。如果这一现象扩散开来，受到伤害的一定是医院或者政府。因为无论是具体的医学实践还是官方的卫生政策实施，都不能脱离社会的道德支持，都需要以道德投入来平衡整个体系运转的成本投入，相比之下，患者个体对医疗服务者的“道德”承诺倒是尽可以降低。[1]

最后一点，当有关医学和卫生的知识成为某种稀有资源，而社会舆论又长期渲染身体的脆弱属性，那么知识和现实权力的勾连就难以避免，而人们对于这种勾连的敌意又会反过来动摇医学实践与社会之间的关系，从而使得良性的互动和讨论也变得困难重重。

综上所述，我认为今天对“医生”这一符号仍然指示出福柯所谓“权力 / 知识”的生产过程，但必须要承认这一过程本身所呈现出的矛盾。如果用格尔茨（Geertz 1973）惯用的“× × 作为一个文化系统”这种表述，那么围绕如何认定、理解、接受“医生”，以及“医生”怎样与这个社会发生互动，其话语内部的断裂是明显的。一方面是全民对身体的热衷不减，另一方面是“医生”这一群体本身被污名化，甚至成为高风险群体。试图一劳永逸地找到一个应该承担责任的对象似乎是困难的：行政体制不依照地方需求配置资源甚至越俎代庖，但同

1 我曾在中国北方某城市人民医院的急诊室目睹过一次医患冲突：当时一位年轻护士忘记关掉注射室的紫外线消毒灯。正在接受治疗的病人们发现这一问题后一直要求赔偿，并包围了院长办公室。院方和卫生局的专家们出面解释紫外线灯的有效距离并不足以影响病人们，并愿意免费帮助病人们做检查。但这种危机公关却被当作是借口而激化了矛盾，失控的人群将注射室砸成一片狼藉，并扬言要砸掉院长办公室。最后医院方面只能以赔偿每人两千元了事，而值得玩味的是病人们拿到钱后随即扬长而去，无人关心自己是否真的被紫外线灯所影响。

时他们也有可能释放出巨大的善意和改良的愿望；就普通民众而言，"闹"甚至"刺"固然是极端的反抗和伤害，但这并不等于他们对医疗服务提供者彻底丧失依赖；而作为被认定的"医生"们，一方面他们得益于体制和社会变化，但另一方面他们在日常实践中却也必须承受来自社会的敌意甚至巨大的道德焦虑。对亿万中国民众而言，他们从未如今天这样面临如此"丰富"的医学资源选择，但受制于整个社会权力结构的"医患关系"似乎已经注定在恶性循环的道路上一去不返。

医学人类学认为围绕"医-患"这一主轴，每一个社会都会生产出一整套知识和象征符号系统，而我们今天所熟知的西方医学，从某种意义上说，也仅是一种原发于欧洲社会内部的"民俗医药"（folk medicine）理论（Taussig 1980）。这不是民族中心主义的拒绝，而是希望重提现代医学作为一个特定的认识逻辑，本身并非完美。换言之，中国所面临的问题并非特例，一个可作例证的事实是近年来"替代医学"（alternative medicine）在西方社会内部的兴起（Barry 2006）。这个例证所传递的信号与中国经验有诸多吻合之处，其中之一便是对陌生的医学知识、实践、象征符号的拒绝。这不是一个"迷信/愚昧 VS 科学/理性"的二元对立，而是转型期社会的困境之一。

也正是在这样的困境下，我认为"找回医生"是一个眼下必须考虑的有关价值取向和行动策略的命题，因此它甚至要先于实际性的制度设计而被讨论。

无论是生物医学知识借助权力的实施和传播，还是商品化的公共卫生政策对"医生"这一职业形象的导向，都在重复着将健康问题异常化（abnormalization）的策略，而以某种军事化的保卫去防止医生受到伤害，本质上仍旧在加剧行医与日常生活之间的断裂。眼下需要追问的，正是这种异常化的实践怎样侵蚀了"医-患"关系，又怎样违反"健康"这一议题与人们生活之间的联系的多样性。

在社会主义时代的初期我们曾经试图解决现代医学与地方社区存在的矛盾，这样一种实践本身不能因为它实际效果上的争议而失去其参考价值。如果我们执意要强调将有关健康的知识体系、实践封闭在某一个专业群体内部，并将这个群体从社会生活中剥离出来，那么当它与受众的关系被置换为“生产者-消费者”之时，我们就注定要承担“刺医”所带来的社会创伤。在这种猫鼠游戏当中，患者和医生乃至主管部门都不是最终的受益者，如果假以时日社会文化中关于“行医”的道德话语透支殆尽，那么无论多么先进的制度和多么丰富的资源都无法为人们谋求福祉。如果说生物医学知识的进步乃是为了对身体知识的某种祛魅，那么也同样需要认识到的一点是：这种高度封闭的专业化的知识生产已经成为晚期资本主义的“风险”来源之一（Beck 1992）。

重建“医生”与社区日常生活之间的有机联系，让公众可以重新参与讨论“健康 / 疾病”之类的议题，恢复“医学”的伦理和象征含义，都是我们未来建设一个完善的社会保障体系所需要考虑的问题。这些议题超出本文的讨论范围，但在最后我仍然希望重申的是：结束“医-患”互动的恶性循环，是缓解社会焦虑以及重建社会信任的核心问题之一。而困境解决的道路并不一定需要从外部引进，正视自身的历史道路，客观的处理过往实践所遗留下来的遗产，或许是更为迫切和重要的[1]。

在此引用世界卫生组织《阿拉木图宣言》中有关“初级卫生保健”的一段论述作为结尾：

---

1 就在哈医大附属医院年轻医生被刺身亡的恶性事件发生后不久，中国的一家门户网站开辟专版，题为“赤脚医生：神话并不值得记忆”。见 http://news.163.com/special/reviews/chijiaoyisheng0409.html（2012 年 10 月 28 日访问）。在写作本文的过程中我并未发现这一专门讨论，及至结尾之时才意识到本文所讨论的某些问题已然被大众媒体“捷足先登”，只是结论截然相反。这一迫不及待的启蒙主义式的论断颇值得玩味。

在当地的及转诊的体制中依靠包括有医师、护士、助产士、助理人员，还包括在切实可行的情况下，群众卫生人员以及必要时的传统医生，经适当的社会及业务培训后以医疗队的形式开展工作以满足群众中反映出来的卫生需求。[1]

参考文献

德里达著，何一译，《马克思的幽灵》，北京：中国人民大学出版社，1999。

格莱德希尔著，赵旭东译，《权力及其伪装》，北京：商务印书馆，2011。

黄金麟，《历史、身体、国家：近代中国的身体形成，1895-1937》，台北：联经出版事业公司，2001。

李德成，“赤脚医生研究评述”，《中国初级卫生保健》2007（1）：6-8。

莫瑞·辛格著，林敏霞译，“批判医学人类学的历史与理论框架”，《广西民族大学学报（哲学社会科学版）》，2006（3）：2-8。

斯皮瓦克著，李秀丽译，《底层能说话吗？—— 2006 年清华大学演讲》，《从解构到全球化批判：斯皮瓦克读本》（陈永国等主编），北京：北京大学出版社，2006。

王绍光，“巨人的瘸腿：从城镇医疗不平等谈起”，《读书》2005（11）：3-12。

杨念群，《再造“病人”：中西医冲突下的空间政治，1832-1985》，北京：中国人民大学出版社，2006。

杨念群，“防疫行为与空间政治”，《读书》2003（7）：25-33。

袁长庚，“B 超的隐喻：对两个少数民族村寨妇幼保健服务的人类学反思”，北京：中央民族大学硕士论文，2011。

朱晓阳，“黑地·病地·失地——滇池小村的地志与斯科特进路的问题”，《中国农业大学学报（社会科学版）》2008（2）：22-48。

Barry, Christine Ann.

2006. “The Role of Evidence in Alternative Medicine: Contrasting Biomedical and Anthropological Approaches.” *Social Science & Medicine* 62（11）: 2646-2657.

Bauman, Richard.

1983. *Let Your Words be Few: Symbolism of Speaking and Silence among Seventeenth-Century Quakers*. Cambridge: Cambridge University Press.

Beck, Ulrich.

1992. *Risk Society: Towards a New Modernity*. London; Sage Publications.

Brownell, Susan.

1 引自世界卫生组织中文网页：http://www.who.int/topics/primary_health_care/alma_ata_declaration/zh/index.html（2012 年 8 月 13 日访问），译文略有改动。

1995. *Training the Body for China: Sports in the Moral Order of the People's Republic*. Chicago: University of Chicago Press.

Farmer, Paul.

1999. *Infections and Inequalities: The Modern Plagues*. Berkeley: University of California Press.

Foucault, Michel.

2007. *Security, Territory, Population: Lectures at the Collège de France, 1977–1978*. New York: Palgrave Macmillan.

Foucault, Michel.

1980. *Power/Knowledge: Selected Interviews and Other Writings*. New York: Pantheon Books.

Foucault, Michel.

1978. *The History of Sexuality Vol. 1*. New York: Pantheon Books.

Geertz, Clifford.

1973. *The Interpretation of Cultures*. New York: Basic Books.

Good, Byron.

1994. *Medicine, Rationality, and Experience: An Anthropological Perspective*. Cambridge: Cambridge University Press.

Greenhalgh, S.

1994. "Controlling Births and Bodies in Village China". *American Ethnologist* 21 (1): 3–30

Kleinman, Arthur.

2010. "Remaking the Moral Person in China: Implications for Health." *The Lancet* 375: 1074–1075.

Inda, Jonathan Xavier ed.

2005. *Anthropologies of Modernity*. Malden, MA: Blackwell Pub.

Lock, Margaret and Judith Farquhar eds.

2007. *Beyond The Body Proper: Reading the Anthropology of Material Life*. Durham N.C.: Duke University Press.

Scheper-Hughes Nancy.

1992. *Death without Weeping: The Violence of Everyday Life in Brazil*. Berkeley: University of California Press.

Shao Jing.

2006. "Fluid Labor and Blood Money: The Economy of HIV/AIDS in Rural Central China". *Cultural Anthropology* 21 (4): 535–569.

Singer, Merrill and Hans Baer eds.

2007. *Introduction to Medical Anthropology: A Discipline in Action*. Lanham, MD: AltaMira Press.

Spivak, Gayatri.
1988. “Can the Subaltern Speak?” in C. Nelson and L. Grossberg eds. *Marxism and Interpretation of Culture*. Basingstoke, Macmillan Education.
Taussig, M.
1980. “Reification and the Consciousness of the Patient.” *Social Science & Medicine* B 14: 3–13.

族群关系的结构过程与村落地权实践

——村落经验中的区域社会思考

聂家昕*

一、问题提出

地权是乡村社会历史变迁的全息元，地权涵盖了乡村社会历史的全部信息含量。在此一意义上地权实在是不可多得的考量中国社会的极佳视角。在已有的研究成果中，社会学界在“产权的社会视角”（曹正汉 2008）内对地权的研究影响至深。在这一脉络中，通过对土地集体支配问题以及土地使用的不确定性（张静 2003）、土地流转模式与经济绩效的关系（董国礼 2009），小农地权的不稳定性（熊万胜 2009）等话题的思考，学者关注了中国社会不完全产权中的地权现象。通过这一“社会建构”的地权视角，相关的研究自下而上地呈现了地权的运作方式、当事人的权利观念与伸张逻辑，以及存在于法律政策、行政科层体制、农民日常生活三者之间的地权实践张力关系等多方面的内容。

* 聂家昕，沈阳师范大学社会学学院。通讯方式：jcnie436@sina.com。

但是综观这一类工作，不难发现此类研究仍然具有较深的“国家视角”的印记。即其得出的土地“规则不明确”的结论，是建立在对具体经验事实材料的模型化处理基础之上的。虽然，这种处理方式可以在一定程度上概括中国社会地权实践过程中的共同因素，进而解释其中的共性逻辑。但是此类研究依然是以土地产权的外在制度约束条件为研究重点的，因此与之对应的相关活动主体就主要是此制度约束条件的执行机构，这使得此类研究纵使关注了约束条件的受动者，但对于这些受动者对外在约束条件的“在地化”处理过程关注不够。进而，由此表现为对具体材料置身其中的基本社会结构条件关注不足，因而无力对“为何在一个统一的国家体系内，各个区域的地权实践模式呈现出如此多的不同？为何一些效率不高的农业模式仍然存在？”等类似的问题进行回答。

实际上，地权问题的核心是人因应地而形成的人与人之间关系的问题，因此在考量地权具体实践形式的过程中，需要对人的行动单位与行动属性进行观照，并进而考察一个区域之内人群结合的具体形态及其变迁过程。

在此一层面上已有的关于中国区域社会的研究将能够提供巨大帮助。在华南地区，地权的讨论长期交织在宗族主题的研究进程中。在《中国东南的宗族组织》一书中，弗里德曼指出在广东与福建地区的宗族社会中，宗族村落的土地共有形式在村落的经济生活中扮演着重要角色（弗里德曼 2000：14-17）。科大卫在进一步的研究中，强调了“王朝意识形态”对于宗族区域特性的塑造作用，认为明清以后在华南地区发展起来的“宗族”，是明代以后国家政治变化和经济发展的一种表现，是国家礼仪改变并向地方社会渗透过程在时间和空间上扩展的结果。在地权问题上，这个过程造就了地方宗族依靠“祠堂”与“祖先祭祀”控制分享集体土地财产的权力模式（科大卫 2009，2000）。

学者对于福建莆田的研究指出，由于进入传统帝国整体脉络的时间早于珠江三角洲，所以明清时期福建的宗族组织是在唐后期形成的佛教寺庙体系与世家大族的历史互动过程基础上发展起来的。因此，当地的祠堂多与神庙相结合，进而在地权的问题上造就了不同于珠江三角洲的面貌（科大卫 2009：424）。在中国东南地区台湾是较为晚近才得到有效开发的，因此其移民社会较为明显。在宗族组织上，早期台湾社会以祭祀“唐山祖”的“合约式”宗族为主要形式。由于这种宗族组织以“自愿认股”的形式形成“偿产”，因此其内部的权利与义务分配表现出明显的“契约”性质（庄英章 2000：181–182）。这与明初珠江三角洲宗族土地权利与“里甲”制度紧密结合的现象是完全不同的（科大卫 2009）。由此可以看到，即使同是汉人的宗族社会，由于面对的外部条件不同，这些宗族组织之间也有很大差异，进而其地权的形式也有差异。

拿江南地区来与华南做比较的话，可以看到这一地区由于地处水乡且开发较早，在明朝初年人地矛盾日渐明显，其中一个主要原因是由乡绅地主拥有优免徭役特权而导致的土地集中。在此压力下，江南地区的商业开始发展起来，并促进了市镇体系的发展。而市镇体系的发展又促使乡居地主向城居地主转变，并由此形成了江南村社中土地“地皮”权与“地骨”权的分离。因此，江南地区的地权问题更多的是与其市镇结构体系中的人群结合模式牵连在一起的（滨岛敦俊 2008：170–183；张佩国 2002）。而华北的情况与江南和华南的情况又有不同，受到华北平原的自然条件限制，这一区域的村落多呈现“集结式”结构。但是，由于商品化程度低、宗族组织薄弱，所以华北的乡村社会在血缘基础的集合体之外，又形成了地缘关系的共同体（杜赞奇 1996：81–82）。在地权问题上，华北的情况多与个体经营的小农有关（黄宗智 1986：65）。

此外，分析比较传统帝国时期的游牧社会，亦可以证明前述的判断。对于农耕文明条件下的汉人社会而言，其对于地权内容的定义基础在于定居农耕生活的“固定性”。与之相比较，游牧社会的情况则是与游牧生活的“移动性”相连接的。在此一生计模式属性的影响下，历史上因应外来敌对力量的大小而临时凝聚为或小或大的“分支性结构”，是游牧部落人群结合的基本方式（王明珂 2008）。由于更看重在各个牧场间循环移动转场的土地权利属性，因此运用“分支性结构”来对这种形式的土地权利展开追逐，是这一类人群定义地权的方式（拉铁摩尔 2006：44）。在华夏北部边缘地区，这种情况直到清才发生改变。如在蒙古，通过召庙的建立清王朝确定了各王公间的土地界限，王公又将土地分配给各族各家，于是因“移动性”被附着于有限的地理空间之内，传统的人群结合模式连同土地权利的模式都发生了改变（拉铁摩尔 2006）。

总体观之，上述与地权问题的有关思考，首先关注的是土地的在地文化权利属性。其后才通过对这些具有区域特殊性问题的研究，来追问中国整体文明进程特征的共同问题。所以，特定区域内的人群如何在面对长时段条件的地理环境与特定时期国家模式的过程中调整自身，并以此为基础形成进一步的人地关系，是地权研究的一个基本手段。对于今天的中国社会而言，现代国家形式的出现虽在这一总体结构中添加了新的变量，并促成了总体制度模式的变迁，但是不同区域因应这一过程仍然展现了不同的面貌。所以，如何观照这一特点思考相关的地权问题应该是一个有意义的话题。

本文中笔者将呈现分析一个朝鲜族、汉族混居村落（笔者将其称为河西村）在族群关系变动过程中的土地承租活动，进而一方面在村落层级内讨论地权的实践话题，另一方面由此来思考村落所处地域的区域社会问题。在具体的分析策略上，东北边疆的空间地理条件、现代民族国家体系的外在依附结构，是笔者展现村落事件过程时着重强调的宏观外在约束条件；本土性非宗族的多元移民社会条件，是这一约束条件的应对实施者，这两者构成了当下村落地权实践的前结构条件。而特定时段的国际市场体系，则是这种前结构条件互动特殊性的主要生发机制。

二、河西村的地权实践过程

（一）前结构条件：土地、村民

河西村是本文的田野实践地点，在行政隶属关系上，它是吉林省柳河县下属的一个行政村中的一个自然屯。地理空间上，它处于长白山区向松辽平原的过渡地带，因而这一地带具有山脉与丘陵相伴、地势起伏的明显半山区特点。在水文气候条件上，这一区域属于较为湿润的温带季风气候，结合当地由灰棕、水稻、冲积等肥沃土类组成的土壤，造就了当地以水稻、玉米、大豆为主要农作物的农业。从历史沿革的线路来看，与此一区域的大部分村落的情况相类似，河西村的建制历史并不久远。史志记载，清顺治十八年为保护“龙兴之地”设置柳条边墙后，柳河县便属明令封禁之地。康熙十六年，尽迁土著山民于长城燕山脚下之后，此地便基本没有常住居民（卓昕 1998）。直到光绪三年，鉴于流民日盛，为便于管理始设通化县，归属东边道。其后又于光绪二十八年设柳河县。对此，县志记载“柳河县境在清光绪四年为通化县北境分为二十一保。光绪二十八年设县仍分为二十一保”（《柳河县志》2009，卷二：乡镇）。河西村的历史更晚一些，20世纪的30年代初，始有家户在村落还没有形成之前居于此地。1939年日本殖民者从韩国的全罗南道光阳郡——现在韩国的光阳市，以开拓团的名义迁来30户朝鲜居民建立安全村，由此在现在河西村的位置建立了第一个完整意义上的村落（徐宏臣 1998）。为了纪念家乡，当时的韩国移民把自己所居住的村落称作为光阳村[1]。

1945 年日本殖民政府投降后，河西村所在地区成为新中国最早的解放区域之一。也正因此，新中国的土地改革也最早在河西村进行。1956 年后，通过与附近几个村落的合并，光阳村变成了包括河西村在内的光阳大队。现在人们说到那时的光阳大队时一般都称之为大光阳村。当时大光阳大队组织起了 15 个生产小队，这其中属于河西村范围内的生产队分别是 5 队、6 队、7 队、8 队、16 队。其中，除 7 队是汉族生产队之外，其余几个都是由朝鲜族村民组成的生产队。1984 年，虽然大光阳行政村分为光阳（包括河西村与河东村）、周家、郝家这三个行政村，但河西村内各个小队的土地所有情况却没有什么改变（具体分布情况见表格一），并一直持续至今。

表格一

	村民小组(组)	水田（亩）	旱田（亩）	合计（亩）	生产队（队）
河西村	二组	247.9	134.0	381.9	六队
	三组	62.8	121.6	184.4	七队
	四组	59.0	111.0	170.0	八队
	五组	108.9	86.0	195.5	十六队

注：此表格根据 2002 年光阳村税改土地面积登记表绘制而成。其中三组为生产队时候的第七小队，也就是汉族村民小队。

其次，就后者人的构成来看，与学界对东北社会宗族弱小且非常少见的发现类似（艾人民 2009），河西村也是一个没有宗族的杂姓

1 “光阳”这一名称的内涵在当地经历了三次变化。最初，它只是指河西村，1956 年后指合并了几个村落的光阳行政村，1985 年之后则是指包括河西村、河东村的光阳行政村。为了区别于以前的光阳，人们称第二阶段的光阳村为“大光阳”村。此外，在政府的文件中，现在的光阳村又被叫为“阳光”村。当地政府的解释是，1996 年统计村镇名称时，工作人员情况不熟所致。而这导致现在地图上的光阳村被以“阳光”的名称表述。

村。这与华北、华南的村落社会相比较是明显不同的。以2005年的户籍统计为基础结合村民的口述，笔者统计了村落社会的基本构成情况。在当时，河西村共有99户人家，342人。但实际上有15户人家已经搬迁出村（其中朝鲜族村民13户、汉族村民2户），只在村内保留户口与土地。因此，只有84户村民生活于村内。此外，还有4户户籍在其他村落的汉族村民生活于此。其中，一户任姓的村民虽然在村内没有户籍与土地，但是由于与村长有亲属关系，且长时间居住于村内而被村落接纳为村里人，而另外三户被村民称为外来户。因此，村里人告诉笔者现在村里只有85户人家。在村落内的这85户人家中，朝鲜族村民有54户，其余均为汉族。由于村落的历史并不久远，所以大部分村民家庭的户口簿都能显示其家庭内至少三代人的人口资料，同时通过家庭内长者的口述，又可以追述至少两代人的人口资料。所以，这份2005年的调查，基本上可以反映村落社会一直以来的基本社会结构情况。

今天，在河西村内的54户朝鲜族村民，依照姓氏划分来看，朝鲜族村民分属于14个姓氏。在这14个姓氏范围内，54户朝鲜族群村民归属于24个不同的父系继嗣群体（见表格二）。[1]传统上朝鲜民族认为同一姓氏起源于同一祖先。但是在河西村同姓的朝鲜族村民并没有组成一个继嗣群体。所以，同姓起源于一个祖先的说法，颇有些“五百年前是一家”的意味。正因此可以看到村内共有朴姓家庭14个，但是这14个家庭的男性主人的父亲，是4个没有系谱关系的男人。因此，在河西村14户的朝鲜族家庭分属于4个父系继嗣群体。其他同姓朝鲜族村民的情况也都如此。

1 这里所指的户是以“核心家庭”、“主干家庭”的计算方式所统计的，没有考虑在现实生活中人们因生计因素所组成的联邦式家庭的模式。

表格二

姓氏	朴	李	金	尹	申	宋	林	文	张	罗	曹	姜	黄	车	姓氏共计14(个)
数量(户)	14	10	5	5	3	3	5	2	2	1	1	1	1	1	共计54(户)
父系继嗣群(个)	4	4	3	1	1	1	2	1	2	1	1	1	1	1	共计24(个)

而就汉族村民的情况来看，今天村内共有31户汉族村民，他们分属于14个姓氏，组成了15个不同的父系继嗣群体（见表格三）。需要注意的是，在这31户汉族村民中4户刘姓的村民分别归属于2个父系继嗣群体，这两个群体之间没有血缘关系。也就是说他们同姓但不同宗。

表格三

姓氏	李	程	董	杨	安	翁	韦	刘	高	孙	赵	薛	任	吴	姓氏总计14(个)
数量(户)	2	1	2	1	2	2	2	4	3	2	5	1	1	2	共计31(户)
父系继嗣群(个)	1	1	1	1	1	1	1	2	1	1	1	1	1	1	共计15(个)

由此来看对于村落日常生活而言，此种基本社会结构提供不了宗族式的同姓村的社会联结功能，于是人们的活动更多的是依凭国家设立的生产队的组织形态来进行。这样，通过上述的前结构条件来看，河西村自形成到80年代中期的变化过程，一直都是由村落之外的系统性力量支配的。在此背景下村落内的土地分布情况、人群组织情况，构成了之后村落社会于总体社会变迁过程之中组织调试自身的前提基础。也是在此一过程中，河西村开始由对以往的“强国家”依附模式，向“国家—社会双依附”模式（周怡 2010）开始转变。这其中起关键作用的是村落内的新型族群关系。

（二）国际市场、外出劳务与族群关系的变化

正如前文所述，河西村是一个由朝鲜族与汉族村民组成的村落。

但是在90年代中期之前，村落内的朝鲜族与汉族村民之间的关系并不密切，这种情况一直延续到90年代末。结合当时开始出现的外出劳务情况，从前文划分标准出发，笔者在“地”与“人”两个前后相接的角度，呈现了这一村落内族群关系的变迁过程。

首先，从“地”的角度来看，1993年中国政府和韩国政府建立外交关系，为外出劳务提供了最初的机会。凭借着与韩国存在的亲属关系，河西村的朝鲜族居民开始走出国门。2000年之后，在河西村的朝鲜族村民中，这种生计方式达到高峰。现在几乎每户朝鲜族村民家中都有到国外打工的成员，此外还有大量的朝鲜族村民到国内的韩资企业中打工谋生。这一方面与大部分汉族村民在村务农的情况形成了鲜明的对比，另一方面也造成了河西村当下的“空村化”状态。但也是以此为契机，村内两个族群的村民开始了频繁的接触。2000年之后，随着朝鲜族村民大量出外（国）打工，朝鲜族村民的宅基地与耕地被闲置下来。于是，过往依靠村民小组分配宅基地的模式被打破，河西村开始出现朝鲜族村民与汉族村民杂居的情况。同时，为了土地的承租流转，村内的朝鲜族村民与汉族村民开始频繁接触，但这一过程是伴随着村外汉族居民的竞争的。因为，虽然农村土地承包法规定，承包土地的一方可以将土地退还于发包方，但是出于最后生计保障的考虑，河西村没有一户村民家庭出外打工时退还耕地。同时，由于将土地使用权出租可以交换一定的经济利益，每年年初河西村的朝鲜族村民都要为考虑把土地租给谁而权衡、思量。因为，一方要租种土地的是同村的务农户——包括绝大部分的汉族户，以及仅有的几户朝鲜族村民，不租给他们或租给他们收取与外村同样的租税，都会破坏邻里感情；另一方面是可以出高价钱的外村农户——基本上都是汉族人，把地租给他们虽然会多收一些地租，但是要冒着被村里人指责的危险，这可能导致家中有事别人都看“热闹”的局面，而这又是家中青壮年人常年在外，仅有老人和孩子在家的朝鲜族户最不愿意见到的。谈到这些年土地的承包与使用权流转情况，当时的河西村车书记（朝鲜族）介绍说：

> 村民间互相租种土地的事情，很早就有了。最早是1993年左右，那时村里朝鲜族户有的要出国打工，为了筹钱，就往外租地。那时，一般一下就租几年，上打租收钱。但是，那时租地的还很少。咱村是从2000年开始，这人开始大规模地出去打工，主要是咱们朝鲜族人。这时，往外租地的才开始多起来。村里人也要租地种，外面人也通过关系来商量租地。那几年弄得许多村里人 主要是七队的汉族户意见挺大。
>
> 我当上村书记后想，都是一个村的，朝鲜族出去打工赚钱，汉族户就多种地致富吧！所以，当时主张地首先租给村里人，如果没人要租才考虑外村人。2004年，我还到沈阳一个朝鲜族村学习人家的办法 主张村里把外出打工的家户的地都集中起来，帮助外出打工的家庭统一管理土地。这样，便于先在村内出租土地。后来，我就把这办法在会上说给大家听，当时有的人同意，有的不同意。此后，经过私下做工作，大家也基本同意了。
>
> 可是2006年，国家取消农业税了，而且还按照土地给农户 转移支付款 ，每亩地35块钱。当时，村里有的包种别人地的村民说这钱应该归他们，因为地是他们在种。而人家地主不同意，这样互相争得挺不愉快。这时，外村的来说，他们包地转移支付款不要，还提高地租子，由原来的每亩水田一年250斤大米，提高到350斤。村里务农户知道后，挺着急就私下找平时关系还行的外出打工户，说转移支付款不要了，也可以提高地租。后来大约每亩水田涨到300斤大米左右，旱田也比以前涨了50多斤玉米。

这样，村里大部分的地还是依然包给村里人种。但是，也有几户干脆就把地租出去了。”

实际上，由上述介绍不难发现河西村村民的外出劳务过程就其本质而言，实际上是传统意义上的农民被外部资本“劳动力”化的过程。在这个过程中，村落内部土地流转的事实，表明了一个地方土地市场亦在形成。但是，透过这个市场的运作过程，可以看到的是这一村落内部族群关系重新调试，并由此重新进行村落社会再生产的事实。从“人”的角度来看，这一重新的调试过程一方面存在于村内跨族群婚姻的达成，另一方面表现在村落政治权利秩序的变更过程中。

首先就跨族群婚姻的达成而言，结合两个族群村民的通婚情况来看，在中国与韩国建交之前，河西村朝鲜族村民婚配的女性，无论是娶入还是嫁出，都在中国境内完成的。而在两国建交以后，与其他地区的朝鲜族群情况相似，河西村也出现了跨国婚姻。而且这些跨国婚姻，都是河西村的女性嫁往韩国。以实际的田野调查为基础，笔者绘制了表述河西村朝鲜族村民通婚范围的表格（表格四）如下：

表格四

	嫁出人数（个）										娶入人数（个）									
	村内		村外县内		县外省内		省外国内		国外		村内		村外县内		县外省内		省外国内		国外	
	一	二	一	二	一	二	一	二	一	二	一	二	一	二	一	二	一	二	一	二
总计	5	2	13	3	12	3	5	3	5	0	6	2	17	7	10	6	2	1	0	0
	7		16		15		8		5		8		24		16		3		0	

注：表中，“一”指1950年后村落内的第一代人，因为现有村民大部分都是那时迁入村庄的。“二”指1950年后第二代人。

由表四可以看出，与河西村朝鲜族村民相关的大部分婚姻关系都是在县内、省内缔结的。同时可以看出，河西村朝鲜族村民的通婚范围极大——可以说什么地方有朝鲜族人生活，河西村朝鲜族群内的女人就可能嫁到什么地方，而同时也可能从那里娶入女人。通过村落内部的婚姻，朝鲜族村民基本上形成了一个涵盖整个村落朝鲜族村民的亲属网络。

而就汉族村民的情况而言，与朝鲜族村民相比较，汉族村民内没有禁止同一姓氏间通婚的规定，也没有特别强调在某一族群内婚配的特殊倾向。在通婚范围上，河西村汉族群的婚姻大部分在同一县内达成，与同村朝鲜族群婚姻达成的地域范围相比要狭小得多。以实际的田野调查为基础，笔者绘制了表述河西村汉族村民通婚范围的表格（表格五）如下：

表格五

	嫁出人数（人）				娶入人数（人）			
地域范围	村内	村外县内	县外省内	省外国内	村内	村外县内	县外省内	省外国内
总计	7	25	3	2	6	19	0	3

由表格五可以看到，河西村汉族群的婚姻策略，在只规定了限制条件后，婚姻的组合可以依个人的意愿自由组合。此外，与朝鲜族村民相似的是，依靠村内婚姻关系的缔结，河西村的汉族村民也形成了一个基本涵盖整个村落汉族村民的亲属网络。2000 年之后，伴随着村内一位刘姓、一位赵姓汉族女青年嫁入朝鲜族村民家，河西村出现了跨越朝鲜族与汉族族群界限的婚姻，并由此在河西村出现了一个村落范围内的正式亲属关系网络。

其次，就村落政治权利秩序的变更来看，需要关注对村落日常生活影响较大的村（党）委与老人协会。原则上，由于河西村所在的光阳村是一个朝鲜族行政村落，所以村党支部书记要由朝鲜族村民担任。直到 20 世纪 90 年代，才有一位文化程度较高的汉族村民被选为村会计。但是到了 2003 年村里除了村党支部书记是朝鲜族村民之外，村长、村会计都已经由汉族村民来担任了。但是如果从这一点就认为河西村的政治权力都掌握在汉族村民手中也是不客观的。因为，在村干部的选举行为背后，老人协会的力量起着至关重要的作用。在当地老人协会是由政府号召，由各村自发组织的一个老年人间"自娱自乐"的社会团体组织。一般每个村庄的老人协会都设有会长 1 人，负责组织日常的活动。笔者在河西村时，整个光阳村老人协会登记在册共 22 人，其中 10 人在入会后搬迁并常年居住于村外，而在剩下的 12 人中河西村有 10 名会员，河东村有 2 名会员。对光阳村老人协会的老年人来说，除了平时一起玩"花图"[1]、打扑克之外，他们还会定期与其他村落老人协会切磋门球，并参加整个县内老人协会的比赛。虽然在名义上老人协会是属于整个光阳村的，但实际上它基本上由河西村内老年朝鲜族村民组成。同时，由于活动地点设在河西村，且河西村老年人入会较多，因而它在河西村的影响更大。单就村干部的选举而言，可以说如果老人协会不同意，任何一个村民都不能担任村干部。对此，光阳村的韦村长通过自己当选村长的经历，向笔者谈了他的感受：

> 我是咱村第一个汉族村长。当初，我并不想干这活儿。那几年我自己种地、倒动（买卖，笔者注）牛，日子过得不错。2001 年那年村干部重新选举时，村里老人协会几个老人找我让我参加选举村长，说我办事公道，会过日子。因为前一任村干部干得不好，在那一任咱村里欠了几万块钱的外债。当时我不干，因为这是朝鲜族村，汉族人当村长不合适，就是当上村长工作也不好干。他们就跟我说，什么朝鲜族、汉族的！都是一个村的。就算是朝鲜族，工作干不好也不能让他当村干部。我说我考虑一下，可就

1 花图是一种朝鲜民族的游戏，类似于桥牌、扑克。

在那天晚上我家后山院子里的柴火垛就被人放火烧掉了。这下我脾气上来了，心想这村长我一定要去选。于是，就和车书记、高会计三个组成一个竞选团体，结果一选还真选上了。后来，我想这里面啊，老人协会的作用挺大。因为，村里村民委员大部分是朝鲜族，都是老人协会老人的家里人，有的老人协会会员就直接是村民委员。他们想选谁、不选谁，在家里和老人协会那里早就商量好了。

由此，可以看出老人协会这种“银色力量”对村落生活影响十分巨大，作为河西村村落社会“民间权威”组织，其对外在权力的“安排”可见一斑。

这样，从外出劳务对于两个族群之间关系的影响我们可以看到，市场的力量在打破村落内部原有框架的过程中表现出一体两面的作用。它一方面使得村民大量外出，进而产生瓦解村落社会的作用；同时，也为河西村两个族群的交往提供了机会，于是一种新的族群关系得以形成。这种关系的出现得益于并加强了村落内部两个族群围绕土地而发生的链接。

（三）象征维度的共有财产观念与地权实践逻辑

对于周遭的事物而言，人的认识需要将其分类，从而进行范畴化的理解。对于一个社会而言，这样的理解构成了被称之为“集体意识”的东西，并且这种意识一旦产生，就具有对一定秩序进行确认与保持的能力。前文的铺陈已经呈现了河西村族群关系调试的过程，对于这一过程而言，河西村的集体祭祀行为在集体意识生产的层面上对其进行了确认，并在形成共有财产观念的层面上涉及村落土地产权实践的问题。

具体而言，河西村的集体祭祀行为是指，整个村落围绕村落西侧山梁上一块巨石而形成的一年一次的周期祭祀行为。这一集体祭祀行为最初的产生动因在于解释90年代前后村内朝鲜族男青年横祸不断、接连暴毙的村落危机。因此，最初按照朝鲜族的山神祭祀传统，村内朝鲜族开始集体祭祀被称为山神的巨石。其后，随着村内朝鲜族村民外出务工的增加，以及汉族居民搬到村内朝鲜族村民的传统居住地的变动，这一最初只有朝鲜族村民参与的祭祀行为变成了河西村的集体祭祀行为，而山神也进而变成了河西村的村落神。这时村民们祭拜山神的理由在于追求“风调雨顺、出入平安”。对于当下村落社会的族群关系而言，山神祭祀也在现有权力秩序与村落成员“内”与“外”划分新标准两个方面进行了确认。

其中，现有权利秩序的确认是通过山神祭祀仪式组织领导的更迭来进行的。2004年之前，与河西村山神祭祀的有关事务，均由老人协会组织。这一时段中，村干部们最多只做一些辅助的工作，例如通过广播通知全村人交纳“丁口钱”、记账、参加祭祀活动等。2004年这一情况发生了改变，韦村长开始主持祭祀的仪式过程。在谈到当时的情况时，韦村长说：

> “当时也是没办法，以前主事的老人不是去世了就是老得走不动了。村里面也没有特别合适的人了，于是就让我主持祭神。当时，我也已经拜山神好几年了，所以就没推辞。”

通过笔者的调查，韦村长的话确实与现实相符。但是，他的解释并不全面，因为与韦村长同时在任的，还有朝鲜族村民车书记。那么，为什么车书记没有主持祭祀呢？通过了解，除了以前车书记拒绝过主持祭祀的原因之外，更多的原因在于车书记的两次出外考察。1992年车书记第一次担任村书记时，为了发展村经济参加了县内组织的出外考察。考察的结果是在村里办了一家草绳厂。但是，由于市场、经营、资金等多方原因，草绳厂没有维持多久，并欠了外债。这使得当时村里人对车书记的信任大打折扣。2004 年车书记又参加了县民委组织的外出考察，但此事并没有告之当时的村委会。在考察之后，车书记到村里报销车票，韦村长因为这事没有通过村里同意，拒绝了这个要求。需要注意的事情是，韦村长的决定得到了村里大部分人的支持，这其中也包括老人协会的老年人。这里本文无意评说谁是谁非。其实，站在双方的角度来看，他们都各有道理。车书记的行动是为了村里经济发展考察项目；韦村长的目的在于维护村财产使用程序的完整性。那么为什么韦村长得到支持，而车书记却少有人理解呢？究其原因，则要再一次涉及河西村民在处理村务时的道义经济行动逻辑。现在，河西村不仅分担着整个光阳村所欠的几万元外债，而且与其他村庄有村产上的纠纷。这些纠纷主要是因为当初分村时村产划分不细所致。为了解决这些纠纷，光阳村已经与其他村子打过多次官司，但是有的问题依然解决不了。现在，由于出外（国）劳务和大面积耕作土地的农业方式，使得外出务工的人有了较为可观的经济收入，同时使得村内务农村民也可以分享一部分利益，所以村民们不希望改变村子的现状。结合村落目前的状态，在这种逻辑的支配下，与车书记“创业”的态度相比较，韦村长“守业”的态度更受村民欢迎。正是基于这样的原因，韦村长的“威信”大为提高。因此，在担任村长具有了行政的“权力”之后，韦村长又赢得了村民的支持，树立了处理村务的“权威”。

在这一村落权力秩序的变化过程中，村内不同族群的因素也需要加以认真考虑。如果说，韦村长在河西村的成功，表达了族群因素在影响、安排村落内权力秩序时的些许式微的话。那么，车书记虽然威信降低，但河西村依然需要一位朝鲜族村书记的情况，则表达了村落社会与外在国家力量的妥协，这为族群标准的运用提供了一种形式上的合法性依据。因为，河西村是一个朝鲜族村，所以它需要朝鲜族村民当书记。[1]否则，村子就不是朝鲜族村，而是一个汉族村落。但是，这样规模的汉族村落，有被其他村落合并的危险。合并村落的行政指令，只能由外在的国家力量行使，而国家认为河西村是一个朝鲜族村落，它需要朝鲜族村民担任村书记。由此，可以认为河西村的山神祭祀行为在象征的维度上，确认了当下村落内部的权利秩序。

而就村落成员"内"与"外"划分新标准的确认而言，外村人是不能参加河西村的山神祭祀活动的。由此，围绕着山神祭祀行为，河西村形成了一个"山神祭祀圈"。与台湾学者所研究的祭祀圈相比较，河西村的山神祭祀圈并不具有实质上的法人权力。但是，通过与村落社会的连接，河西村的山神则取得了河西村"名义"上保护神的资格。这样，凡是河西村的村民，都被要求去参加祭祀的活动。也正因如此，在河西村租种土地、替人看房子的三户外村人，没有资格参加祭祀。于是在祭祀山神的过程中，通过这一逻辑由这一标准，村落社会的内的人群又被划分为两个部分——"村内人"与"村外人"。这样，在每年山神祭祀仪式的周期性表达中，河西村的概念也不断被表达、强化。这样，通过对参加祭祀过程成员资格的认定，山神祭祀的仪式凸出强调了"河西村"这一概念范围内的成员资格，这使得平时已经因为"空村化"而渐渐淡薄的村落社会结构被表达出来。这正如利奇所认为的，"仪式的演出对于参与的成员，作为一个整体而言，就有此项功能：仪式使平常完全被漠视的结构秩序当下再度成为众所瞩目之焦

1 河西村朝鲜族村落的性质，除了村内朝鲜族人口居于多数的原因之外，上一级政府也有意识地维持其这种村落性质。因为，河西村所在镇是朝鲜族镇，镇内所辖朝鲜族村落的数量，直接决定着国家对于整个镇各个方面的政策。

点”（利奇 2003：17）。但这时的村落社会结构已经不是建立在之前虽同处一村但往来并不密切的基础之上了。于是，我们可以预见到，仪式过后人们可能依然要为土地租赁的争夺发生争执，可是只要这一划分“村内人”与“村外人”的标准继续存在，那么相关的一切问题就都有在此熟人社会中解决的可能。

从象征的结构角度来看，此一集体祭祀行为亦标志着一种村落共有财产观念的形成。在对共有财产的界定过程之中，承接杰克·古迪对产权是一种人与人之间关系（Goody 1962）的观点，魏捷兹认为“‘共财’关系是个别的社会人透过一个集体的社会人为媒介而构成的一种互相扣连的关系”（魏捷兹 1996）。以这样的定义为前提，魏捷兹批判了以西方资本主义社会财产概念解读非西方社会时的弊病。他在总结人类学研究成果时指出：财产实际上是一种关系而非一种物品，并且作为一种关系，即便它似乎被表现成为人与物之间的一种关系，实际上，它所表达的乃是一种社会人与社会人之间的关系。简言之，这一论点的主张是：使一件物品成为一种财产，其根源来自社会而非物品本身。

这样与上述观点相对照，河西村的“山神崇拜”也在认同与观念的层面上映现了村落应对社会变迁进行调试后的村落族群关系。并由此在村落集体的层面上，通过确认当下的村落族群关系，以“村内人”与“村外人”的划分标准强化了河西村作为一个人群组织整体的界限。并由此将因为外出劳务经济而产生的村落土地租赁市场的范围最大程度地限制在村落内部。

三、结论与讨论

通过上文的铺陈，笔者在一个村落社会变迁的过程中，呈现了这一村落地权实践的过程。并于现实的族群关系与集体祭祀的象征层面，对此一地权的内涵进行了概括。其中，笔者在对村落社会的族群构成、土地分配等基本条件关系的变迁进行呈现时，也通过在地视角涉及国家、市场等外在力量。由此，本文的经验事实就在一个最为基本的层面上包含了国家与社会。从这一意义而言，本文的经验可以被归入“国家—社会双依附模型”的解释框架之中。但是，若进一步地关注此框架所注意的中国社会由“强国家—弱社会”到强国家维持下的社会力量的增长进而到国家、社会双重依附模式的过程，就不能不将目光集中于具体的区域实践范畴之中。

实际上，已有的关于中国传统社会的研究认为，“中国文明的演进，包含着一个地方文化在逐渐与帝国高层文化结合的同时形成自己特色的过程，在这个整合的过程中，并非官僚才会主动发挥作用，地方社会也在积极地在王朝的规范内表现出自己的能动性”（肖凤霞 1996）。于是，在此一认识的脉络中，认识当下中国社会的国家与社会，除了需要以往国家视角的宏观层次之外，就更需要进行中层的区域社会的考察。只是与那些在传统帝国时期完成体系文明化的区域相比较，河西村所在的东边道地区（实际上可能是除了辽西、辽南的整个东北地区）更多的是在一个现代民族国家的文明体系化的过程中来完成区域化的。如此，在一个带有吉登斯所谓的全民性监控的反思性努力的国家体系（吉登斯 1998：4-6）之中，河西村不可能出现与传统帝国时代国家形式相标配的地方宗族（家族）组织。作为一个在现代国家体系的全面性监控的视野内成长起来的社会，河西村在面对国家的体系力量中所表现出的自我努力更多的是因应外在的环境变迁，而生发的个体性的临时策略性应对。在这一层面来看，它不具备那些为人类学者所关注的，具有历史传统的社区所进行的“传统的再造”（例如宗族再造）的惯习资源。当现代的全球市场体系得到国家的允许，与后者形成合力的时候，这种弱地方社会组织的社区可能在共同的利益的指南下形成统一的集体行动（例如本文呈现的山神崇拜），但它的行动逻辑完全不同于那些拥有自我组织传统的社区。地权内容与社会结构是相互定义的互构关系。中国社会的基本社会结构，因各区域社会进入整体文明的时段差异而表现出区域差异性。通过河西村的田野经验可以看到，现代国家、市场体系与多族群、非宗族的基本社会结构是理解村落地权活动的实质指标，也是了解村落所在区域社会的基本要件。

参考文献

艾人民，"清代东北地区的非法土地买卖：民间习俗与司法实践"，《从诉讼档案出发》，黄宗智、尤陈俊主编（2009）：140-163。

滨岛敦俊著，朱海滨译，《明清江南农村社会与民间信仰》，厦门：厦门大学出版社，2008。

曹正汉，"产权的社会建构逻辑"，《社会学研究》，2008（1）:200-216。

董国礼，"产权代理分析下的土地流转模式及经济绩效"，《社会学研究》，2009（1）：25-63。

杜赞奇著，王福明译，《文化、权利与国家》，南京：江苏人民出版社，1996。

黄宗智，《华北的小农经济与社会变迁》，北京：中华书局，1986。

吉登斯著，胡宗泽、赵力涛译，《民族—国家与暴力》，北京：三联书店，1998。

科大卫著，朴永坚译，《皇帝和祖宗：华南的国家与宗族》，南京：江苏人民出版社，2009。

科大卫、刘志伟，"宗族与地方社会的国家认同：明清华南地区宗族发展的意识形态基础"，《历史研究》，2000（3）：3-14。

利奇著，张恭启、黄道林译，《上缅甸诸政治体制》，台北：唐山出版社，2003。

拉铁摩尔著，唐晓峰译，《中国的亚洲内陆边疆》，南京：江苏人民出版社，2006。

吕佐周，《柳河县志》，杭州萧山古籍印务有限公司，2009（卷二）：乡镇。

莫里斯·弗里德曼著，刘晓春译，《中国东南的宗族组织》，上海：上海人民出版社，2000。

魏捷兹，"澎湖群岛的村庙公司与人观"，《台湾与福建社会文化研究论文集》，台北："中研院"民族学所，1996：21。

肖凤霞，"文化活动与区域社会经济的发展：关于中山小榄菊花会的考察"，《中国社会经济史研究》，1990（4）：56。

徐宏臣，"柳河朝鲜开拓民，"《东边道经济开发史略》，通化市政协文史学习委员会，1998：286。
熊万胜，“小农地权的不稳定性：从地权规则确定性的视角，”《社会学研究》，2009（1）：1-24。
庄英章，林圯埔，《一个台湾市镇的社会经济发展史》，上海：上海人民出版社，2000。
张静，“土地使用规则的不确定：一个解释框架”，《中国社会科学》，2003（1）：113-124。
王明珂，《游牧者的抉择：面对汉帝国的北亚游牧部落》，南宁：广西师范大学出版社，2008。
张佩国，《近代江南乡村地权的历史人类学研究》，上海：上海人民出版社，2002。
卓昕，“清代东六边边卡边禁，”《东边道经济开发史略》，通化市政协文史学习委员会，1998：1-13。
周怡，“市场转型期的‘国家—社会双依附模型’：行动者、关系和制度”，《当代中国基层制度个案研究》，邓正来编，上海：复旦大学出版社，2010：65-102。
Goody, Jack.
1962. *Death, Property and the Ancestors: A Study of the Mortuary Customs of the LoDagaa of West Africa*. Stanford: Stanford University Press.

全球化专栏

Migration and China in the Chinese Century[1]

Frank Pieke*

1.Introduction: China's rise and China anthropology

Until the late 1990s, anthropological research on the People's Republic of China was predicated on a master narrative on China's "really existing socialism". Anthropologists documented the impact of the power and dominance of the socialist party-state and the shifts and changes of political campaigns, and the strategies and tactics of individuals, groups and local communities to evade, subvert, or simply survive these. Two structural changes in Chinese society have made this narrative increasingly irrelevant. First, the planned economy disappeared. This has created space not only for the market economy, but also for a whole range of structures, networks, organizations and practices that are only very partially and imperfectly captured by the term "civil

* Frank Pieke, Leiden University. Correspondence: f.n.pieke@hum.leidenuniv.nl.

1 This article was revised during a visiting fellowship at the Asia Research Institute of the National University of Singapore in the summer of 2013, whose support is gratefully acknowledged.

society." Second, the accession to the World Trade Organization in 2001. As China rapidly became more present in the world, Chinese society began to be shaped by processes of globalization, transnationalism and cosmopolitanism to a degree never seen before.

What has happened under the impact of these changes is at one and the same time new and unique for the PRC, recognizably Chinese and generically modern. New forms of social organization and ways of life have emerged. Grasping the opportunities and negotiating the risks of life is no longer the concern of the state, but the responsibility of individuals, families, communities, organizations and enterprises. With these changes, the anthropological master narrative of dominance vs. subversion has been replaced by competition, accommodation and adaptation between a range of local, national and transnational actors that operate in society, the state and the economy.

Taking such a disaggregated and global view has many implications. Most importantly, China is no longer a unitary and self-evident object of research, separate from the rest of the world. The challenge has become to understand China as a changing composite of elements rather than a natural unit. Furthermore, these elements of China are each in their own way interwoven with, yet at the same time separate from elements from other parts of the world. With these changes, our audience has also changed. China is no longer a faraway place, unfamiliar, strange and exotic, and therefore also largely irrelevant, except perhaps as a Communist enemy or a radical alternative. China now has become an aspect, or theme, of life in places across the world, and everybody will have a Chinese experience, or at least an opinion.

To this must be added that China is not just one of many countries undergoing the dual transition of globalization and neoliberal reform. After the rise of Japan in the previous century, China is the first country making the transition from simply a part of the non-western periphery of the world system to being a superpower and core of its own regional and increasingly global system of political, strategic, economic, religious and cultural dominance. For China anthropologists this means that we will have to find ways of thinking and writing about a society that is much more than just another culture. As a global power, China not only self-consciously draws upon its remembered civilization to realize the wish to be in charge of its own version of modernity independently from western civilizers. China also does not hesitate to become a civilizer in its own right, imposing its modernity upon others.

With this, anthropologists of China will bear ethnographic witness to global processes of domination, expansion and exploitation from the vantage point of a newly emerging centre. China ethnography will have to follow the footsteps of the culture that it studies, investigating the impact of Chinese people, power and culture across the globe. We must now focus on globalizing, civilizing and creolization processes both in China and elsewhere, in which Chinese culture is one of the ingredients. The new China anthropology should identify how "China" or parts thereof are constructed in a variety of arenas and circumstances across the globe.

The challenge is thus to understand China as part of and interwoven with, yet at the same time separate from other areas and a world system still dominated by the West. This process of what I have called "Chinese globalization" includes much more than just the transnational flows of goods, money, ideas and people. Chinese institutions—the state, businesses, banks, voluntary associations, religious organizations, criminal gangs and so on—are nowadays deeply interwoven with the world beyond China in ways that were unimaginable only a few years ago (Pieke *et al* 2004, chapter 1).

There are many ways that this can be done. Recent ethnographic work on transnational Chinese religious organizations, the extraterritoriality of Chinese investment zones, the localization and marketing of Chinese manufactured goods, Chinese traditional medical practitioners, or employment practices in Chinese-invested firms are examples of this kind of work, looking at China as it is constructed both within and beyond China's geographical borders.

In my own research, I have done so mainly by building on my work on Chinese international migration. My objective in this article is to bring together the more recent findings from my research on Chinese migration to paint in broad strokes the changes in China as an international migration country. Doing this will hopefully show the relevance of China anthropology in the Chinese century, when China is seemingly everywhere, and the world is everywhere in China. I will first outline the main trends in international emigration from China. After that, I will compare the impact of international Chinese migration on two continents—Europe and Africa—to show two very different faces of China's global presence. I finally will turn to international migration to China, to show that China's new place in the world also shapes China into a much more cosmopolitan space where the categories of "China",

"Chinese" and "Chinese culture" become increasingly problematic, or at the very least much less self-evident.

2.The development of Chinese international migration after 1978

China is one of the most important sending countries and has also become increasingly significant as a destination for international migrants from the whole world. The most important fact about Chinese international migration is perhaps the incredible diversity of migratory flows and Chinese ethnic communities. Unlike thirty years ago, migrants are now from all kinds of social and cultural backgrounds, hail from all over China, and include business and government expatriates, investors and entrepreneurs, students, professionals, contract workers, unskilled job seekers, and family migrants. Chinese migrants fan out all over the world in search of employment, business opportunities, educational qualifications, marriage or family reunification. Added to this must be the vastly larger number of Chinese who travel abroad for shorter periods as tourists or visitors on business, on exchange programmes, or as members of delegations. The world is indeed becoming a Chinese space, with long-term emigration being a vital, but by no means the only component.

With the resumption of emigration from China between the early 1970s and late 1980s, new migration from the PRC consisted of two main types. The first one was the resumption of emigration from areas where before 1949 the majority of overseas Chinese came from. These new overseas Chinese first went to communities of overseas

Chinese established before 1949, but gradually branched out to other destinations in search of opportunities. The second initial flow of new Chinese migrants consisted of students and visiting scholars. Chinese students chiefly went to the US, with smaller numbers accepted by other developed countries (Japan, Canada, Western Europe, Australia, New Zealand). At this time, almost all Chinese students were postgraduates on exchange programmes or scholarships.

New trends since the 1990s

This relatively ordered pattern of Chinese international migration, with reasonably well-defined flows and areas of origin and destination, changed fundamentally in the 1990s and 2000s. Some of these changes were at least partially path-dependent in that they followed from the impact that on-going migration had on policy-making and social and economic development in sending and receiving areas. However, change has equally much been driven by fundamental changes in Chinese society. Economic reform in the cities really began to bite in the early 1990s, weaning increasing numbers of urban Chinese from the dependence and restrictions of the Chinese “work unit” system. Reform and foreign trade also generated unprecedented economic growth, in turn creating a new entrepreneurial elite and middle class with a life style and expectations to match. In terms of social and spatial mobility, Chinese now have almost as much freedom as residents of non-socialist countries. However, as China’s market reform creates an increasingly level playing field, it produces not only winners but also losers. The latter include rural dwellers in the interior or otherwise isolated places, farmers in peri-urban areas losing their land to development projects, and urban residents shed by state enterprise reform without much hope of finding comparable employment.

The overall result of these developments has been that the types, origins and destinations of Chinese migration have changed and proliferated. Emigration is no longer limited to a few pockets of Chinese society, but has become an option that can be entertained by Chinese across the country and from a wide range of backgrounds. In other words, these migratory flows have to be understood as transnational aspects of domestic patterns of geographical and social mobility resulting from the fundamental changes that have taken place in Chinese society, rather than being caused by the near-universal "culture of migration" in many overseas Chinese areas. The universalization of migration across China therefore emphatically does not entail that the number of Chinese migrants is now only limited by the obstacles that sending and receiving countries manage to put in their way—many factors impinge on migratory decisions, opportunity being one and only one of them—but it does mean that Chinese migration has become highly diverse, making it increasingly difficult to speak about Chinese migration in the singular in any analytically meaningful sense.

The new Chinese migration order that has arisen is shaped by three main features: (1) commercialization, (2) the role of the local state and (3) the spread of Chinese migration across the whole world. First, the commercialization of emigration has spawned a world-wide business that includes everything from schools for language or professional training in preparation for work or study abroad, to emigration agencies that advertise in newspapers or on the Internet, to the gradual commercialization of assistance originally given free of charge to friends or family. The commercialization and professionalization of emigration was pioneered by Fujianese migrants to the US in the 1980s. The first things that may very well come to mind here are illegal migration, asylum abuse, human smuggling and trafficking, but commercialization is actually a much broader issue. In recent years and in response to increasingly successful attempts at cracking down on people smuggling from China, smugglers in Fujian branched out from transport by sea and over land to organized flights using counterfeit documents. When that became increasingly difficult as well, smugglers started arranging for genuine visas for fake marriage, business or study abroad (Pieke *et al* 2004, chapter 3; Chu 2010, chapter 3). Emigration from Fujian foreshadowed developments in China's Northeast (also known as Manchuria) and other provinces, which in the late 1990s suddenly put themselves on the Chinese emigration map. The Northeast in the 1990s was a rustbelt of ill-performing state-owned enterprises. Emigration provided urban workers a much needed escape from unemployment; in their wake, rural dwellers also quickly availed themselves of the opportunities to go abroad. Commercial agencies that facilitate travel and emigration abroad drive much of the emigration from the Northeast and elsewhere. These agencies are often connected to state-owned enterprises and operate in full view of the authorities (Pieke and Xiang 2010).

The second key feature of the new Chinese migration order is the role of the local state. Central Fujian province provides the best-documented example. Informally, individual officials of the government of coastal central Fujian had been involved in the illegal emigration business already from the early 1980s (one of the key reasons why emigration could flourish in this area), but the government could not openly been seen to be involved.[1]

In many other places beyond the designated overseas Chinese areas, local government (rather than individual officials) is in fact one of the key agents in the spread of mass emigration. The first example from my own research dates from 1990 in the interior of Fujian Province (principally Mingxi County), an industrial centre dating from Mao Zedong "Third Front" strategy of the 1960s and early 1970s, but also an area without any overseas Chinese tradition. Acutely aware of the success of international migration very nearby in coastal Central Fujian, the authorities were keen to raise the local standard of living through migration just as had happened along the coast.

At the time, the local government's encouragement of emigration still had to be carefully weighed against the provincial government's displeasure and the general sensitivities arising from Fujian's illegal emigration business, and the local government could not openly facilitate emigration. Later, however, the county government felt confident enough to establish a migration guarantee fund. This fund gave loans to

1 This is information from informal conversations with members of foreign visiting delegations or journalists and off-the-record comments in interviews with migrants, but is hard to corroborate in formal interviews or other sources. Published academic research carefully skirts the issue, only mentioning tacit or active encouragement of emigration or corrupt involvement by local officials; see Chu 2010, chapter 3; Soudijn 2006, p. 69; Pieke et al. 2004, chapter 2; Zhang 2008.

potential migrants to help them pay for their migration overseas. Money for the fund was provided by the county's International Economic and Trade Office, the Agricultural Bank, and the Department of Finance. Subsequently, a new policy allowed banks directly to fund migration rather than through this government fund, thus even further widening the scope of such practices and fully integrating migration into the local economy. With the backing of the local authorities, the area became an important sending area of Chinese migrants to Europe (Pieke *et al* 2004, chapter 2).

The third key feature of the new Chinese migration order is the globalization of migration. Until the late 1980s, individual Chinese migratory flows tended to single out specific destination areas with well-established Chinese ethnic sectors and communities from the same area of origin, only gradually expanding into adjacent areas, thus minimizing competition between Chinese groups. Starting in the mid-1980s, the Fujianese were the first to break through this mould. By focussing on the US and later Western Europe, Fujianese migrants entered the territories of entrenched communities of Chinese from Hong Kong, Guangdong, or Zhejiang, where they were mostly treated with hostility and as cheap, expendable labour.

In the late 1980s and early 1990s this example was quickly followed by the Zhejiangese, who aggressively expanded from their traditional stronghold in Western (and more recently Southern) Europe. In the 1990s, Zhejiangese appeared in new frontier areas, such as Eastern Europe or Africa. They also established a foothold in North America.

Students and professionals

Globalization of Chinese migration is also a consequence of the rise of educational and professional migration. In the 1990s and 2000s, Chinese education migration has proliferated, both in terms of sheer numbers and in the range of student backgrounds, destinations, and degrees pursued. As China got richer, foreign study came within reach of the offspring of China's burgeoning entrepreneurial elite and even the salaried middle classes.

Chinese professional migration is to a large extent the by-product of educational migration, when graduates seek employment in the country of study (or perhaps elsewhere abroad) rather than return home. This pattern is particularly pronounced in the US, but is significant in for instance Western Europe and Japan as well. Direct immigration of professionals from the PRC is also significant and on the rise, not only to regions and countries where one might expect it (North America, Western Europe, Australia and New Zealand, Singapore and Hong Kong), but also to African countries that perhaps seem non-obvious to a Western observer.

Emigration has also become a much more generally available avenue for social mobility for people across China and from all kinds of backgrounds. For them, a decision to emigrate follows from diverse educational, employment, or entrepreneurial strategies in which emigration is carefully weighted up against domestic employment, entrepreneurship, or higher education, all of which may also include possible migration elsewhere in China. In other words, these migratory flows have to be understood as aspects of general domestic patterns of geographical and social mobility created by the fundamental changes that have taken place in Chinese society. Migrants of this type aspire to find white-collar employment or self-employment, although a considerable number may actually end up having to settle for low-skilled work abroad, either in the ethnic Chinese sector or else as day labourers in agriculture, manufacturing, or food-processing (Pieke and Xiang 2010). The numbers involved in these migratory flows can be large and are most likely to grow in absolute terms, but we would expect that only a very small percentage of the potential migration base will ever actually emigrate. For the vast majority, opportunities in China itself will continue to be less risky and expensive, and more attractive, realistically available, or in tune with one's preferred life style.

3.Chinese migrants and communities: Europe and Africa

In Europe, China's highly diverse migratory flows encounter not only the institutions of the receiving countries and established groups of overseas Chinese, but also each other. In this encounter, Chinese migrants have to make choices on how to deal with the realities and discourses of Chinese life abroad, choices that in turn weave patterns of community formation, identity creation, division of labour and political participation that are as much Chinese as they are unique to each place and time.

Chinese living in Europe can be divided into two main categories. Europe has long been the destiny of Chinese migrants seeking employment or trading opportunities, often in a specific Chinese sector of the economy. Their aim usually is to start in menial, unskilled employment and then work one's way up to become the owner of a business, for instance a restaurant, store, or workshop. The other group of Chinese residents is, on the whole, a much more recent development. Chinese are increasingly coming to Europe to study at a university, vocational school, training programme, or high school. In addition, an unknown number of wealthy Chinese own a second home in Europe, are here as expatriate employees of Chinese firms or organizations, have immigrated or stayed behind after graduation as professionals, or have married a European resident.

Meaningful and reliable figures on the total number of Chinese in Europe are notoriously hard to get. This is not a new problem, yet little seems to be done about it. Eurostat collects and compiles data from its member states; a recent report details that China with 97,000 immigrants in 2008 was the second largest source of immigrants into the EU (after Morocco with 157,000). The same report states that Chinese were the tenth most numerous group of foreign citizens resident in the EU with 2.1 per cent of EU total foreign population in 2008. With a reported total number of foreign nationals in EU member states (including nationals from other EU states) of 31,860,300, this percentage yields a total of 669,066 Chinese nationals in the EU in 2008.[1]

National statistical bureaus of individual European countries often

1 Eurostat, *Migrants in Europe—A statistical portrait of the first and second generation*, 2011, p. 73 and p. 75; http://epp.eurostat.ec.europa.eu/cache/ITY_OFFPUB/KS-31-10-539/EN/KS-31-10-539-EN.PDF.

(but not always) provide numbers on their Chinese population. However, individual countries employ different definitions and methodologies to divide their population up into ethnic or national categories. The UK, for instance, employs ethnic self-identification in its censuses. In 2011, this yielded a total number of resident ethnic Chinese in England and Wales of 393,141.[1] The Netherlands in its population records uses country of birth of self and/or parents: a 2011 study yielded a total number of Chinese of 71,500 in 2010, almost two-thirds Dutch nationals (Gijsberts *et al* 2011:29 and 41).

One Chinese estimate of the total number of Chinese in Europe (however that might have been defined or measured) ranges between 2.6–3.2 million in 2010. Of this group 800,000 are said to be "new migrants" who plan to stay in Europe (excluding illegal migrants and students; Li 2009, Song 2011). This estimate, while probably generous, seems not too far off the mark when compared to the Eurostat, UK and Dutch figures, especially when not taken too literally and used merely as point of comparison with similarly derived figures for Africa and other places. In the Dutch data (see note 5), roughly one-third of Chinese in the Netherlands holds Chinese citizenship. If we extrapolate this on to the Eurostat figure of 670,000 Chinese citizens we can conclude that there are probably three times as many, i.e. about 2 million people, with China as the country of birth of self and/or parents. To this an unknown but significant number of people must be added who in a UK-style census would classify themselves as Chinese, despite the fact that they or their

1 http://www.ons.gov.uk/ons/publications/re-reference-tables.html?edition=tcm%3A77-286262.

parents were born outside China. A further unknown are illegal immigrants who are almost completely beyond the reach of government statistics.

Unskilled migrants and entrepreneurs in Europe

In all, five major groups of unskilled workers and entrepreneurs have fanned out across Europe. In the 19th century the first to come to Europe were small traders from two adjacent areas in southern Zhejiang: the hinterland of the port city of Wenzhou and the rural area around the town of Qingtian (Thunø 1999). Emigration from Zhejiang subsided after the Great Depression, the Second World War and the founding of the People's Republic of China in 1949, but quickly gained pace again after roughly 1974.

The second group are the Cantonese from the Pearl River Delta who came to the major ports in Northwestern Europe (London, Liverpool, Rotterdam, Amsterdam, Antwerp, and Hamburg) as seamen. By the end of the Second World War, most had left Europe, but a few did stay on. They were joined in the 1950s by fellow Cantonese from the New Territories of Hong Kong who came to Britain in large numbers to find work in the Chinese catering trade (Watson 1977). From Britain they spread first to the Netherlands, and later to Belgium, France, Germany, Scandinavia, Spain and Portugal.

The third group of Chinese in Europe are from former European colonies in Southeast Asia and other regions. After the fall of the US-backed regimes in Vietnam, Laos and Cambodia in 1975, 75,000 Chinese from Indochina fled to France; smaller numbers of refugees were accepted by other Western European countries. Approximately 10,000 Chinese from Indonesia arrived in the Netherlands after Indonesian independence in 1947 and the Chinese pogroms in the 1950s and 1960s. Finally, relatively small numbers of Chinese from other former colonies, such as Singapore, Malaysia, Mozambique and Surinam, also found their way to Europe.

A fourth group of Chinese are immigrants from Central Fujian province who appeared in Europe in the second half of the 1980s. Their arrival was a direct consequence of the activities of human traffickers in Fujian. Originally, most of those who ended up in other European countries either could not afford passage to America, were abandoned half-way, or were simply given no other choice. Only in the 1990s did Europe become the target of migratory flows from Fujian specifically destined for one or more countries in Europe, most commonly Britain or (in the case of Fujianese from Mingxi county) Central Europe or Italy (Pieke *et al* 2004).

The fifth and final wave of Chinese immigrants are city dwellers, initially mainly from Northeast China, but not much later from all over the country. Their presence became first apparent in Central and East Europe immediately after the fall of communism there. Particularly in the initial phases, their migration often was an individual, rather than a family decision. Many built on contacts with state enterprises and trading networks in China to provide goods and services to the undersupplied economies in the former Soviet bloc (Nyíri 1999, 2007). Soon, however, urban Chinese appeared all over Europe.

Specialization in specific sectors of the economy has given the

Chinese populations in each region of Europe its own characteristics. In Western Europe the catering trade and the ethnic sector continue to dominate. In Eastern Europe the importation, wholesale and retail of cheap Chinese manufactured goods is the main activity of the Chinese population. In Southern Europe Chinese specialize in small workshops that produce leather goods, garments or other products specifically aimed at local tastes and fashions.

For labour migrants from old and new overseas Chinese areas, employment in Chinatown or more generally the Chinese ethnic sector, such as the catering trade or leather goods or garment sweatshops in Europe, is not merely a second choice option, but in fact the main pull factor. Immigration of large numbers of Chinese willing to accept often gruelling work and living conditions revitalized the ethnic enclave economies and spurred their growth and spread.

What is unusual about the case of recent Chinese labour immigration is the sheer force and volume of the migration push generated by the high degree of commercialization of emigration in China. This has led to a surplus of Chinese labour and an even further deteriorating bargaining position of recent immigrants versus potential employers in the countries of destination. The obvious consequence has been an even further worsening of wages and working conditions. Migrants, especially if they stay and work illegally, are also especially vulnerable to extortion and protection rackets. Migration pressure in Britain recently has also had the effect of pushing Chinese migrants into employment outside the ethnic enclaves, which, in the case of women, also includes prostitution (Gao and Poisson 2005, Pieke and Xiang 2010).

Students and highly skilled migrants in Europe

Young Chinese travel to Europe not only for a postgraduate degree at a top-level research university, but also for undergraduate degrees, high school diplomas, pre-university courses, or short-term certificate courses in English or other vocational skills. Europe is attractive not only for the quality of the education received, but also for the relatively modest fees that universities charge, especially compared to the usual number-one choice, the United States. Chinese students currently are by far the largest group of foreign students in most European countries, whose governments and educational institutions energetically compete in this profitable growth market (Bohm *et al* 2004).

According to a recent report of the European Commission and the Chinese Ministry of Education, the total number of Chinese students in the EU in 2010 was between 118,700 and 120,000, or about six times more than in 2000. This number is comparable to the United States which had 127,600 Chinese students in 2010. Of the total number of Chinese students in the EU, 40 per cent was in the UK, 23 per cent in France, and 20 per cent in Germany.[1] In the UK, China is the number one foreign country of origin for higher education students.[2] There is some doubt whether this high number will continue in the future. Chinese universities have been expanding fast and Chinese parents and students

1 European Commission and the Ministry of Education in China, *EU-China Student and Academic Staff Mobility: Present Situation and Future Developments*, April 2011; http://ec.europa.eu/education/external-relation-programmes/doc/china/mobility_en.pdf.

2 Higher Education Statistics Agency, Press release 172 – Non-UK domicile students, 23 February 2012;http://www.hesa.ac.uk/index.php?option=com_content&task=view&id=2371&Itemid=161.

often rank good universities in China higher than European universities. In the UK in the mid-2000, considerable disquiet existed among Chinese students at third-tier institutions, while English-language training centres were often mere fronts for labour immigration.[1] Recently, the rescinding of post-study work visas threatens to make the UK less attractive to Chinese students.[2]

The aspect of the Chinese presence in Europe that is least known about is investments and enterprises and the associated immigration of Chinese professionals and their families (and quite unlike Africa where it is the aspect that receives the most attention). Despite occasional eruptions of suspicions about the impact of China's rise, the greatest worry of economic policy makers is a lack of substantial Chinese investment in Europe. Chinese-invested enterprises fall roughly into two categories. Larger Chinese corporate subsidiaries are more concentrated in Western Europe. Smaller individual entrepreneurial firms predominate in Eastern Europe, although they are by no means absent in Western Europe. The smaller firms tend to be concentrated in wholesale or retail trade; the larger firms focus on knowledge-intensive sectors. Smaller firms, usually privately owned, are more likely to have been set up in close cooperation or even partnership with local Chinese, who thus play a crucial role in bringing these investments to Europe. Larger investments

1 Personal communications to the author from the Chinese embassy in the UK and officials at the British Home Office. See also Cross and Hitchcock 2007.

2 Chen Jia and Ai Yang, "UK visa rules may force Chinese student exodus", *China Daily* 15 December 2010; http://www.chinadaily.com.cn/china/2010-12/15/content_11702526.htm; Wang Dongliang, "UK visa policy change to impact Chinese students", *People's Daily* Online 21 March 2012; http://english.peopledaily.com.cn/90883/7765064.html.

are strategic, aimed at accessing European technology, brands, markets and skills. They may employ local ethnic Chinese or Chinese from Hong Kong or Taiwan for their familiarity with western culture and business practices, but their business partners tend to be non-Chinese.[1]

Chinese in Africa

There are currently about 10,000 South African-born Chinese, whose presence in the country dates back to the 17th century. During the era of apartheid, several tens of thousands Taiwanese (Taiwan being one of the few countries to recognize South Africa) came to and settled in the country: there are now several thousand left. Chinese emigrants from the PRC came in rapidly rising numbers from the late 1980s. Rough estimates of their numbers currently in South Africa range between 200,000 and 350,000 (Huynh *et al* 2010).

Chinese were present elsewhere on the continent at former Western trading ports or colonial centres, but, with the notable exception of Mauritius that served as a hub of the Chinese coolie trade, these were much smaller than the South African community. Africa now is very different: Chinese live in larger or smaller numbers all across the continent. They hail from all over China and are in Africa for many very different reasons and duration. Four different types of Chinese in Africa

1 Haiyan Zhang, Zhi Yang and Daniël Van Den Bulcke, *Euro-China investment report* 2011–2012, *The European landscape of Chinese enterprises*: *An analysis of corporate and entrepreneurial firms and the role of the ethnic communities*, Antwerp: Antwerp Management School, 2011; http://www.portofantwerp.com/circleoffriends/sites/default/files/imce/Testimonials/Antwerp_Forum_report_AMS_eng.pdf.

can be distinguished. The first is the established Chinese community of Chinese born in Africa. As mentioned, this category is only significant in South Africa and possibly Mauritius.

The second category includes traders, businesspeople and investors, mostly from an urban background. Just like in Eastern Europe and at about the same time, they were the first to explore this virgin territory for business opportunities, pioneering individual agents of China rapid economic expansion. This group has now diversified to include not only individual businesspeople and independent professionals (medical practitioners for instance), but also employees or owners of Chinese companies with often very considerable interests in Africa that include mining, construction, manufacture, land development and agriculture (Yan and Sautman 2010, Yan and Sautman 2013). Development projects are another important aspect to China's presence in Africa. According to Deborah Brautigam, Chinese companies carry out most of the African Development Bank and World Bank projects in Africa.[1]

The third category is mostly rural migrants from the overseas Chinese areas of Southern Zhejiang and Central Fujian. They arrived somewhat later in Africa, sometimes in the first instance as extensions of Europe's large communities from these areas. For these migrants, migration to Africa is not part of a state or corporate effort to strengthen China's presence on the continent. Not infrequently, these overseas Chinese migrants (especially the Zhejiangese who were longest

1 Deborah Brautigam, "China in Africa: seven myths" . Real Instituto Elcano. 2 August 2011; http://www.realinstitutoelcano.org/wps/portal/rielcano_eng/Content?WCM_GLOBAL_CONTEXT=/elcano/elcano_in/zonas_in/sub-saharan+africa/ari23-2011#_ftn22.

established in Europe) followed existing post-colonial links into Africa from the European country where they or their family had settled. From Portugal Chinese travelled to the Cape Verde Islands, Guinea-Bissau, Angola, or Mozambique; from France, they left for Francophone African countries.

Conversely, many migrants come to Africa in the hope to move on to other, more promising destinations in the developed world. There is also much mobility between African countries as Chinese migrants seek out opportunities for employment or business. South Africa, for instance, increasingly serves as a springboard for Chinese into other countries in Southern Africa. They set up or seek employment in trading companies or shops that specialize in the cheap manufactured goods that China produces in copious quantities and for which there is a ready market in many parts of Africa (Østbø Haugen and Carlin 2005, Dobler 2009).

The fourth and final category of Chinese in Africa is skilled and unskilled workers recruited by companies or agencies in China to work on construction projects carried out by Chinese companies in Africa.[1] The less-skilled tend to return after the end of their contract, at least some of the managers and professionals remain in the African host country as independent migrants, often establishing themselves as small entrepreneurs.[2] The official total figure for contract and labour

1 Already by 2005, there were 1,609 government-licensed private employment agencies; Malia Politzer, "China and Africa: Stronger Economic Ties Mean More Migration" , 2008; http://www.migrationinformation.org/feature/display.cfm?ID=690.

2 Yoon Jung Park, *Chinese Migration in Africa*. South African Institute of International Affairs, 2009, p. 6; http://dspace.cigilibrary.org/jspui/bitstream/123456789/29711/1/SAIIA%20Occasional%20Paper%20no%2024.pdf?1.

cooperation migrants has increased from 39,000 in 1997 to 114,000 in 2007 (Li 2010).[1]

While the rapid increase and diversification of Chinese migration to African countries is commonly known, statistics widely vary. A reasonable total estimated figure, including older and newer migrants, would be around 500,000 Chinese residents in the entire African continent, up from around 100,000 in 2000. By far the greatest concentration of Chinese migrants is in South Africa (200,000–300,000), with Nigeria as a second-largest host country (50,000).[2]

Europe and Africa compared

In both Africa and Europe, and indeed all over the world, Chinese immigration has shot up in the last decades. From a Chinese perspective, Africa and Europe are very different places. Europe is a continent where Chinese have resided for many decades. In Europe, universities and other educational institutions hold the promise of valuable knowledge and qualifications that qualitatively raise career prospects and life chances. Europe is among the most highly developed economies in the world, with not only a huge market for Chinese products and services, but also a place for strategic investments in high-value assets and

1 On the website of the China-Africa Joint Association for Industry and Trade (*Zhongguo Feizhou Lianhe Gongshanghui*) is a list of the number of Chinese contract labourers in a wide variety of African countries in 2008; http://www.china-africajcci.org/news.asp?id=295.

2 These figures are from Li 2010, pp. 24–31. They tally well with the figure on South Africa of between 200,000 and 350,000 from Huynh, Park et al. 2010 cited earlier in this section. Ma 2008 provides an estimate for the whole of Africa of 270,000–520,000.

market access and source of state-of-the art technology and skills. More abstractly, Europe is a focus of Chinese modernist longings, a place that long ago achieved a state of modernity that China still yearns for. Africa is the exact opposite of all of these things, but therefore arguably strategically even more important for China as a country and—even more significantly—for individual Chinese migrants and firms. As a continent on which, to Chinese migrants at least, the road to modernity still seems to be much less fixed, Africa complements China; China and Chinese migrants can conceivably play a central role in the future of the continent. In Western Europe, Chinese migrants, capital and government can at best only aspire to a role in the margins. Only in parts of Eastern and Central Europe could Chinese investments and people play a role somewhat similar to Africa, albeit on a much smaller scale.

However, viewed from another angle, Europe isn't all that different from Africa. Granted, in terms of educational migration, Europe is one of the world's most important destinations. Conversely, Africa is the location of many Chinese investment projects and with that the destination of large numbers of contract workers employed for a fixed term on a specific project. However, in terms of the drivers of migration and the background and origin of many other migrants, many similarities and indeed direct connections exist. Just like Africa, much of Eastern and Southern Europe has been a frontier of Chinese outward migration, with many migrants ending up in surprisingly similar employment or businesses, often associated with the import, wholesale and retail of Chinese manufactures. Since the 1980s, China has also generated commercialized and highly professional migration configurations from

Zhejiang, Fujian, and many urban areas that have developed a global reach, always seeking out new destinations and ways and means to get migrants there. To these migrants, there often actually isn't that much difference between Africa, Europe, Latin America, or any other destination. What is most important is the opportunity to emigrate and then to make the best of whatever chances there are to make a living or perhaps to move on to another, more promising destination.

4.Immigrant China

The international migration order has changed fundamentally in the last twenty years. First came a surge in new immigration to the developed countries in North America, Europe, and Oceania, soon followed by immigration in more recently developed countries, particularly in East and Southeast Asia. We are currently at the brink of a third phase of change, where the world's emerging economies demand a prominent role, not only as countries of origin but also, and increasingly, as countries of destination for international migrants.[1] This section focuses on China's relationship with these new patterns of mobility. It is well known that China's development has given rise to massive flows of both domestic migration and international emigration. Since the start of the reforms, these domestic and transnational flows suggest that the People's Republic of China (PRC) is developing into a crucial hub of the global migration order (Papademetriou 2008). However,

1 Demetrios G. Papademetriou, Reflections on the International Migration System: Introduction. Canadian Diversity 6, 3 (2008):3–6.

what is less often noted, both in China itself and by other global actors, is the radical changes currently taking place that potentially will have an even greater impact in the next five, ten, or twenty years: China is rapidly also becoming an important destination of international migrants. These migrants into China, attracted by the promise of a better life, are beginning to fill specific gaps in the labour market created by economic and social development and demographic trends.[1]

In recent years, the media and a few academic researchers have started reporting on groups of non-ethnic Chinese immigrants, such as Muslim, South Asian, or African traders, foreign students, South Korean middle class settlers, foreign expatriates and North Korean refugees. However, with a very few exceptions (Zhang 2008), none of these studies approach foreigners in contemporary China more generically as an immigration issue that is leading to the formation of ethnic communities, comparable in this regard to most if not all of the countries in the developed world, including many East and Southeast Asian countries. The mind-set that China is a country of emigration, not immigration has created a huge blind spot in the perception of China's global role (Duara 2010, Pieke 2012).

International migrants still are only a minute fraction of China's huge population. However, foreigners are highly concentrated in specific parts of the country, such as Guangzhou, Shanghai, or Beijing. In these places, foreigners have become a long-term and important aspect of the urban

1 I will only focus here on the People's Republic. Taiwan, Hong Kong and Macao have, of course, for much longer been destinations of immigrants. Because of their separate history and political systems, they are best considered separately from the People's Republic.

landscape and, with an absolute number of over one million, the scale and variety of immigration in China already defies easy and unambiguous characterizations. As a start, three broad and overlapping categories of immigrants can be distinguished: (1) cross-border migrants; (2) students; and (3) middle class professionals, businesspeople and traders.

Cross-border migrants

China's international borders no longer divide and separate. China's border areas are becoming part of larger cross-border regions defined by complex relationships of co-ethnicity, religion, legal trade and illegal smuggling, marriage, employment, study, immigration and emigration, crime and subversion.

Today, probably more than at any other time since the establishment of the PRC, people living close to the border continue to maintain contact with their relatives and co-ethnics and move freely across the border, with or without a permit (Sturgeon 2005). One particular issue that concerns local authorities is the inflow of women from the other side of the border as wives for local co-ethnic men. These women and their children are permanent members of their communities in China, yet have no legal status and are a major headache locally in the enforcement of state family planning (He 2008, Grillot 2012).

Students

China has become a magnet for fee-paying foreign students. In 2007 the number of foreign students was 190,000, or more than five times as many as in 1997.[1] Major state and private investment in the tertiary educational sector has made Chinese universities competitive in the lucrative international student market. As China's global role increases, first-hand knowledge of Chinese language and culture becomes a more important asset, attracting ever larger numbers of students to China. The majority of such students take short-term courses specifically tailored to foreigners.

China has also become the choice of many degree students, mainly from Southeast and South Asia. In 2008, 50,468 foreign students were enrolled in undergraduate and 10,743 in postgraduate programs (Yu and Liu 2010). Some of this is part of the government's "soft power" strategy, but many students apply to Chinese universities also because of the combination of good-quality education, reasonable fees, and geographic proximity.

Professionals, businesspeople and traders

China's cities attract ever larger numbers of businesspeople and professionals from the developed world. The communities of middle class and elite resident foreigners are no longer numerically dominated by expatriate employees of foreign multinationals, international organizations, diplomatic missions and "foreign experts" hired by Chinese state enterprises or organizations. Large numbers of foreigners

1 Foreign Student Quota to Expand. China Daily 29 July 2008.

have independently taken up long-term residence in search of local employment (with either a Chinese or foreign firm), cheaper living costs, or to set up their own business. In addition, we should also include in this category the very diverse group of traders from Russia, Central, South and Southeast Asia, the Middle East and Africa. To all of these foreigners, China is the land of opportunity, not just a stopover on an international career.

In the eyes of many Chinese, (white) westerners are the paradigm of what are known as yang dagong (foreign workers). However, numerically this category of foreign residents is in fact dominated by hundreds of thousands of middle class Taiwanese, Hong Kong Chinese, South Koreans, Japanese and Southeast Asians, and, of course, returning Chinese nationals and former Chinese nationals.

Policy-oriented articles on foreigners in China often begin by stating that China's growth, WTO membership, and general opening up have created a need for highly skilled foreign labour despite China's own very large labour force. China is said to need, for instance, high-level managers, engineers, or employees with the skills necessary to operate in an international business environment.[1]

Despite their spread beyond areas designated specifically for foreigners, many groups of immigrants with a common background tend to concentrate in one particular city or neighbourhood and/or specialize in a particular

1 The most recent installment of this argument can be found in the 2010 *Guojia zhongchangqi rencai fazhan guihua gangyao* (2010–2020) (National outline for medium- and long-term talent development (2010–2020)). [Online]. Available http://www.gov.cn/jrzg/2010-06/06/content_1621777.htm. [29 July 2010].

type of employment or business. Such clustering (for instance through chain migration or professional specialization) is an important feature of settlement of foreign communities in for instance Guangzhou, a pattern reminiscent of the settlement of certain domestic rural-urban migrants in contemporary China, such as the well-known "Zhejiang Village" in Beijing (Zhang 2008). In some cases, this has enabled the emergence of an ethnic infrastructure. In Beijing 80,000 or so mainly middle class South Koreans live in the city's Wangjing district, supporting a large and well-equipped Korean school, restaurants, shops and travel agents.

The very large communities of Taiwanese in Shanghai, Shenzhen and Dongguan have established many schools that teach for Taiwanese degrees, while Dongguan even has a Taiwanese hospital. Taiwanese migrants are able to capitalize on a combination of an international background and native language and cultural skills. The Chinese government in practice actively encourages their migration. Entry and one-year residence visas as well as work permits are much easier to obtain than for other foreigners; since 2005, work permits are given without the normal restrictions on foreign employment (Tseng 2009). Taiwanese migration, together with migration from Hong Kong and Macao and return migration of (former) Chinese nationals, is a phenomenon that complicates the notion of a divide between international and domestic migration.

Much smaller communities of traders exist from Russia, Central, South and Southeast Asia, the Middle East and Africa. Immigrant traders tend to create and exploit highly specific niches where dense co-ethnic networks and access to specific overseas markets give them a competitive advantage. The group of foreign traders that are by far the best researched are the Africans in Guangzhou, partially because of the visibility of what is locally known as "Chocolate City" (Qiaokeli cheng) and partially also as a corollary of the recent interest in the connections between China and Africa, including Chinese migration to the continent (Bodomo 2010, Østbø Haugen 2012). Guangdong, as the manufacturing centre of the global economy, is a magnet for traders and procurement agents, while Africa has emerged as a natural market for cheap manufactured goods from China. Starting with a few enterprising students some fifteen years ago, currently about 30,000 Africans operate in Guangzhou purchasing manufactured goods for export to their home country either from wholesale markets or directly from factories in the Pearl River Delta.

Returnees

China's affluence and opportunities attract more and more Chinese professionals and business people. The majority of highly educated professional Chinese may currently still choose to stay abroad. However, they are a huge talent pool that China will continue to be able to draw on in the years to come. In government policy, Chinese students and scholars abroad (liuxue renyuan) are kept completely separate from the overseas Chinese, despite the fact that they are often lumped together under the heading of the "new migrants" (xin yimin) and that the PRC's overseas Chinese office (Qiaoban) is formally responsible for both (Nyiri

2010).

Overseas Chinese leave China predominantly from rural areas, are unskilled and in a very real sense deemed superfluous in China itself. Their return migration is not a priority. The same cannot be said about Chinese students and scholars abroad: their leaving is considered a loss to China that can only be repaired by their eventual return. As the Chinese economy has grown, Chinese students and professionals abroad are increasingly talked about in terms of a brain drain. According to the Ministry of Education, at the end of 2011 the accumulated number of Chinese students abroad was 2,244,100, of whom 818,400 or 36% have returned to China. This is considered very low by policy makers and advisors in China, especially in view of the fact that the higher the educational qualifications attained, the lower the chance that a student returns.[1]

Policy has increasingly emphasized return, as part of the "inviting in" of foreign businesses and individuals (yin jinlai). Returnees are very prominent among academics and senior administrators in higher education and research institutions, especially the more prestigious and better funded ones. Others are high-tech entrepreneurs or independent professionals; yet others work for large multinationals or government. National and local governments and university administrations strongly encourage students and scholars abroad to return to China to take up academic employment, encouraging them with a range of privileges and

1 Huiyao Wang, *China's competition for global talents: strategy, policy and recommendations*, Asia Pacific Foundation of Canada, 2012; http://www.asiapacific.ca/sites/default/files/filefield/researchreportv7.pdf.

perks (salary, housing, research funds) regardless of foreign permanent residence status or even citizenship.

Returnees, or haigui in Chinese, have become a policy priority in China. Chinese administrations actively recruit among overseas graduates and scholars and encourage them to set up businesses or contribute their knowledge, skills and patents to partnerships with Chinese businesses. To woo potential investors, governments frequently organize conventions or fairs, creating what Xiang Biao has called an elaborate "ritual economy of 'talent' " (Xiang 2011).

Educated Chinese abroad are increasingly talked about in terms of brain gain, a huge talent pool that China will be able to draw on in the years to come. Return migration is directly linked with a key strategic issue that preoccupied the new Hu Jintao-Wen Jiabao regime that came to power in 2002. In order to strengthen China and its position in the world, China will have to retain its long-term competitiveness and not get caught into the so-called "middle-income trap." The way to do this is for China to make the transition to technology-intensive economic growth. Attracting or keeping highly educated workers and entrepreneurs, or "talents" (rencai) in Chinese government jargon, became central to this (Simon and Cao 2009). In 2010, the government published a long-term talents strategy that in 2011 was incorporated into the 12th Five-Year Plan.[1]

It should be emphasized that recruiting educated Chinese abroad

---

1 *Guojia zhong-changqi rencai fazhan guihua gangyao* (2010–2020) (Outline of the national plan for the medium and long-term development of talents (2010–2020)), 2010; http://www.gov.cn/jrzg/2010-06/06/content_1621777.htm.

is only one aspect of this policy, and a conscious effort is made also to attract "real" (this is the way it is often put in more informal discussions) foreigners to live and work long-term in China. Nevertheless, the vast majority of people thus lured back to China continue to have a Chinese background; conversely, ethnic Chinese are much easier given long-term or permanent residency. For instance, the government's flagship Thousand Talents Programme by August 2011 already recruited over 1,500 leading scientists and entrepreneurs. Over 70% were foreign nationals, mostly ethnic Chinese.[1]

"Fortune seekers" and problems of immigration

As some of the examples given above already show, neatly dividing foreign immigrants into categories such as "students", "traders", "businesspeople", "professionals" and "cross-border migrants" hardly exhausts the reality on the ground. Migrants are highly enterprising and proactive in exploring the opportunities that China has to offer, and as a result there is very considerable overlap and spill-over between all of these categories. From the perspective of the Chinese authorities, the dynamic nature of migration has created a further category of immigrant that does not come to China for bona fide business, study, or employment, but opportunistically in search of wealth or survival. Few such "fortune seekers" (taojinzhe, literally "gold panners"), are deemed not to bring any skills or capital to China: "many are people from poor

1 Wang, *China's competition for global talents*, p. 3.

countries without a profession, income, skills, or health guarantee" (Zhang 2007). In short, these migrants do not contribute to China modernization, but merely take advantage of it.

In fact, almost any group of immigrants in China is internally stratified, having both highly successful professionals and businesspeople and more marginal groups without formal jobs or fully registered businesses. Such more marginal immigrants have to rely on their own resources and personal contacts, causing the growth of residentially concentrated urban "villages" (cun) or "cities" (cheng), such as the Burmese and Vietnamese in Guangxi and the South Koreans. This pattern is found among many immigrant groups the world over, where the institutional infrastructure and employment offered by a co-ethnic community provides new arrivals with the chance to get established and ultimately become successful too.

Currently, foreigners still have certain privileges that are partially a leftover of the time that all foreigners in China were "foreign guests" (waibin) and partially because China needs their "talent" and contribution. In their discussions on fortune seekers and illegal immigrants, Chinese authors often conclude that such migrants do not deserve such courtesies, but should rather be considered similar to the "floating population" (liudong renkou) of domestic rural-urban migrants. Increasingly, the problem of the "foreign blind flow" (waiguo mangliu) is directly connected with that of the "three illegalities" (san fei) of illegal entry, residence and work. In many Chinese analyses, these problems are often discussed together with many other much more serious issues, including terrorism, organized and petty crime, drinking, drugs and violence, prostitution and unemployment, a list that is depressingly similar to observations on immigration in western countries (Huang 2003, Zhuang 2007a, Du 2008).

5.Conclusion: migration and a changing China

In the early 1990s, Chinese international migration was limited to on the one hand specific overseas Chinese areas and on the other students and scholars on scholarships. International migration has now become an aspect of fundamental changes in Chinese society. Emigration is a option available to Chinese in many localities and from (almost) any background. Self-funded students, laid-off state sector workers, farmers, prostitutes, entrepreneurs and the political and economic hyper-elite alike now find their way to countries across the entire globe. As an increasingly normal aspect of life in China, the reality or option of emigration and return is having a fundamental impact on receiving countries and China alike.

Migration from China has become extremely diverse. The Chinese authorities have reacted pragmatically, without making any real attempt to construct a coherent and transparent framework of policies and institutions to deal with emigration, Chinese populations abroad and return migration. Conflicts and confusions between different policy fields and agendas cannot be resolved within the framework of overseas Chinese affairs. Rhetorically, the term "overseas Chinese" continues to be useful to way for Chinese government and emigrants to perform at specific occasions or for certain specific purposes the transnational unity of the Chinese nation, regardless of nationality, ethnicity, residence, or class. However, overseas Chinese affairs has remarkably few material implications, except when dealing with return visits or return migration of ethnic Chinese where "overseas Chinese affairs" provides a convenient framework both to fit and to insulate such returnees from Chinese society. The language and institutions of overseas Chinese affairs are ill-suited to cater fully to the priorities and expectations of migrants that do not come from any of the designated overseas Chinese areas, in particular high-skilled migrants, such as students, businesspeople, professionals, expatriates, or investors.

International migration to China is also making many places in China itself much more cosmopolitan. Immigrants insert a increasingly normalized foreign aspects into life in China, just as they bring back Chinese themes to their places of origin. Some of these are Chinese returnees (overseas Chinese, ethnic minority overseas Chinese, students, professionals), others are from areas adjacent to China's international borders. Yet others are from developed Western countries or developing countries in Asia, Africa, or Latin America. Many stay only for a visit or brief sojourn, but a rising number settle for a longer period, creating communities of foreigners that are becoming a permanent feature of the social landscape, especially in China's richer coastal cities.

At present, China continues to be one of the world's most important sources of emigrants. There is little doubt that China will continue to play this role for at least the next ten years, and quite possibly even longer. Developed countries thus have little reason for immediate worry about the supply, or migration "pipeline", of migrant labour, without which their population would peak in 2020 and fall by seven per cent in the next three decades (UNDP 2009, p. 43). However, international migration specialists are already beginning to think about what happens next, when "China, India and South East Asia could well become massive players in the international migration system with relatively little 'notice' " (Papademetriou 2008; see also Hugo 2008).

This chapter has given a glimpse of that future. As we have seen, China's prosperity and opportunity are already attracting a diverse range of immigrants as the country is developing into the centre of gravity of the whole of East, Southeast and Central Asia. With the increase in the number and diversity of immigrants, China is beginning to face the formation of more permanent immigrant communities, many of which are residentially clustered and occupationally specialized. Their impact on China's existing cultural, regional and occupational diversity will have considerable repercussions for the kind of country China will be in ten or twenty years from now. Immigration is set to become a key policy concern for China, both domestically and, as competition for international migrant labour stiffens, in the international arena as well.

References

杜国强，"前流动人员犯罪状况、原因及对策研究——以广州市流动人员犯罪为切入点"，《法治研究》，2008(4): 163-171。

何跃，"中国西南边疆境外流动人口的区域管理研究"，《贵州社会科学》，2008(228)：38-43。

黄进，"境外人员非法居留问题的思考"，《湖南公安高等专科学校学报》，2003(2)：70-74。

李明欢，"欧洲华人社会剖析：人口、经济、地位与分化"，《世界民族》，2009(5)：47-53。

李鹏涛，"中非关系的发展与非洲中国新移民"，《华侨华人历史研究》，2010 (4)：

24-30。
宋全成，“欧洲的中国新移民：规模及特征的社会学分析”，《山东大学学报》，2011(2)：144-150。
张杰，“‘菲佣’现象对我国三非案件治理的启示”，《江西公安专科学校学报》，2007(115)：58-61。
庄会宁，“‘三非’外国人管理考验政府能力”，《人民公安》，2007(5)：28-29。
Bodomo, Adams
2010 The African Trading Community in Guangzhou: An Emerging Bridge for Africa–China Relations. *China Quarterly* 203:693-707.
Bohm, Anthony, et al.
2004 *Vision* 2020: *Forecasting International Student Mobility a UK Perspective.* London: The British Council/IDP Australia.
Chu, Julie Y.
2010 *Cosmologies of Credit: Transnational Mobility and the Politics of Destination in China.* Durham: Duke University Press.
Cross, John and Richard Hitchcock
2007 Chinese students'(or students from China's) views of UK HE: differences, difficulties and benefits, and suggestions for facilitating transition. *The East Asian Learner* 3(2).
Dobler, Gregor
2009 Chinese Shops and the Formation of an Expatriate Community in Namibia. *China Quarterly* 199:707-727.
Duara, Prasenjit
2010 Asia Redux: Conceptualizing a Region for Our Times. *Journal of Asian Studies* 69(4):963-983.
Gao, Yun and Véronique Poisson
2005 *Le trafic et exploitation des immigrants chinois en France.* Geneva: International Labour Organization.
Gijsberts, Mérove, et al.
2011 *Chinese Nederlanders*: *van horeca naar hogeschool* (*Chinese Dutch*: *from catering trade to university*). The Hague: Sociaal en Cultureel Planbureau.
Grillot, Caroline
2012 Cross-Border Marriages between Vietnamese Women and Chinese Men: Their Integration of Otherness and the Impact of Popular Representations. *In* D. Haines, K. Yamanaka and S. Yamashita eds. *Wind over Water*: *Migration in an East Asian Context.* New York, Berghahn: 125-137.
Hugo, Graeme
2008 Trends in Asia That Will Influence Its Future as a Source of Skilled

Migrants. *Canadian Diversity* 6(3):41–46.

Huynh, Tu T., et al.

2010 Faces of China: New Chinese Migrants in South Africa, 1980s to Present. *African and Asian Studies* 9(3): 286–306.

Ma, Emmanuel Mung

2008 Chinese and China's Foreign Policy in Africa. *Journal of Chinese Overseas* 4(1):91–109.

Nyíri, Pál

1999 *New Chinese Migrants in Europe: The Case of the Chinese Community in Hungary*. Aldershot: Ashgate.

Nyíri, Pál

2010 *Mobility and Cultural Authority in Contemporary China*. Seattle: University of Washington Press.

Nyíri, Pál

2007 *Chinese in Eastern Europe and Russia: A Middleman Minority in a Transnational Era* London: Routledge.

Østbø Haugen, Heidi

2012 Nigerians in China: A Second State of Immobility. *International Migration* 50(2):65–80.

Østbø Haugen, Heidi and Jørgen Carlin

2005 On the Edge of the Chinese Diaspora: The Surge of Baihuo Business in an African City. *Ethnic and Racial Studies* 28(4):639–662.

Papademetriou, Demetrios G.

2008 Reflections on the International Migration System: Introduction. *Canadian Diversity* 6(3):3–6.

Pieke, Frank N.

2012 Immigrant China. *Modern China* 38(1):40–77.

Pieke, Frank N., et al.

2004 *Transnational Chinese: Fujianese Migrants in Europe*. Stanford: Stanford University Press.

Pieke, Frank N. and Biao Xiang

2010 Legality and Labor: Chinese Migratory Workers in Britain. *Encounters* 3:15–38.

Simon, Denis Fred and Cong Cao

2009 *China's Emerging Technological Edge: Assessing the Role of High-End Talent*. Cambridge: Cambridge University Press.

Soudijn, Melvin R.J.

2006 *Chinese Human Smuggling in Transit*. Den Haag, Boom Juridische Uitgevers.

Sturgeon, Janet C.

2005 *Border Landscapes: The Politics of Akha Land Use in China and Thailand.* Seattle: University of Washington Press.

Thunø, Mette

1999 Moving Stones from China to Europe: The Dynamics of Emigration from Zhejiang to Europe. *In* F. N. Pieke and H. Mallee. Richmond eds. *Internal and International Migration: Chinese Perspectives*. Pp.159–180. London: Routledge.

Tseng, Yen-Fen

2009 Emerging Career Maps in New Times: Migration Patterns of Skilled Taiwanese to China. Paper presented *at* New Times? Economic Crisis, Geo-Political Transformation and the Emergent Migration Order, Centre on Migration, Policy and Society (COMPAS) annual conference. Oxford, 21–22 September 2009.

UNDP

2009 Overcoming Barriers: Human Mobility and Development. *Human Development Report* 2009. New York: United Nations Development Programme (UNDP).

Watson, James L.

1977 *The Chinese: Hong Kong Villagers in the British Catering Trade. Between Two Cultures: Migrants and Minorities in Britain.* J. L. Watson. Oxford: Basil Blackwell: 181–213.

Xiang, Biao

2011 A Ritual Economy of "Talent" : China and Overseas Chinese Professionals. *Journal of Ethnic and Migration Studies* 37(5):821–838.

Yan, Hairong and Barry Sautman

2010 Chinese Farms in Zambia: From Socialist to Agro-Imperialist Engagement? *African and Asian Studies* 9(3):307–333.

Yan, Hairong and Barry Sautman

2013 The Beginning of a World Empire? Contesting the Discourse of Chinese Copper Mining in Zambia. *Modern China* 39(2):131–164.

Yu, Kai and Nian Cai Liu

2010 *Tertiary Education at a Glance: China* 2010. Report prepared for the World Bank.

Zhang, Li

2008 Ethnic Congregation in a Globalizating City: The Case of Guangzhou, China. *Cities* 25(6):383–395.

Zhang, Sheldon X.

2008 *Chinese Human Smuggling Organizations: Families, Social Networks, and Cultural Imperatives.* Stanford: Stanford University Press.

The Promise and Problems of African Traders in Guangzhou:

When Will We See a Chinese Barack Obama?

Gordon Mathews*

Introduction

Over the past year, my research associates and I have been doing fieldwork among African entrepreneurs and traders in Guangzhou—in the largely Nigerian Igbo enclave in Sanyuanli, and the pan-African and Middle Eastern enclave in Xiaobei.[1] We have investigated many aspects of their lives and livings, such as their relationships with Chinese wholesalers and their roles as middlemen, the problems they face in getting goods past customs in China and in their home countries, their social networks while they live in China, and their ongoing senses of

* Gordon Mathews, The Chinese University of Hong Kong. Correspondence: cmgordon@cuhk. edu. hk.

1 I am conducting this research with several collaborators: my former graduate student Yang Yang, whose recent work I quote from in this paper, my current graduate student Lin Dan, and Tu Huynh, post-doctoral fellow at Jinan University.

their lives if they reside in China illegally, as many of them do. In this paper, I want to talk about one particular but essential aspect of their lives in China: their relationships with the Chinese state and people.

Some of these traders and entrepreneurs have lived in Guangzhou for six to eight years, but I have not yet met a trader who fully considers Guangzhou to be home, even if that trader has a Chinese spouse, and children. A number of factors prevent them from considering Guangzhou to be home. There is the language barrier, which only a tiny minority of traders has overcome. There is also the sense held by many African traders that Chinese businesspeople would prefer to cheat them for short-term profit rather than seek long-term relationships. There are also the immigration barriers set forth by the Chinese government, rendering the majority of Africans in Sanyuanli although not Xiaobei illegal. All of these factors make south China seem a place to make a living rather than to make a life for these traders and entrepreneurs. Ultimately, the question to be asked is this: Are these Africans in China destined to vanish? Or do they mark the beginning of a multicultural Chinese future? Will we come to see a Chinese Barack Obama?

In this paper, I first provide a broad overview of Africans in Guangzhou, then consider Africans' views of south China, and explore the widespread African sense that Chinese businesses cheat them.[1]Then I examine

1 The term "African" is overly general: Africans from Somalia and Nigeria may be as different from one another as Asians from Japan and Pakistan. This is all the more the case because north Africans are of course also African, although many may feel more in common with Middle Easterners than with sub-Saharan Africans. In this paper, I use the term "African" as a generic shorthand term for people from sub-Saharan Africa because they are identified as a group by Chinese in accordance with their skin color. But while I use the term as a necessary shorthand, I remain well aware of the term's limitations.

racism, and consider interactions with Chinese in these African traders' lives, and then discuss romance between Africans and Chinese. Finally, I look at the larger implications of my analysis: will China become a multiethnic society? At this point, early in my research, my informants have primarily been African and not Chinese—thus I provide a one-sided view (see Zhao 2010 for a Chinese perspective). However, even an analysis only of Africans in south China may provide an interesting glimpse into how China may or may not be changing in its perceptions of ethnicity, and in its ongoing globalization.

Background

There are perhaps 300,000 sub-Saharan African traders in China at present, although the numbers are imprecise (see Bodomo 2012:38): some 4000 in Hong Kong, and 20,000–50,000 in Guangzhou, although estimates vary widely (Haugen 2012; Li et al. 2009:704–709). There are no official statistics on long-term African residents in Guangzhou. Many African traders in Guangzhou, Hong Kong, and other Chinese cities come to China on multiple short-term visits; many others in mainland China are visa overstayers, and thus outside statistical measures. This is why accurate numbers are impossible to arrive at.

They are drawn to China by its extraordinary manufacturing prowess, particularly in making cheap knock-off or copy goods, from mobile phones to clothing to computers to shoes to furniture: goods that African consumers desire and can afford. These traders come to China to buy goods from Chinese factories or wholesalers and send these goods back to Africa by container or by air freight, or in their own luggage. In this business, they are in competition with Chinese companies which have been establishing footholds in African countries; at some future point, it may well be that the Chinese in Africa will win out as middlemen over the Africans in China, since the former tend to have a financial advantage over the latter. However, as of now, this has not yet happened, and large numbers of African traders make livings and sometimes fortunes from their sojourns in China.

There is an array of different types of African residents in Guangzhou. The large majority of African as well as Middle Easterners in Guangzhou are traders coming on short-term visas of a month, typically; for them, of course China will not be home, but merely a short-term business destination, from which they seek to obtain the goods that will enable them to make money in their home countries. These traders rely on cargo agents, most typically their fellow Africans: East Africans, very often Somalis, serve their fellow East Africans, while Nigerian Igbos serve their fellow Igbos, as well as West Africans as a whole; Middle Easterners also predominantly seek cargo agents among their own ethnicities. These cargo agents are typically long-term residents of Guangzhou: some have been sent by foreign companies; most are independent, and have extended residence visas in China; some are visa overstayers. There are also many long-term African residents who have shops, who may also engage in trade as middlemen. Some have been in China six or more years; some have Chinese wives, with whom they have had children. These long-term African residents of China are those whom I focus on in this paper.

African Residents' Views of China

When I ask African entrepreneurs why they are in Guangzhou and in China, their immediate answer is the chance to make money. With so many Chinese factories and so many Chinese suppliers seeking to sell their goods, the opportunities for making a fortune—by becoming, for example, a factory owner's sole agent, or choosing exactly the right new product to send home to Africa—are always present. Almost all do not make fortunes—these entrepreneurs often lose their shirts if they miscalculate or are cheated, and those who are visa overstayers face substantial obstacles to being able to make money, since they are shut out of Chinese institutions requiring that they show their passports—but the dream of getting rich is always present. This is what has brought these entrepreneurs halfway around the world: the chances of making a fortune in China are higher than in their home countries, or perhaps anywhere else in the world.

These entrepreneurs could not have come to China if they did not have money—they are typically not among the poor but among the middle class in their home societies, by the very fact that they were able to fly halfway around the world to get to China. Nonetheless, their countries are poor, and many African traders are amazed at what they see in China. As one entrepreneur told me, "The infrastructure here amazes me. My country, Kenya, has nothing like this: the subways, the railways, the highways that work so well..." As an American, I myself also marvel at the Guangzhou subway and the railway system in South China; but for these Africans living in China, this sense of wonder may be overwhelming: China in this sense represents the quintessence of the developed world for them, something they dream of their own society one day becoming.

But China also represents, for some African entrepreneurs, the developing world in the informality of its business practices. A Somali who had previously done business in Hong Kong found Guangzhou to be a breath of fresh air by comparison: "It's much easier dealing with mainland Chinese than with Hongkongers. Hong Kong is a cosmopolitan city—people don't have time to sit down and talk to you (unless you go to bars and drink, but I don't do that). But mainland Chinese you can give a call, any time, even if it's Sunday, "Come over to my office, we can chat here," or you can take them to a restaurant. People have more free time here. It's much easier to do business here, I guess because in a way it resembles doing business in Africa."

Despite the promise of money, however, it is accurate to say that most entrepreneurs are discontented with their lives in China. For those who are visa overstayers, often Nigerian Igbo, their reasons for disliking China are obvious—they often bemoan how unfair China is in sending so many Chinese to Nigeria, where they are treated well, while Nigerians in China are charged exorbitant prices for visa renewals, prices they claim they cannot possibly pay. This forces them to become overstayers and thus criminals, liable to imprisonment if they are caught. It remains unclear to me why visa overstayers are so often Nigerian Igbo, while Africans and Middle Easterners of other nationalities are typically in China on a legal basis. To what extent do Chinese immigration officials informally treat Nigerians more harshly than those of other African nationalities, making visa extension more difficult, and thus pushing them into illegality? And to what extent do these Nigerians themselves choose illegality rather than returning to their home countries when their visas expire, as apparently do some of those of other African nationalities? Probably both of these factors are at play—there is indeed discrimination against Nigerians among both immigration authorities and agents handling visas, but beyond this, word that Nigerian Igbo can illegally live for years in China and make money has spread far and wide in Nigeria, encouraging others to follow.

Chinese as Cheaters

Those who are legally in China had less of an immediate reason to complain to me of their situation in China, but most did anyway. They complained about various aspects of Chinese life, for example, about taxi drivers giving them worthless counterfeit bills, apparently a remarkably common occurrence in Guangzhou (leading one African trader to exclaim, "Everything's copy here, even money!"). But most of all they complained about being cheated. Indeed, I have met few African traders in China who have not complained about being cheated by Chinese merchants in some way, most typically over poor-quality goods being delivered, goods lower in quality than what was agreed upon. As one trader said, "If you order something black in China they will give you something white or brown, never what you ordered; if you order shirts that are blue, they will give you shirts that are red, or three sizes too small." As another trader said, "I paid the money for [copy]

Grade A goods; they gave me grade C goods. They know once the goods are in African, they can't be returned to China. When you call back the factories, they will always say 'Sorry, sorry. We made a mistake.' But you won't ever get your money back."

What factors lie behind these continual accusations of cheating? One factor is the language barrier. African entrepreneurs spoke to me in English, the native language of many and the lingua franca of most. Only a small minority were able to speak more than a few words of Putonghua. They dealt with Chinese suppliers and factories through a factory-supplied interpreter in some cases, or more often through a calculator and a limited number of words being exchanged in English and Putonghua. The chance for miscommunication is thus huge. I sometimes spoke with these entrepreneurs as to why they didn't learn to fully speak Putonghua; I found that because their relation to Chinese people and life was so tenuous, they never really had to learn Chinese, and so they did not, not being fully aware of how this may have made their business dealings suffer. Those African entrepreneurs who speak fluent Putonghua told me how important the language is in being able to distinguish suppliers who cannot be trusted from those who can be trusted, and in building up long-term relations with the latter, something that those who do not speak Putonghua cannot easily do.

Another factor lying behind the accusations of Chinese cheating is that the majority of African traders are in China only briefly, for the length of one visa—perhaps thirty days. Because Chinese merchants see them as only temporarily in China, there may be little incentive to attempt to build a long-term relationship: why not cheat those you see only once?

The African entrepreneurs I have come to know are long-term residents of south China, but the suppliers they deal with, unless the relationship has been long-term, may not know this. Several African traders I spoke with bemoaned the lack of a long-term mentality among Chinese factory owners and suppliers; in one's words, "Don't they realize that if they treat us fairly, we will be their customers for many years, and we'll bring in many other customers as well?" Perhaps—but if the majority of African buyers are one-time customers, then perhaps, in a purely business sense if not necessarily an ethical sense, it is not worth treating them well—better to take advantage of them. It is also the case that many Chinese merchants don't yet fully realize that African entrepreneurs like those I came to know may be in China to stay, and thus may be worth treating as valued long-term customers rather than as no more than quick opportunities to make money.

All over Africa, there is the widespread sense that Chinese goods are of bad quality; but this may not simply be because Chinese suppliers cheat their African customers, supplying poorer quality goods than had been agreed upon. There may also be another explanation: a failure of cross-cultural communication. As a long-term East African businessman told me at length,

> An African guy will come in and say, "How much is this mobile phone?" The Chinese will say "US$10." The African will say, "No, no, I want it cheaper...I want to pay US$3." "No problem," the Chinese will say. The Chinese will go and find the cheapest possible

materials to fit the $3 price. Then the African will receive shoddy goods, and complain, The Chinese are cheaters! but it s not the case. It s just that they ask you your price and then they try to match it. The Chinese need the business, so they say, no problem. But of course if the price is so low, the color may be different, the materials may be different. The reason why Africans see Chinese as being cheaters is that the Africans bargain down the price, and the Chinese don t set a bottom line. Of course the Chinese will cut corners if you make them, to make a profit. They don t say, We have a bottom line, and we won t go below that bottom line. So the market is pushing them to get cheaper and cheaper. Of course, the end-user is the one who suffers. In Africa, the garbage is full of things made in China, everywhere you look...

Racism and Day-to-Day Interactions Between Africans and Chinese

Scholars have reported on various expressions of Chinese racism against Africans since the 1960s, including riots targeting African students dating Chinese (Sautman 1994); this racism is today often expressed in internet chatrooms referring to Africans in China with disdain and contempt (Cheng 2011). Among the Africans in Sanyuanli and Xiaobei I have spoken with, most have experienced expressions of Chinese racism at some point during their stay—for example, a Chinese person holding her nose when in the vicinity of Africans, or Chinese refusing to sit next to Africans on the subway. The most common form of racism is in language, of Africans being insulted or called offensive names in Putonghua; but because many Chinese traders know little Chinese, they do not know what is being said about them. Sometimes, apparent expressions of racism are born of ignorance—I have seen an elderly Chinese man approach an African in a restaurant to rub his arm to see if the blackness would come off. Other African diners quickly told the startled man not to be offended—the old Chinese was no doubt from the countryside, they said, and had never seen an African before.

There are a multitiude of day-to-day interactions between sub-Saharan Africans and Chinese in the markets of Sanyuanli and Xiaobei. As my research collaborator Yang Yang has written about the Tanqi Building in Sanyuanli,

> A relaxed atmosphere [is apparent] between [Nigerians]... and Chinese. I often see Chinese and African staff sharing take-out pickled fish pot during lunch hour, playing with the Chinese-African child [in the next stall], or joking with each other about cultural differences...Most people love to joke about stereotypes of each others'ethnic and cultural background. Trivial matters such as arriving late, being stingy while bargaining, or even touching products too much...can be easily resolved by blaming it on stereotypes. The minor problems are deliberately exaggerated and become laughable (Yang 2013).

Yang explains this in terms of Radcliffe-Brown's joking relations (1940), as a means of avoiding conflict between disparate groups. This is no doubt the case; but this can also be explained as simply a genuine lack of hostility between Africans and Chinese in their on-the-ground relations.

There are quite different relations between sub-Saharan Africans and Chinese in employment, with some of the more established African entrepreneurs in Xiaobei formally hiring Chinese employees, and some of the Chinese merchants in Sanyuanli informally hiring African overstayers to work for them. But in the vast majority of cases we have observed, their relations are amicable: those Chinese who choose to work with Africans obviously differ from the population of Chinese who slander Africans on the internet that Cheng (2011) discusses. Conflict does happen in these interactions. I know of one case where an East African cargo handler found his Chinese employees stealing goods from him, and another case in which two Chinese employees attempted to steal their African boss's business. I have heard stories of unscrupulous Chinese suppliers taking a large initial deposit from an African trader, and then making outrageous demands such as doubling the price. These suppliers are attempting to provoke the African into physical assault, whereupon the police can be called, the African taken to jail, and the Chinese supplier keeps the initial deposit with no questions asked. All of these examples represent criminal behavior on the part of Chinese, but they are not obviously racist, in that these Chinese miscreants might became in the same way towards their fellow Chinese.[1]

1 Africans also sometimes cheat Chinese, of course, by, for example, buying goods on credit from a long-term Chinese supplier and then vanishing back in Africa, untraceable by telephone. However, my sense is that because of the power differential in the context of Guangzhou, Chinese are presented with more opportunities to cheat Africans than vice-versa.

Conflict often happens simply because, as earlier noted, the large majority of African traders know little or no Chinese, and most Chinese, unlike the Chinese merchants and shop assistants described by Yang above, know no English. If, for example, a trader is robbed by Chinese thieves—even in one case I know of, at gunpoint—if he goes by himself to the police to report the crime in English, he will only be greeted with incomprehension or laughter; he must bring a Chinese speaker with him, or nothing will happen.

When Africans criticize Chinese for racism, it typically is not Chinese people at large that they are criticizing, but rather the Chinese government—its unwillingness to grant extended visas to Africans, and the ongoing police harassment of overstayers and sometimes of Africans in general, which is due to a variety of factors, but which they may label as racism. There have been occasional eruptions of anger at police actions in recent years, most recently in 2009 (Zhai and Tam 2009) and again in 2012, when an overstayer died in a Chinese police station in Sanyuanli; a hundred Africans thereafter blocked traffic in front of the police station in protest (Beech 2012). Chinese police are sometimes portrayed by boastful Africans as being afraid of Africans. "No single Chinese policeman would ever approach an African to ask to see his passport. He's be afraid to! It would take at least five policemen!" a Nigerian overstayer told me. But this is also tinged with fear. One overstaying trader told me of how in China he felt like a gazelle approaching a crocodile-infested water hole, as he saw on a Discovery Channel Program. At any time the crocodiles might strike in a split-second, just as the police might suddenly appear at any time, to fine him, jail him for months, and send him back to Africa, ending in a blink the life and business in China he had spent years building for himself.

However, he continued,

> In this building, the [Chinese] security guards will protect the people who create money for them. Before the police come in, the security manager will inform everyone. People without papers will disappear and the shops will be empty. The security will stop police from coming in suddenly. Every gazelle will be alerted and will escape.

Very often I have found that large-scale disputes are not simply between "the Chinese" and "the Africans," but are more complex, involving conflicts of interest that join Africans and Chinese at different points, as in the above example. In these contexts it makes little sense to talk about conflict between Africans and Chinese as a whole; these groups are cross-cut by an array of different alliances and interests.

Romance Between Africans and Chinese

Many of the Chinese shop assistants in Sanyuanli and Xiaobei are female and many of the African traders are male. Flirtation is frequent: there is often a lively banter between African customer and Chinese shopkeeper. This is a normal part of business dealings, but also sometimes reflects something more.

Many African men deeply desire a romantic relationship with a

Chinese woman, not least because they think it may better their visa status, although this is unlikely. Other African men, however, say, as I have heard several times, "I would never marry a Chinese woman! Chinese woman only think about money!" Indeed, in a marriage market characterized by hypergamy, most African men may not rate highly. There is more resistance to such relationships on the Chinese side—romantic relationships between Africans and Chinese caused riots in the 1960s (Sautman 1994); today too they may raise eyebrows among some Chinese, and indeed, stories are told about African men who leave their wives with small children in China, going back home to Africa never to return. Yang reports on one comment by one of her female Chinese informants:

> He has proposed to me, but I'm not sure...African families are happy to have a Chinese daughter-in-law, but Chinese families are unhappy if their daughters marry down to black men...My mother... hid my passport and *hukou* [household registration book] so that I would not be able to register marriage with him or run away to Africa with him (Yang 2013).

Nonetheless, for many Chinese woman—and particularly those who lack an urban *hukou* and cannot enjoy the social benefits of Guangzhou residents (Yang 2013)—marriage may make sense not just in terms of romance, but also business: the couple can work together, with the wife handling the Chinese side of business and the husband the African side of business.

These relationships may lead to African-Chinese children being born: in business marts where Africans have businesses, or in church meetings, one often sees such children; I know of at least four, and have seen many more. Several of the parents I know have managed to get their children born in Hong Kong, partly because they are worried mixed-race children growing up in China, given the fact of racism (see, for example, chinasmack 2009 about the travails of being mixed-race in China), and would prefer their children to grow up in Hong Kong. But for other such children, China will be their home, their parents tell me. And what will be the future of such children?[1]

Implications

Let me, in closing, explore some of the larger implications of the interactions between China and Africa, and African traders in south China. In the broadest sense, China needs Africa because of the goods it makes. While certainly some of the electronics and other products China makes are world class, many are copies and knock-offs. To speak only of phones and computers, new models by companies like Lenovo and Huawei are known throughout the world, but the great majority of China-made phones and computers are knock-offs of i-Phones or i-Pads, or Samsung Galaxies, or myriad other such products. The market for these electronic goods is typically not the developed world, but the developing world. Most people in African countries can't afford these original

1 My student Lin Dan, now engaged in Ph.D. research on Chinese-African interethnic relations, will no doubt have much more to say on this topic in her forthcoming thesis.

goods; many, however, can indeed afford the China-made knock-offs, at a half or a third the price of the original. These, overwhelmingly, are the mobile phones and computers that Africans buy.

Many developed-world regimes criticize China for its copies and knockoffs, and many developed-world lawyers make a living filing lawsuits against the Chinese companies that make these goods, but in fact it is these copies and knockoffs that enable the fruits of globalization to be enjoyed in Africa and other poorer countries. As a Kenyan trader told me, "Nobody in my country can buy an original brand of suit, or an original phone by a famous company. It's too expensive. But these copies can show them good things. The traders are bringing the world to Africa!" (Mathews 2011:149). Decades hence, when economic history textbooks are written about the early 21st century, China's major world role may be seen as bringing globalization to parts of the world that had previously been denied globalization's fruits. China has done this through its production of copies and knock-offs.

There are, however, two different paths through which these goods are being provided: there are the Africans in China but also the Chinese in Africa, two groups in competition to be the middlemen for this trade. A number of the African traders in Guangzhou whom I have met tell me that they have changed the goods they trade, because Chinese have taken the market from them. Are the Africans in China becoming superfluous? Are they only a temporary presence in China, soon to all drift away? To the extent that Chinese manufacturers set up shop in Africa, then the economy of scale and ease of transport will be on their side. Perhaps they will wholly replace the African contingent in China in decades to come.

But I would guess not. Globalization has seen increasing migration across the globe. This has affected all countries in the world, as those from the developing world seek to go to the developed world to work and live; this has massively affected Western Europe and the United States, as any reader of contemporary newspapers knows full well. But perhaps most fundamentally affected are those societies based not on civic identity but on ethnic identity. China, Korea, and Japan are, as Hobsbawm has written, "among the extremely rare examples of historic states composed of a population that is ethnically almost or entirely homogenous" (Hobsbawm 1990: 66), for which migration can fundamentally change national character. Look, for example, at what is happening to Korea today, where "one of every 10 marriages... now involves a foreign spouse" (Choe 2012), with similar, although somewhat lower percentages in Japan, if not yet China; in Tokyo, by one prediction, "the next generation of schoolchildren should be about 25 percent non- or half-Japanese" (Graburn and Ertl 2008).

China has long been less ethnically homogenous than Japan or Korea, not least because of its minority nationalities; but nonetheless Han Chinese have been pivotal (Wu 1991: 150–151); up until very recently, there have been far fewer foreigners in China than in Japan and Korea. But in the past decade, with China's new industrial might and standing in the world, this has been beginning to change—the Africans in cities such as Guangzhou embody this change. What might the significance of this be in years to come? Might we see fifty years from now a Chinese version of Barack Obama? The African traders I spoke with, in the midst of their struggles to make a living in an alien China, felt this idea to be preposterous. Even the fathers of China-African babies I know insisted that their children be born in Hong Kong. But maybe, just maybe, these African traders represent the wedge of something historically new: China's shift to a multi-ethnic society.

References

赵明昊，“中非民间交往：进展及面临的挑战”，《全球展望》，2010(7):57–60。

Bodomo, Adams

2012 *Africans in China: A Sociocultural Study and Its Implications on Africa-China Relations*. Amherst, Cambria Press.

Cheng Yinghong

2011 From Campus Racism to Cyber Racism: Discourse of Race and Chinese Nationalism. *The China Quarterly* 207:561–579.

chinasmack

2009 Shanghai “Black Girl” Lou Jing Abused by Racist Netizens. http://www.chinasmack.com/2009/stories/shanghai-black-girl-lou-jing-racist-chinese-netizens.html.

Choe, Sang-hun

2012 In Changing South Korea, Who Counts as Korean? *New York Times*, Nov. 29, 2012.

Graburn, Nelson and John Ertl

2008 Introduction: Internal Boundaries and Models of Multiculturalism in Contemporary Japan. *In* Graburn, Nelson H. H., John Ertl, and R. Kenji Tierney, *eds. Multiculturalism in the New Japan: Crossing the Boundaries Within*. New York: Berghahn Books.

Haugen, Heidi

2012 Nigerians in China: A Second State of Immobility. *International Migration* 50(2): 65–80.

Hobsbawm, Eric J.

1990 *Nations and Nationalism Since 1780: Programme, Myth, Reality*. Cambridge: Cambridge University Press.

Li, Zhigang, Laurence J. C. Ma, and Desheng Xue

2009 An African Enclave in China: The Making of a New Transnational Urban Space. *Eurasian Geography and Economics* 50(6):699–719.

Mathews, Gordon

2011 *Ghetto at the Center of the World*: *Chungking Mansions*, *Hong Kong*. Chicago: University of Chicago Press.

Sautman, Barry

1994 Anti-Black Racism in Post-Mao China. *The China Quarterly* 138:413–437.

Wu, David Yen-ho

1991 The Construction of Chinese and Non-Chinese Identities. *In* Tu Wei-ming, ed. *The Living Tree*: *The Changing Meaning of Being Chinese Today*. Stanford: Stanford University Press.

Yang, Dingdu, Pan Wang and Liu Wanli

2009 Burgeoning African Community Tests China's Engagement with World. Xinhua. 5 Oct. http://news.xinhuanet.com/english/2009-10/05/content_12183718.htm.

Yang, Yang

2013 Love-Hate Relation Between Africans and Chinese in the South China Marketplace. Paper delivered at the workshop Interactions Sud-sud et Globalization—Migrants Chinois an Afrique, Migrants Africains en Chine, Dakar, Senegal, Jan. 20–24.

Zhai, Ivan, and Fiona Tam

2009 Africans Protest in Guangzhou After Nigerian Feared Killed Fleeing Visa Check. *South China Morning Post*. 16 July.

Transnational Population Movements and the Formation of Plural Society in Taiwan

Shu-min Huang*

1.Introduction

Globalization entails the accelerated movements of people, goods, money, technologies, and information across nation-state boundaries since the last decade of the last century (Appadurai 1996; Edelman and Haugerud 2004; Held et al. 1999; Lewellen 2002; Sassen 2007). Obviously, transnational movements of all the above are nothing new and have been constancy in human history, as most globalization theorists would have acknowledged. Hence the main issue is the adjective "accelerated" and the accompanied socio-political changes that have made the acceleration possible in global scale.

The end of the Cold War is obviously the first significant factor that

---

* Shu-min Huang is currently the Distinguished Research Fellow and Director at the Institute of Ethnology, Academia Sinica, in Taiwan. Correspondence: smhuang@gate. sinica. edu.tw.

lowers the bipolar division of the world into two or more conflicting camps. With the decreased possibility of military confrontations between the two ideologically committed blocks, the normalcy of trades, migration, investment and communication fostered a new sense of global integration. The end of history perceived by Francis Fukuyama (1989) signals the rise of a global consensus of a new world order based on the neoliberal agenda: the primacy of individual liberty overrides concerns of social justice and inequality; the weakening of the nation-states as the regulators and dispensers of social processes through the curtailment of government regulations and the privatization of the public domains; the lowering of the geopolitical hurdles that prevent the free flows of everything; and the legitimization of democracy as the only acceptable format of political expression. Call it Reganomics or Thatcharism, the rising globalization at the end of the 20th century as we know it today is closely associated with a new phase of capitalist development that emphasizes the supremacy of the market and the sanctity of the private.

The second factor that has made the current globalization a living reality is certainly the advancement of the technologies in communication. Communication technologies involve not only the improved physical transportation systems that actually sends jet-setters from one corner of the world to anywhere else within 24 hours or the high-speed rail systems that rival air travels in time, it also links individuals from discrete and scattered localities of the world into newly created virtual communities that crisscross former divisions based on race, creed, geography, language, religion, social class, and so on. The rise and popularity of social media has not only enhanced the speed of information flows, it has also complicated our sense of identity and belongings as the recent Arab spring that toppled many conservative political despots demonstrated. Multiple and shifting personal identity or nationality will be the norm rather than the exception.

Anthropologists who have straddled between the pre-modern and the post-modern worlds must face the changing and challenging global ethnoscape in stride. Not only have the reclusive tribal enclaves or peasant villages anthropologists formerly claimed to be their research domains have been rapidly disappearing, so have the imagery and identity of the self-group categorization of ethnicity or nationality. With the increased cross-border movements of peoples and ideas, not to mention money and technology, the new ethnography must be multi-cultural and multi-strained: a mosaic of diverse peoples operating and living with different daily practices and beliefs and juggling to accommodate each and every other's demands and needs, and to maintain a certain level of civility—although sometimes messy or inefficient—to ensure its peaceful operation and continuity. In the neoliberal capitalist brave new world, we find high flyers such as financial wizards, glamorous entertainers, high ranking politicians, and popular intellectuals that formed the core of the "globe cosmopolitanism" that Homi Bhabha (1994) concerned about, as well as the not-so-high profile fellow travelers who have only limited human capitals in the form of manual labor, craft skills, and/or desirable gender/physic as potential mates. It is the latter type of what belongs to the "low-end globalization," a phrase that Gordon Mathews coined to describe the global traffics at Chungking Mansions in Hong Kong that seems to have attracted most anthropological attention in the literature

(See for example Constable 1997; Lan 2006; Mathews 2011).

The division between these two types of transnational migration speaks well about Taiwan's bipolar experiences and bewildered—if not outright racist—policies in handling this issue. Before Taiwan became industrialized, it shared the same characteristics as most of the third world by exporting its aspiring young people to the West—although with much higher numbers proportionately speaking. When Taiwan began to industrialize in 1970s, the expatriates began to return and became the midwives of Taiwan's future IT revolution. Hence they represent an ideology that fits the high-end of global cosmopolitan that harbors the notion of flexible personal identity with hybrid or mixed cultural orientations that defies simple classification. Since they occupy elite status in the society, their global cosmopolitanism is treated as the ideal form of modern living: multilingual capability (mostly English, and to a lesser extent Japanese and French), consumers of First World fads (rap music, break dance, name-brand goods, major league sports, and so on), and commitments to selected universal values (e.g., voluntarism, humanitarianism, gender equality, individual liberty, multi-culturalism, anti-racism, and so on). They represent the product of Taiwan's graduation from the third world and the acquisition of a mature status in global arena—the formative personae of the global citizens.

The opposite is seen in the transnational migrants who occupy the low-end globalization in Taiwan. When Taiwan entered the full-blown stage of industrial development in 1980s, it began to experience labor shortage. This was not only caused by the expanding demand for industrial production, it had also been the result of changing island-wide demography.

Declining birth rates and marital options made the importation of laborers and spousal choices an essential necessity in order to sustain the society: production workers in factories, care-giving providers for the aged, and mates for reproduction needs at home. Since these immigrants are typically perceived to be occupying the low-end of the social hierarchy, they have faced blatant prejudice, discrimination and stereotyping, restrictive employment conditions, and legal hurdles for their inclusion in society. The harsh treatments they experienced in Taiwan simply reflected the worst elements of parochialism, xenophobia, and ethnocentrism of the grass-root society—the contradictory imagery of the global citizens.

This paper discusses the bipolar developments of Taiwan's transnational population movements. Its schizophrenic characteristics have derived from the two very different streams of global migratory experiences—the forward looking globalism as oppose to the inward looking ethnocentrism. The conflict between these two orientations generated soul searching and deep reflection in public discourses, and subsequently developed sporadic efforts to ameliorate the situation through legislative changes and public awareness campaigns. My analyses are based largely on official documents and published research works previously done by other scholars. It is hoped that this paper will contribute to current knowledge about issues and problems related to transnational migration and their impact on globalization.

2.Taiwan in the Post-War Era (1949–1989): The Brain Drain Stage

With territorial size of a mere 36,000 square kilometers, limited natural resources, and a large population base (over six million in 1945), Taiwan in the immediately post-World War Two era faces daunting challenges to achieve viable economic development. The much acclaimed Land Reform Programs (1949–1953) only temporarily alleviate the most acute rural poverty problems. For the first decade of the post-War era, the chief export items in Taiwan are agricultural produce of rice and cane sugar.

Faced with limited opportunities for either gainful employments or professional advancements, what was developed subsequently in Taiwan was a successful strategy which tapped into the global Cold War conflict. As a client state of the United States, Taiwan was the recipient of many assistance programs from the U.S., such as the Joint Commission for Rural Reconstruction (JCRR) that included many academic researchers and advisors. Through such connections, Taiwanese educational systems very quickly developed curricula that primed their graduates to fit graduate schools in the U.S. Coincidently, 1950s and 1960s was also the time when the U.S. was rapidly expanding its higher learning and education programs and hence required large number of teaching and research assistants. Thus the most outstanding colleges and universities in Taiwan became prep schools of American universities, as the popular saying in Taiwan in 1960 was, "Come, Come, Come to NTU (National Taiwan University); Go, Go, Go to the U.S.A." For the ensuring three decades, we find about a quarter of the college graduates would go to the U.S. (and later to England, Canada, Japan, Western Europe, and Australia) with financial assistance in the form of teaching or research assistantships. Upon the completion of their post-graduate studies, most of them found jobs in the U.S. and established citizenships there, thanks to an inclusive immigration policy. The following table shows the number of Taiwanese students in the U.S., from 1950 through 2007 (See Table One).

Table One: Taiwan Students in the U.S. (1950—2007)

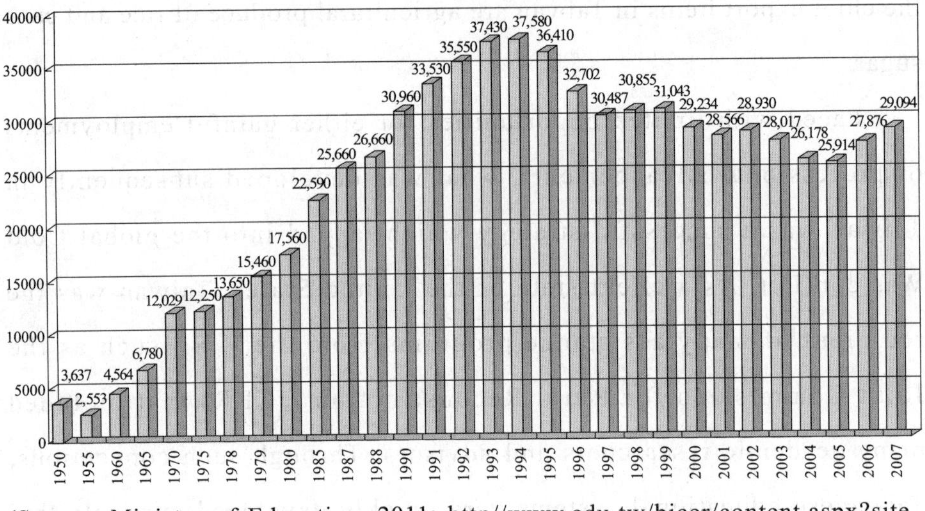

(Source: Ministry of Education, 2011; http//www.edu.tw/bicer/content.aspx?site_content_sn=7590).

It was apparent from Table One that from 1950 through 1994 there was a steady increase of Taiwanese students seeking higher education in the U.S. Its steady decline after 1994 was the result of several factors. The first one was the decline of birth rates in Taiwan since early 1970s when industrialization took place. With fewer children enrolling in Taiwan's colleges and universities, the number of applicants to U.S. schools declined. The second factor was the changing political climate in Taiwan. Taiwan's democratization movement was launched by the Nationalist Party's late President Chiang Ching-kuo in 1987, when he abolished the Martial Law (enacted since 1949) and permitted the establishment of opposition political parties. It was also during that time he removed restrictions that prohibited Taiwanese visiting the Mainland. The democratization has created favorable conditions for Taiwanese to consider returning home after sojourning abroad. The third factor for the decline in the number of college graduates going abroad was related to the improvement of higher learning institutions in Taiwan. With better graduate programs available at home, many young people decided to pursue post-graduate studies in Taiwan rather than going abroad.

This brain-drain stage from 1950 through 1994 may superficially seem detrimental to Taiwan's economic development. However, a closer look at the development trajectory also indicates that it had provided a viable outlet for Taiwan's college graduates who might have suffered from high levels of unemployment or, if employed, frustrated work experiences. The large number of talented Taiwanese expatriates working in the emerging information technologies in the U.S. also provides the basis for the Taiwan government to tap into these human resources when it launched the IT industry in Taiwan in late 1980s. The simple fact to illustrate this point is: all founders of Taiwan's major IT corporations are returned expatriates from the U.S.

3.The Increase of Immigrant Laborers

Taiwan began to face labor shortage in early 1980s when the pace of industrialization picked up. With the steady decline of birth rates, Taiwan's natural population growth could not provide sufficient laborers to fill the vacancies on factory floors. Drastic increases in labor wage had forced many traditional sunset industries (plastic shoes and ornaments, textile, cement, and food processing) to either close shops or to move to other places where wage levels were relatively low. At the same time, some illegal immigrants had entered Taiwan's work force with the government's tacit oversight. After the Taiwanese government launched the democratization process in 1987, it had to pay heed to the demands of local industries. In response to the request of the business community to solve the acute labor shortage problems, plus to meet its own labor demands for the newly launched 14 Major Development Projects, the government in 1989 enacted administrative regulations to permit the importation of laborers. Initially the permits were granted only to major development projects (launched by the government) and public housing construction projects involving more than 500 units (Chu 2008; Lan 2006; Liu 2009).

In 1991 the government formally promulgated the "Temporary Measures to Cope with Labor Shortage," in which the following six industries were permitted to apply for permission to import foreign laborers: textile, basic metals, metal processing, machine and machine parts manufacturing, electronic and electricity machine manufacturing, and construction. And in response to popular demands for domestic assistance and other non-manufacturing service trades in an aging population, the government in 1992 permitted the import of house maids, domestic health care givers and sailors (Chu 2008; Lan 2006; Liu 2009).

When Asian economic crisis occurred in 1998, Taiwan also suffered from economic recession with significant increase in unemployment and decline in productivity. To cope with this situation, the government announced the reduction of imported laborers by 5% per year. Furthermore, to alleviate unemployment problems among Taiwan's indigenous Austronesian peoples, the government in 2001 announced the termination of labor import even for government initiated major development projects. It was not until 2006 with economic recovery speeding up and severe labor shortage appeared in the so-called 3D industries (Dirty, Difficult, and Dangerous), or the Japanese called it 3K industries (Kitanai, Kitsui, and Kiken), jobs that few local laborers want to assume, that the government gradually increased the labor entry quota and shift the labor import policy from manufacturing trades to service trades (Chu 2008; Lan 2006; Liu 2009).

Table Two: Changing Work Pattern for Immigrant Laborers

Year	Total	Manufacturing	Service Trades
1992	15,924	15,255	669
1997	248,396	209,284	39,112
2002	303,684	182,973	120,711
2007	357,937	195,709	162,228
Increases (1992–2007)	× 22.4	× 12.8	× 242.5

(Source: Chu 2008:60).

Table Two shows the rapid increase of import laborers from 15,924 to 357,937 (1992 to 2007), a 22.4 times increase. What is significant is the imported laborers for manufacturing sectors have slightly decline after 1997, slowly rebounding after 2007. In the meantime, the service trades, including domestic helpers, health care providers and so on, have shot up for more than 242 times, from a negligible 669 persons in 1992 to 162,228 in 2007.

To some extent we can say that Taiwan's development trajectory follows that of the U.S. (in 1930s and 40s) and Japan (in 1960s and 70s) in that the advancement of technology permits the economy to elevate to a higher level of productivity and allow the sunset industries to move overseas or to permit immigrant workers from developing countries to fill some of the low end jobs. The following table (Table Three) shows the origins of Taiwan's recent immigrants. Even though the U.S. and Japan also have significant number of immigrants in Taiwan, most of them are managerial staff or high level corporate executives in international trade houses or manufacturing facilities.

Table Three: Immigrants to Taiwan Based on Country of Origin

	Total	Thailand	Philippine	Indonesia	U.S.	Japan	Malaysia	Vietnam	Others
2002	468,576	116,628	72,884	109,232	26,209	26,452	9,266	73,970	33,935
2006	552,382	101,699	92,859	105,779	29,345	33,629	12,512	129,217	47,342
2010	592,372	75,341	80,809	170,431	30,429	31,969	19,194	126,346	57,853
Net Increase	123,796	−41,287	7,925	61,199	4,220	5,117	9,928	52,376	23,918
Percent Increase	26%	−35%	10.9%	56%	16%	21%	107%	71%	71%

(Source: Council of the Labor Administration, the Executive Yuan; http://cla.gov.tw/cgi-bin/SM)

What is not stated in the above table is the divergent treatment of immigrants from the industrial north versus those from the low-end countries in the south. As sociologist Lan stated, "Foreigners working in Taiwan are broadly divided in two categories, each with distinct regulations involving work permits and health matters. Work permits for white-collar migrants...are granted on an individual basis and are not subject to quota control. There is no limitation on length of stay in the country and migrants are eligible to apply for permanent residence or citizenship after residing in Taiwan for a certain period. The other category encompasses workers in more menial forms of employment...These migrant contract workers are not entitled to permanency and they are also deprived of the right to circulate in the local labor market." (Lan 2006:42).

Table Three clearly shows a steady increase of immigrant manual workers, with the largest contributors being Indonesia (170,431), follow by Vietnam (126,346), the Philippines (80,809), and Thailand (75,341). In terms of growth rate between 2002 and 2010, the highest is Malaysia (107%), followed by Vietnam (71%), Indonesia (56%) and Japan (21%). For political reasons, the number of immigrant workers from Thailand (the number one country in 2002) has dropped precipitously (−35%) over this period.

When reviewing the development of Taiwan's labor import policies over this past 20 some years we can identify the following distinct features. First, from the very beginning, the government adopted a very racist approach to handle transnational population flows. Immigrants from the rich industrial north were treated as a favored category and granted normal privileges that were reserved for citizens in the global cosmopolitans. The direct opposite was the labor immigrant from the south. The policy looks at immigrant laborers as short-term sojourners to meet short-term productive demands. For social control purposes, all immigrant laborers were registered and closely supervised. Whenever their labor needs expire, they would be repatriated back to their original home countries, unless they have changed their status from immigrant laborers to immigrant spouses. Second, for security reasons, no laborers from the Mainland was allowed, except for small numbers of fishing boat crews who live in confined shoreline housing when not in the high seas, and those who married Taiwanese citizens—a subject to be covered in the next section. Third, to counter diverse internal political pressures, the government has adopted very flexible approaches in monitoring the inflow of migrant workers. Demands for industrial and constructional workers, plus the needs for domestic cares, represented one side that pressures the government to increase labor import. The opposite side against labor import includes pressure groups that worry about the rising unemployment rates among Taiwan's marginal groups, such as the aboriginal Austronesians or the handicaps. Walking carefully between these two opposing forces, the government's annual adjustment of labor import quotas is a reflection of this changing employment conditions and public opinions. The fourth factor that the government takes seriously is the concern about social stability. The inclusion of large number of foreign workers with distinct customs, practices and religions may disturb local normal ways of life. How to limit their contact with local people in order to minimize potential conflict has become one of the major concerns for policymakers.

The next table (Table Four) further differentiates the immigrants based on their employment types and marital status in the last two years (2010 and 2011).

Table Four: Immigrant Laborers and Marital Spouses Based on Country or Origins

	Total	Thailand	Philippine	Indonesia	U.S.	Japan	Malaysia	Vietnam	Others
A.2010	**547,860**	**71,651**	**79,793**	**162,585**	**29,306**	**21,914**	**12,958**	**124,274**	**45,379**
Laborer	367,720	63,688	76,155	149,153			10	78,713	.1
Spouse	49,379	6,001	2,993	5,130	1,410	2,110	1,504	25,275	4,956
B.2011	**588,339**	**78,338**	**83,864**	**179,657**	**30,443**	**23,945**	**13,882**	**130,085**	**48,125**
Laborer	403,492	70,697	79,034	166,715			9	87,036	.1
Spouse	46,537	5,858	2,996	4,759	1,442	2,252	1,560	22,897	4,773
Change # (B-A)	40,479	6,687	4,071	17,072	1,137	2,031	924	5,811	2,746
% Change	7.4%	9.3%	5.1%	10.5%	3.9%	9.3%	7.1%	4.7%	6.1%

(Source Council of the Labor Administration, the Executive Yuan; http://cla.gov.tw/cgi-bin/SM)

Several points deserve our attention here. First, there is continuous increase of immigrants in almost all categories, except for spousal immigrants from some of the previously major contributors such as Vietnam, Thailand, and Indonesia. However, both the U.S. and Japan have no laborers among the immigrants. This means that most of the immigrants from these two countries are white collar managerial staff, corporate executives, or spousal immigrants—the desired global elites. Second, Vietnam remains the largest contributors of spousal immigration (22,897), followed by Thailand (5,858) and Indonesia (4,759). Cultural similarity between Taiwan and Vietnam is probably an important factor here. But for all three countries, the total number of spousal immigration has declined. Third, there is a rebound of immigrants from Thailand. This bucks the recent trends of continuing decline in the number of immigrants, although no empirical research was done in Taiwan to understand why this happened. Fourth, Indonesia remained having the highest growth rate, followed by Thailand, Japan, and Malaysia, although the latter two also have high percentage of spousal immigrations.

4.The Increase of Spousal Immigrations

Even though the above table touches on the issue of spousal immigration, the picture is highly skewed because it did not include a major source of transnational movements from Mainland China and Hong Kong and Macao to Taiwan. When we include those two categories and break down the spousal immigration by gender for the years 2004 through 2010, we begin to see a very distinct pattern. The first one is the steady increase of spousal immigration in all three categories (32% increase from 2004 through 2010, or an average 4.6% per annum), with China taking the lead with almost 40% increase, to be followed by Hong Kong and Macao (22.3%) and the others (20.7%). This clearly shows that the transnational flows of marriage have gradually rendered national borders less a barrier for cross-cultural interactions. The second feature, as seen in Table 5, is the disproportionally high percentage of female to male spouses entering Taiwan, especially from the Mainland, with a sex ratio of one male versus 22 females, and the other foreign spouses (1 male versus 11 females). The sex ratio from Hong Kong and Macao is more balanced. What is implied here is that large number of males in Taiwan have secured wives from the Mainland and Southeast Asian countries, as oppose to a much smaller number of female Taiwanese marrying men from China and Southeast Asia. Even though Table Four shows that spousal immigration from Southeast Asia to Taiwan appears to be large, it dwarfs when compared with spousal immigration from the Mainland, about two to one.

Table Five: The Increase of Spousal Immigration

Year	Grand Total			Mainland			Hong Kong & Macao			Foreign Spouses		
	Total	Male	Female	Total	Male	Female	Total	Male	Female	Total	Male	Female
2004	336,483	23,313	313,170	204,805	9,815	194,990	9,874	4,837	5,037	121,804	8,661	113,143
2006	383,204	25,630	357,574	238,185	10,677	227,508	10,933	5,133	5,800	134,086	9,820	124,266
2008	413,421	27,092	386,329	262,701	11,408	251,293	11,472	5,304	6,168	139,248	10,380	128,868
2010	444,216	30,274	413,942	285,158	12,488	272,670	12,079	5,534	6,545	146,979	12,252	134,727
Increase	32%	30%	32.2%	39.2%	27.2%	39.8%	22.3%	14%	30%	20.7%	41.5%	19.1%

(Source: National Immigration Bureau; http://www.immigration.gov.tw/ct.asp?xItem.)

The so-called "mail order bride" phenomenon has been a common practice in the U.S. and among European countries after the Second World War and in Japan in 1970s, when males sought female spouses from developing countries. Apparently Taiwan also entered that rank in 1990s. Several factors have contributed to Taiwan's rapid increase in female spousal immigration. The first one is the 1987 democratization. When the Nationalist Government permitted people from Taiwan to visit the Mainland, many former servicemen in the army who retreated to Taiwan with the Nationalist Government in 1949 and remained single in their lives took the opportunity to return to their ancestral homes in the Mainland. Some reunited with their former spouses and brought them to Taiwan. Others found companions (often with large age gaps) through the introductions of family members or kinsmen. Since having male heir is an important familial obligation in traditional Chinese culture, these aging servicemen were happy to be able to accomplish the task through marrying younger women in the Mainland.

The second factor contributing to the rapid increase of transnational female spouses entering Taiwan, especially from Southeast Asia, has to do with Taiwan's domestic social development. With rapid rising in education and greater equality gradually achieved by women in Taiwan, their life expectations have also risen. Since in traditional Chinese society women preferred to marry men with higher social status or educational levels, this means many highly accomplished women remained singles. Without the burdens of family and childcare, they are able to pursue career goals unthinkable for women a generation ago. The terms "single noble" or "noble singles" were coined in 1990s to describe such women.

The opposite side of this changing demographic spectrum is that there were many Taiwanese males in the lower brackets of the social hierarchy would be having difficulties finding marital spouses through normal channels. This includes largely rural farmers, wage laborers, or men with mental or physical difficulties. When facing social pressures to secure wives and to produce male offspring in order to carry on family lines, they turned to the last result and take part in the carefully planned "match-making tours" to the Mainland or Southeast Asian countries. After one or two very brief "viewing" meetings, the expecting bridegrooms quickly make decisions as to who they wish to select as the future brides. The travel agency/marriage brokers quickly negotiate with both parties to settle the time and costs for the wedding, the proper protocols to be followed (especially when involving spouses from different religious backgrounds, such as Christians or Muslims), the necessary paperwork for the brides to be resettled in Taiwan, and other personal or familial concerns.

After marriage, most of these immigrant spouses will settle in Taiwan and take up new responsibilities, including finding gainful employments to support financially their new families, providing domestic help such as farming, cooking, house-cleaning, and nursing in the family, and, lastly, begetting babies to meet the familial obligations. However, before they receive full citizenships in Taiwan, they face many legal restrictions in terms of the type of works they can do or the number of hours they can work per day or per week, or whether they have to return to their home country to renew their residence permissions. It is therefore critical that they have access to become naturalized citizens of Taiwan.

Table Six: Combined Immigrant Spouses and Naturalization

Year	Total Immigrant Spouses								
	Combined Total			Naturalized			Foreign Residents		
	Subtotal	Male	Female	Subtotal	Male	Female	Subtotal	Male	Female
2004	121,804	8,661	113,143	27,060	151	26,909	94,744	8,510	86,234
2006	134,086	9,820	124,266	50,126	286	49,840	83,960	9,534	74,426
2008	139,248	10,380	128,868	73,710	437	73,273	65,538	9,943	55,595
2010	145,396	11,869	133,527	86,689	608	86,081	58,707	11,261	47,446

(Source: Chang 2010; Immigration Bureau)

Table Six shows the combined all immigrant spouses, including Mainland China, Hong Kong and Macao, and Southeast Asia, and their changing residential status. Again, we can reiterate some of the main trends already mentioned. The first one is the steady total increase, from 121,804 in 2004 to 145,396 in 2010, a twenty percent increase in seven years. The second feature is the disproportional distribution between males and females, with one male to 11.3 females. The last one is that under public pressure, the Taiwan government has launched legislative reform and relaxed the naturalization process to reduce the time required for citizenship application. The rapid increase of naturalized citizens after 2006 is accompanied by the decline of foreign residents.

5.Stereotypes Associated with Immigrant Laborers and Spouses and Coping Strategies

With the sudden influx of large number of foreign laborers and spouses over this past 20 some years, Taiwanese society responded with certain degrees of paranoia and xenophobia. Much of the problem can be traced to Taiwan's newly liberated mass media, including both the printed media and audio and visual broadcasts that had suddenly been released from an authoritarian control in the democratization drive of 1987. To compete for market shares, many news broadcasts have been degenerated into either unethical voyeurism or crowd-pleasing sensationalism, if not outright distortion or fabrication of facts. Incidents involving these newly arrived residents in Taiwan have often been reported with magnified implications. As sociologist Lan pointed out, "Local newspapers and magazines often use sensational headlines to cover stories of contagious diseases carried by migrant workers, such as 'Parasites: The majority of the carriers are Filipina maids' and 'Two more AIDS migrant workers found.' These diseases are often associated with the living conditions of Southeast Asia, which is negatively portrayed as 'backward,' 'dirty,' and 'uncivilized' among the Taiwanese public." (Lan 2006:64). Minor breaches by individuals of the low-end immigrants would be exaggerated to include the entire group. It is under this kind of unfortunate circumstances that many negative stereotypes and biases have been developed in regarding to immigrant laborers and spouses. And such stereotypes have degenerated into prejudices and discriminatory practices by employers and some politicians (Chang 2010; Huang 2008; Lan 2006).

Researchers have pointed out some of the stereotypes in Taiwan for immigrant laborers (Chang 2010; Huang 2008; Lan 2006). For instance, Thai laborers are considered to be diligent with endurance, but have drinking problems. Filipino workers are more exposed to American culture, and hence more ready to defend their personal rights when confronted with injustice. And because of their church affiliation, they can easily organize into action groups (implying trouble-making for authorities). Indonesian workers are considered to be docile, loyal, and better to accommodation to work requirements. Indonesian female workers are described as obedient and slow in learning, suitable to take care of the aged or to do domestic works. Filipino domestic workers, because of their English education, are ideal for childcare because this will give them a head start in English learning.

These stereotypical views and lumping of migrant laborers into distinct categories clearly derived from several sources based on previous discussions. The government's differentiation of immigrants into the broad categories of "professional" from the industrialized north and "manual laborers" from the south is obviously the origin of all racist social policies and stereotypes in dealing with immigrant laborers.

Besides the sensation-chasing, low quality mass media, sociologist Lan also blames the migrant labor brokers who purposely cultivate and promote ethnic stereotypes so that they can be easily positioned in the market (Lan 2006:68).

As for the immigrant spouses from Southeast Asia, researchers also discovered that there are many negative stereotypes. A survey done in 2005 of 164 Taiwanese college students or graduates in southern Taiwan, between the age 18–49, indicates that about 64.4% of them have rarely or never in direct contact with immigrant spouses (Chang 2010). In other words, when they responded to the questionnaires, they were principally based on stereotypes acquired through either mass media or hearsay. Over 50% of the respondents have the following negative impressions of the female immigrant spouses from Southeast Asia: they disrupt social orders; smoke too much; lack of concept of law; lack of physical hygiene; spending money indiscriminately; low education level; solitude; feisty; lazy; drinking too much; suitable for manual labor; husband's marginal social status; and so on and so forth (Chang 2010).

Divergent stereotypes are also associated with immigrant wives based on their country of origin. In-depth interviews reveal such divisions (Chang 2010; Huang 2008; Lan 2006). Filipino wives tend to smoke more than Thai wives, so as their tendency for violence. Thai wives are more loyal to their husbands in that they don't drink or gamble, and work hard. Filipino and Vietnamese wives tend to have more extramarital relationships than either Thai or Indonesian spouses. Among the immigrants' Taiwanese husbands, Thais have the highest income level and the youngest in age. Their children have the least amount of problems in social adjustments. The opposite are the husbands of Filipino wives: they tend to have husband with lower incomes, with marginal social status, and older in age (Chang 2010; Huang 2008; Lan 2006).

Researchers studying immigrant spouses have warned that the development of such negative stereotypes would have detrimental long term social consequences. The first one is to produce discriminatory practices in employments and social services. The alleged "commodification" of immigrant wives have casted a scarlet letter against them and their newly formed families. Since many of their husbands are already suffering from some kind of disadvantage in society, this negative image could further plunged them to even lower social status. Double marginalization has condemned these marriages to become irreversible social stigmas.

The second impact such negative stereotypes may have is on the next generation Taiwanese. With one in every seven new born babies come from these immigrant spouses now, there have been ugly rhetoric uttered by racist politicians that tried to stir up campaigns against immigrations from Southeast Asia. Under the pretext of concerning about "the future of Taiwan," they voiced their opinions about the low education level of the immigrant wives and the impacts on their children's education. Fortunately, Taiwanese society is mature enough to resist these racist rhetoric and these politicians quickly dropped their nonsense.

To cope with the negative stereotypes against immigrant spouses (but not immigrant workers), government offices at various levels have taken the lead to change the status quo in recent years. For instance the central government is providing research funds to understand the problems faced by the immigrant spouses (Chang 2010; Huang 2008; Lan 2006). Government funding has also been earmarked to support nongovernmental organizations that provide critical services to immigrant spouses. In the meantime, many local governments have also provided extracurricular activities for immigrant spouses, such a language instructions, adjustment classes, and multicultural activities. To counter the negative stereotypes perpetuated by commercial mass media and broadcasting, the Public Television Station has produced many short programs to provide realistic understanding about the immigrants' home countries, their custom and culture, and the challenge they face when coming to Taiwan. International cultural festivals have also been organized to showcase these new immigrants' unique customs and ways of life. It is hoped that with increase opportunities for direct cultural contacts that we may reduce the type of negative stereotypes and enhance mutual understanding among all residents in Taiwan (Chang 2010; Huang 2008; Lan 2006).

6.Conclusion

Even before the term globalization became fashionable in Western academic circles, Taiwan has already embarked on one of its distinctive features by sending large number of college graduates to the developed world due to its unusual geopolitical circumstances. This transnational outmigration, at one point decried as an unfavorable symptom of the brain-drain, has yield unforeseen bonuses that propelled Taiwan to transform from a labor intensive manufacturing region of the world to a key player of the information technology revolution. Taiwan's graduation from the brain-drain stage to become a net importer of manual laborers and household service providers has also dramatized the division between the high-and low-end transnational population movements.

While Taiwanese public extended their welcoming arms to embrace the much celebrated returnees from the U.S. (and to a lesser extent from Europe and Japan) who ushered the development of Taiwan's booming electronic industries that created jobs and prosperity, not to mention the promotion of global cosmopolitism in lifestyles and values, they took an opposite stance when Taiwan began to recruit migrant laborers and cross border spouses from the global south after 1990. Researchers have identified two opposite immigration models, the inclusion model of the U.S. and Canada which emphasizes jus soli, and the exclusion model of Germany and Israel that underscores the importance of jus sanguinis (Raijman et al. 2003). Taiwan has been taking dual positions towards them, splitting them into two camps based on class, country or origin, and profession, similar to other patriarchal societies in East Asia, such as Singapore, Korea and Japan (Chang 2010; Lan 2006).

Catering mainly to a less than cosmopolitan and generally conservative populace, Taiwanese government officials, legislators and the mass media have co-conspired in the early stage of importing migrant laborers to create split imageries when dealing with transnational immigration: celebrating those from the industrial north as enrichment elements to Taiwan's cultural pluralism, while restricting those from the global south as less than desirable. This type of hypocrisy, ignorance and bigotry found among segments of the Taiwanese population was negatively correlated with education, income level, and contacts with the immigrants, the same as in other parts of the world (Bobo et al. 1996; Nielsen et al. 2006; Raijman et al. 2003). It seems people with higher education, income, and more direct interactions with immigrant workers tend to develop more positive and less prejudicial attitudes towards them. It is only through later efforts instigated by the cosmopolitan elite that we began to see the gradual peeling away of some of the prejudices and discrimination, although the bottom line of legal exclusion of contract workers is still the normative standard. Unless an immigrant changes her status from service provider to that of a spouse, she will not be incorporated into the mainstream society.

In a recent article by Indo-American historian Prasenjit Duara who analyzes the origin and development of the concept of "Asia" (Duara 2010). Even though a term coined initially by Eurocentric interests, Duara argues, this geographic region have actually contained many transnational flows in trades, arts, religions, ideas, peoples, and so on, since time immemorial. When confronted with Western imperialism and colonialism in 19th and 20th centuries, intellectual elites in China, India and Japan had actually explored and expanded on such pre-modern connections as the basis for forging a new regional identity. It was only during the nation-state building era of the 20th century, as Duara argues, we began to see the fortification of internal division in Asia along state borders that fractured this land mass rather than promoting regional cohesion. It is only with the advancement of globalization in the last couple of decades that we begin to see the reemergence of a new sense of Asian identity, characterized by increased flows of ideas, peoples, goods, capitals, and so on across nation-state boundaries.

Transnational population movements, along with others, have been an indispensible part of Asian history—to which Taiwan is merely a small side-stream of the main traffic. It is here that we see the reemergence of the embryonic form of the original multicultural society with the inflows of laborers and spouses from other parts of Asia who bring with them new ideas, costumes, food habits, and believes to enrich the entire society. If Duara is correct, and I believe he is, we will be seen the revival of the primordial transnationalism that characterizes this part of the world.

References

黄淑铃，“策略规划外籍配偶生活适应政策之研究——以宜兰县外籍配偶服务为例”，《日久他乡是故乡》2008（83-84）：100-116。

刘宜君，辛炳隆，“我国外籍劳工引进与名额配置因素之探讨：政策德菲法之应用”，《政大劳动学报》，2009（24）:133-177。

张超盛，“外籍配偶刻板印象形成与瓦解——以台湾高雄市为例”，《城市发展》，2010（9）:87-110。

朱蓓蕾，“全球化下外籍劳工安全管理问题及其对策分析”，2008（8）：51-73。

Appadurai, Arjun

1996 *Modernity at Large: Cultural Dimensions of Globalization*. Minneapolis: University of Minnesota Press.

Bhabha, Homi K.

1994 *The Location of Culture*. London and New York: Routledge.

Bobo, Lawrence and Vincent L. Hutchings

1996 Perceptions of Racial Group Composition: Extending Blumer's Theory of Group Position to a Multiracial Social Context. *American Sociological Review* 61:951-972.

Constable, Nicole

1997 *Maid to Order in Hong Kong: Stories of Filipina Workers*. Ithaca, N.Y.: Cornell University Press.

Duara, Presenjit

2010 Asia Redux: Conceptualizing a Region for Our Time. *The Journal of Asian Studies* 69:963–983.

Edelman, Marc, and Angelique Haugerud

2004 Introduction: The Anthropology of Development and Globalization. In The anthropology of Development: From classical political economy to contemporary neoliberalism, Marc Edelman and Angelique Haugerud eds. Malden, MA, Oxford, U.K. and Carlton, Victoria, Australia: Blackwell Publishing.

Fukuyama, Francis

1989 The End of History? The National Interest. http://www.wesjones.com/eoh.htm.

Held, David., Anthony G. McGrew, David Goldblatt, and Jonathan Perraton

1999 *Global Transformations: Politics, Economics and Culture*. Stanford: Stanford University Press.

Lan, Pei-chia

2006 *Global Cinderrellas: Migrant Domestics and Newly Rich Employers in Taiwan*. Durham and London: Duke University Press.

Lewellen, Ted C.

2002 *The Anthropology of Globalization: Cultural Anthropology Enters the 21st Century*. Westport, Connecticut and London: Bergin and Garvey.

Mathews, Gordon

2011 *Ghetto at the Center of the World: Chungking Mansions*. Hong Kong. Chicago: University of Chicago Press.

Nielsen, Ingrid, Chris Nyland, Russell Smyth, Minqiong Zhang and Cherrie Jiuhua Zhu

2006 Effects of Intergroup Contact on Attitudes of Chinese Urban Residents to Migrant Workers. *Urban Studies* 43:475–490.

Raijman, Rebeca, Moshe Semyonov, and Peter Schmidt

2003 Do Foreigners Deserve Rights? Determinants of Public Views Towards Foreigners in Germany and Israel. *European Sociological Review* 19(4):379–392.

Sassen, Saskia

2007 Introduction: Deciphering the Global. In Saskia Sassen, ed. *Deciphering the Global: Its Scales, Spaces and Subjects*, pp. 1–18. New York: Routledge.

路学专栏

公路、地方政治与社会变迁

张江华*

近几十年来，中国的发展几乎可以归结为“路”的神话与神话的实现。修路成了中国社会的各个阶层几乎唯一共同拥有和接受的共识与目标，其间有的差别只是路的等级与档次，本文所谈的是中国西南喀斯特地貌地区修路所发生的故事。

一、村落社会结构

故事发生的所在地是在广西田东县境内的右江南岸的喀斯特地貌地区。在当地，这些地区称为大石山区，即地理学上所说的峰丛洼地地区，其间边片分布的山地洼地，在当地叫作“陇”或者“弄”，由于长期的岩溶作用，这里的山体裸露，地表土层浅薄，水土流失严重，这是一个生态脆弱的地区，而且由于人类的进一步干预，所谓荒漠化现象越来越严重，生态更趋恶劣。长期居住在这一地区的人民，在上世纪 90 年代所兴起的“扶贫”运动中也被认定是极端贫困的典型，是

* 张江华：上海大学社会学院人类学民俗学研究所。通讯方式：jhzhang903@hofmail.com。

所谓的“四无”（无土、无水、无路、无电）地区，很自然地被纳入到这一时期由国家所主导的扶贫攻坚战中。

扶贫的一个很重要的策略是修路。1997年，这里开始了“公路大会战”，即在政府的主导下，主要用由地方政府筹资，地方政府动员组织，当地社会成员出工出力的“以工代赈”模式来修建贫困地区公路的运动。本文所述的立丰村成为了这一计划的一部分。

立丰村是一个行政村，当地的居民属于壮族，因为居住在陇中，也叫作“陇人”，陇人以自然屯为单位居住在空间相对封闭独立的空间里，通常是一个陇一个自然屯，自然屯的规模依据陇的大小而定，小至30-40户，大的则可以到100多户甚至200户以上。而立丰村则由6个这样的自然屯构成，这6个自然屯依次是布丰、龙包、立坡、龙排、龙均、岜独（附图），其中立坡与布丰是最大的两个屯，分别有140户左右的人口。

值得注意的是立丰村的这6个屯虽然同属一个国家所构建的行政村，但它们内部却有次级的自组织。聚落、祭祀与婚姻是区别该地方社会单位的重要标志，因此，除了自然屯是重要的社会单位外，共同祭祀单位与婚姻交换范围也是社会统合的重要手段。其中，布丰、达乐是独立的祭祀单位与婚姻圈；龙包是一个祭祀单位，但与附近另外一个村的龙镰屯构成了一个婚姻交换圈；立坡与龙排是同一个祭祀单位与婚姻圈；龙均与岜独属于同一个祭祀单位与婚姻圈。不过，正如接下来我们看到的，这样的祭祀圈与婚姻圈显然也不是绝对稳定的。

按照“公路大会战”的目标，应该是完成村村通公路的地方社会发展计划，因此，立丰村需要完成一条从行政村通往乡政府的公路。有意思的是，这条人们期待已久的公路，一上来就遇到了很多的麻烦。

二、争执

公路的起点：立坡与龙排的争议

矛盾首先出现在立坡与龙排两个屯，正如我们前面所言，这两个屯关系紧密，同属一个祭祀圈和婚姻圈，相距也不过1000米。但在公路的问题上，两屯虽互为亲戚，却站在各自村落的立场上各不相让，他们争论的焦点主要在公路的起点及最初的线路上。

首先是为公路的起点出现了矛盾，这一矛盾产生的来源是行政村的“政治中心”之争。

立丰村从它作为一个国家行政单位开始，其行政机构就设在立坡屯。这有他历史的缘由，据说在土司时代，山陇里的人不堪土司的压迫起来造反，从而摆脱了土司对山陇的统治。陇人自己立了两个“王”，一个是公王，在立坡屯，一个是母王，在布丰屯。母王是什么人现在已不可考，但公王的存在并在立坡却似乎是事实。因为近代山陇里的领袖——“总陇”就是立坡屯谈家的人，这一点也为当时的土司所认可，谈家至今还保留当时黄姓土司给他们家的一块匾额。从人口上看，立坡人也认为他们有这一资格，他们是这个行政村里人口第二的自然屯（布丰第一）。从命名上看他们更有理由：“立丰就是立坡与布丰的组成，立坡在前，布丰在后。”连布丰屯都排在后面，更遑论其他小自然屯，立坡人认为自己屯是立丰村当然的“政治中心”。

但立坡屯的这一中心地位由于扶贫工作组的到来受到了挑战。立丰村长期没有固定的办公场所，一直是借用立丰小学的办公室开会和办公。扶贫工作队从事的基层组织建设的第一件事就是要解决“空壳村”的办公场所问题，因此，立丰村的村部建设成为工作队做实事的第一件事。工作队的成员在下乡考察后，不知出于何种原因，选定了龙排屯前的一块空地作为新的立丰村村部所在地。据说有一个理由是他们看到这个地方最平，还有一个理由应该是：从空间上看，除布丰屯和达乐屯外，龙排屯的确是处在该行政村的中心。据后来扶贫队长告诉我，一个简单的理由就是当时出钱的单位负责人看中了这个地方。这是一个女性领导，据说非常泼辣，她出钱，她喜欢哪儿是哪儿，这样她的个人偏好决定了这件事。他们花了6千元钱修了一个三间一层的水泥砖混房，将党支部、村民委员会、计生办、民兵营、农民夜校等牌子悉数挂在门口，完成了基层组织建设最有显著成绩的工作。这一过程还给村民带来一个疑惑：因为到位的是6千元，但村支书在一个6万元的收据上签了字。也就是说，名义上这个村部的投资是6万元，实际上只有6千，中间的5万4千元到另外一个地方去了，但账依然算在立丰头上。

对于村民来讲，这点不最重要，因为有6千元总比一分没有好。龙排人由此得到了一份骄傲，但立坡人心里失去了平衡，觉得很没有面子。他们告诉我，从国民党时期开始，就是这样子，龙排只有40来户，怎么能作村部？村里主要干部也在立坡，他们哪好意思跑到龙排去开会？而且，村里的完全小学在立坡，“文化中心”在立坡，“政治中心”也理所应当在这里。他们对我说：“博士，你想一想：好比北京是文化中心，首都不放在北京放在哪里？”

但有了村部在龙排，龙排人坚持公路的起点应在龙排屯就有了理由。在龙排人来看，既然是“村村通公路”，公路理所应当就是通到村部所在地龙排屯，不通到龙排屯，就不能说立丰村通了公路，所以这条公路的建设要以龙排屯为起点修出，也就是通往龙排屯的路是主干路，其他屯的公路是支路。

立坡人显然不会接受龙排人的这一安排。他们尤其不快的是龙排人还拿村部的事件做文章，这也让他们对工作组没有好感。他们认为：公路的起点应在立坡屯，因为立丰村的真正核心是在立坡屯，村部的设置本来就是一个错误，而且一个空村部有什么意义，立坡有小学，有众多的人口，有主要的村干部，只有修通到立坡屯才是真正到了立丰村，公路修到龙排最多只是表面的通，失去国家扶贫的意义。

起点之争的关键是线路之争。按照龙排人的主张：由于龙排屯在立坡屯的前面，应先将公路修到龙排屯的村部，然后立坡屯可以再修一条公路与龙排公路衔接。因此，公路应走龙排一侧，沿着龙排出村的路修建。立坡人则认为应以立坡屯为起点，按立坡人出村的路线修，因此应该走立坡这一侧的山坡。针对龙排屯的路线，立坡屯提出的另外的反对意见是龙排屯出村的路地势较低，容易在雨季被淹，而立坡屯所设计的路线就不会有这一问题。而且，立坡屯路线一直是沿山坡修建，公路平缓而且工程量也会较小。修好之后，龙排只需在立坡与龙排的隘口修一条 100 米的公路就可接上这条路。

隐藏在线路之争后面更真实的理由应该是大家都不便明说的土地问题。立坡与龙排的土地在土改前后是互相交叉在一起的。但在 1957 年成立生产队后，有过一个土地“一拉平”的运动，这一举动将立坡的地与龙排的地分开来，各自耕种各屯自己的地。依立坡屯设计的线路，路经过立坡一侧，毁坏的更多是龙排的地；而依龙排的主张，经过龙排一侧，毁坏的更多是立坡的地。因此，线路的争论实际上还有一个保护各自耕地利益的问题。

两屯在这些问题上争论不休而且相持不下。似乎也没有人或机构对他们的争论进行裁决和调解，他们自己也没有通过争论达到妥协的意思。相反的是，立坡人迅速在屯内进行了动员，他们一夜之间，将他们拟定的线路逐段分配给立坡屯内的每个家户。这一策略很简单，就是将路快一步修好，让龙排人接受既定事实，而且也是告诉乡干部，我们立坡人已经上工了，请乡里给予支持。

龙排人没有能力阻止这一过程。这里没有械斗的习惯，立坡和龙排还互为亲戚，尽管屯与屯的争论很激烈，但一般人私下怎么来往还是怎么来往。面对立坡人的决定，龙排人除了抱怨之外，他们集体性地选择了不上工，企图以这种方式引起乡干部的注意。

线路与风水：立坡与龙包的争议

立坡就线路问题与龙排有争论外，与龙包也有很大的争议，他们争论的焦点是过龙包这一段的线路问题。

按照传统的行走习惯，立坡、龙排、岜独、龙均以及天等、平果地界的陇人到思林、坡塘赶圩都是走龙包村后的一条小路，不经过龙包屯。路的两侧是龙包的土地，地势较为平坦、路线也比较短。立坡屯人认为从多数屯的利益来讲，公路应沿着这条旧路修建，这样既符合人们平时出陇的习惯、又节省了工程，而且路也较平。至于龙包屯，他们可以等这条路修好后，从村里修一条路接出来，工程量也不是很大。立坡人觉得，他们的这一考虑兼顾了很多方面，是合情合理的。“总不能让大家每次出去，都要绕路去龙包一趟。”

对于龙包来讲，事件不是这么回事。公路经过龙包屯是弯了一点，但最多也不过200来米，公路是为方便大家修的，为什么不能照顾一下龙包。更重要的是，立坡屯非要从我们村后过，其居心何在?

龙包屯是这一带不简单的村子。在集体时期，这个屯的梁万锋曾担任立丰村支书长达10多年，那个时期的支书可不是现在的支书那样什么都不管，什么都管不了。老支书控制立丰村10多年，当兵、招工、提干的机会都捏在他手里，他的决定和偏好也改变很多人的生活，龙包人也因此得到了不少机会。龙包屯的卢民权在梁万锋的手里走出去，通过自己的努力成了县反贪局的官员，而且在一起轰动广西的扶贫贪污案调查中做出了不俗的成绩，现已提拔为县反贪局的局长（当时是副局长）。卢万伟的弟弟卢万计是县立医院的医生。龙包屯出人还有更杰出的例子，村小学教导主任卢金利的两个儿子都考上了北京的中国人民公安大学，大儿子卢国文已经毕业，在百色地区公安局交警大队任办公室副主任，他还有两个儿子在上高中，而且成绩不错，不出意外也会考上大学。一门四杰，放在城里都是了不起的事件，何况在这个衣食都成问题的地方。

村落人才如此兴旺一定有一个缘故，他们的解释是风水，尤其是祖宗安葬的风水。而他们的很多墓地，就在村后那条路的两侧山坡上，换句话说，村后的那些山是成就龙包屯的龙脉。按照陇人宇宙观，子孙在阳世供奉祖先，祖先在另一世界庇佑子孙，他们格外强调祖先对个人生命的决定性作用，而且尤其强调公公与孙子之间的相互成就的关系，甚至理解为公公活在孙子身上。这里最流行的仪式是“安龙”，也就是安祖先，家里出了不顺心的事，估计是祖先有意见，需要安龙；家里人丁兴旺或其他，也需要安龙以答谢祖先。龙包的墓地都修得很漂亮，他们用石头将墓地垒成10平方米左右的平地，周围还用石头堆砌成1米高的护墙。我开始看见时，还以为是旧时的防御工事。在我参加完他们2月的祭祀祖先后，看到这些精心的建筑和他们的认真，才感受到祖先及墓地风水对他们的重要意义。

正是在这一情形下，龙包人对立坡人的主张格外反感。尽管路并没有毁坏墓地，但在墓地边放炮，敏感多疑的祖先会怎么反应？飞起的石头落到了墓地上让祖先又如何安宁？龙包屯子孙与祖先一直所建立起来的良性循环关系如果万一被破坏，谁能负这一责任？又有谁敢冒这个险？

在龙包人看来，立坡人的坚持因此显得格外居心叵测：他们在嫉妒龙包屯的成就，并想用这一机会破坏它。在这之中，尽管有些人如卢国文并不相信风水的神话，但仍认为，立坡人的主张中隐藏着很深的恶意。

双方在这一争执中又僵持下来。

岜独与龙均的态度

位于行政村最边缘的岜独屯与龙均屯对这条公路的修建采取无可无不可的态度。

岜独屯和龙均屯不光是立丰村的边界，也是田东县的边界。从岜独屯向东走，不到一刻钟就到了平果县果化镇东孟村的龙养屯。龙均与天等县进结镇天南村的道香屯也只相距20分钟的路程。龙养屯还与这两个屯有一些婚姻上的往来。

岜独屯与龙均屯本身也是紧邻。它们的关系有些类似立坡与龙排的关系。两屯在相邻的两个陇里，中间隔着约20米高的一个隘口。这两个屯也构成了一个统一的祭祀共同体，在每年春秋的“打斋”中聚在一起。两屯也大致构成了一个稳定的婚姻圈，这两个屯的潘姓、卢姓、阮姓、黄姓互相通婚，使得两屯之间互为亲戚，频繁往来。

这两个屯也是立丰村最先通电的两个屯（达乐屯除外）。1996年，平果县的龙养屯通了电，龙养屯的亲戚表示，他们可以帮忙找关系，将电从龙养屯再接过岜独屯和龙均屯来。岜独和龙均于是开始各自集资，各自购买了一台小变压器，由于距离短，工程不大，在当年，这两屯也就通上了电，很多人家里因此添置了电视和风扇，这样的生活让其他屯大为羡慕。

这也给了两屯一个启示，即不依赖于乡政府和行政村，他们也可做到他们想做的一些事件。由于龙养屯和道香屯都已通了公路，他们离公路已很近，像建房所用的钢筋和水泥他们都可以用车运到龙养后再挑回屯内，比起立坡和龙排同样也要到龙养来挑回这些东西而言，他们已经算很省力了。因此，他们对这条公路的渴望肯定远远不如其他的几个屯。他们也希望这条路修通，最好修到他们屯，因为他们、包括与他们有亲戚关系的平果、天等的陇人也要到田东这边的思林、坡塘赶圩；他们出陇到百色去也通常都是走这边（走这条路线到百色大约可省 5 元钱）；而且在行政上隶属于田东县，有时国家资助的化肥、水泥等也要从坡塘这边挑回。但他们同时也可以有另外的选择：实在不行了，他们准备像集资通电一样，从龙养将公路接过岜独来。

因此，面对立坡、龙排、龙包三屯的争论，岜独与龙均采取了静观其变的政策。他们知道最着急的是这 3 个屯，那几条线路的争论虽跟他们也有关系，但长短一点问题不大，无所谓。他们决定等这 3 个屯争论清楚了，有结论了，再怎么安排怎么做。他们比谁都不着急上工地。

从整个来看，争论的意图其实很明显，就是每个屯都力图将本屯的那段公路纳入到这条村级公路里来。这是一个非常现实的经济上的考虑，因为作为村级公路就意味着修这段路所用的钱由政府来出。如果公路不经过该屯，则该屯与主干路相连的那段路由该屯自行解决。大家都知道机会难得，都希望一劳永逸，都倾注了太多的热情和期望。

他们没有想到的是，他们的争执不休给了原本失望的布丰屯以机会，布丰屯开始了他们争取改道的行动。

三、改道

布丰乘虚而入

在空间分布上，布丰屯与立丰村的上述 5 屯有差别。立坡、龙排、龙包、龙均、岜独都是从那造屯一侧的山路出陇，而布丰则走对面山上的另一条路。龙坡等五屯的人还经常能在赶圩的山路上相遇，而布丰人与其他屯的人则只有可能在市场上相遇。因此，布丰与其他 5 屯之间的联系更少。

布丰屯在立丰村的盟友是达乐屯。其实说这是两个屯还不如说是同一个屯，因为达乐屯是上世纪60年代末从布丰屯分离出去的一个屯。分离的原因是由于田地，与达乐屯邻近有一个那莫屯，三四十年代是共产党人活动的根据地，国民党政府对那莫屯进行了多次的围剿，最严重一次是当时的县长领着县保安队在那造人引导下（当时那造屯是乡府所在地，那造人做乡长），攻进了那莫屯烧杀掳抢，连孩子也不放过。那莫人迁出了原址，一部分人走时，将达乐河河口边的一些土地卖给了布丰人的祖先，布丰开始在达乐河边耕作水田。解放后，那莫屯与布丰屯围绕着这些水田开始了旷日持久的争讼。集体经济时代，由于国家强有力控制，虽有争执，但大体相安无事。60年代末，布丰人一是为了就近耕种这些田，二是为了保护劳动成果，三是表明他们决不放弃的决心，一部分迁移到达乐河边定居下来。但到了80年代承包责任制后，那莫人开始了新的一轮争讼，官司打到县里，布丰人在全屯进行了动员，他们用从屯里收集到的祖先买地文书以及土改时的分田依据打赢了这场官司，从而巩固了他们的土地所有权。这样，由于分隔的时间不长，达乐人的兄弟姐妹都还在布丰，他们的土地也交叉在一起，更由于两屯利益攸关、达乐得依赖布丰人力上的支援和保护，两屯形同一体，彼此互相支持。在周边地区，他们也将这两个屯视为同一单位。

布丰屯是陇里常有的典型的大屯，即使除去达乐屯，也是龙丰村人口最多的一个自然屯。与立坡一样，这些人口稠密地居住在一个并不太大的陇的底部。除了有5户姓苏外，其他的家户都姓卢。卢姓依据其系谱不同又可区分为大卢和小卢，大卢在男性系谱上同出一源，但现在分成了5个外婚单位“族”，小卢构成了一个“族”，苏姓构成了一个“族”，这7个“族”构成了布丰屯和达乐屯的7个外婚集团，他们彼此依据陇人的婚姻规则相互通婚。

在周边社会的眼光里，布丰是一个封闭、不开放的地方。首先是相对于其他屯而言，布丰人有更高的屯内婚比例。除了极少数婚姻溢出屯外，他们基本上都在屯内寻找婚姻对象。他们也更为严格地遵守女人单向流动的规则。他们由此也与其他屯有更少的往来，其他屯尽管也有很高的屯内婚比例，但还是笑他们在女人方面是自力更生、自给自足。我在立坡时，他们说起布丰人尤其有优越感，他们认为立坡人穿着、行为时髦，在外面你看不出是陇里人，但布丰人一眼看上去就清楚是陇里人。其次是他们认为布丰人特别信神，很迷信。有三件事可以证明，一是在集体时代，有人偷了仓库的谷子，屯内干部将全村的人召到村头的社神前（不去的显然有问题），然后杀鸡作誓，吃血酒，结果第二天，就有人将偷去的谷子偷偷地放回到了仓库边上。三四年以前，屯内小学的衣物给偷了，也是用同样的办法解决了问题。一年以前，一个外地来布丰任教的陈老师的东西不见了，也是用的这一办法要回了他的东西，同样很灵。而这一办法在别的屯就不灵了。因此布丰屯落后而且封闭。不过大家在完成对布丰的一个比较低调的评价后，也总是会加上一句："他们屯落后是落后，但他们屯的人很团结。"

团结的布丰屯在公路建设上已经有很多委屈。因为立丰公路自始至终好像与他们无关，所有测定的路线都是当然走那造屯这一侧。他们当然也有很多理由替自己抱不平：他们是全村人口最多的一个屯，全村的公路却把他们屯扔到一边，这不合理；而且多少年来，国家的照顾都落在立坡屯这几个屯里，怎么说也应该轮到布丰享受一次；再说，布丰屯也是当年的革命根据地，国家应该给予特别关照。由于布丰屯在立丰村的孤立地位，布丰人最初的意见改变不了村里的事实。但乡里答应，在修通立丰公路后，可以帮助布丰人修通布丰到龙包的路使其与龙丰公路连起来。布丰人对这个承诺比较冷淡，他们想不出这条路对他们有什么意义。如果公路走那造一侧，他们就采取观望的态度，他们不会去修一条对自己没有什么意义的公路。

五屯相持不下的争论给了在一旁觊觎的布丰人以机会。他们明白工作队、乡政府对这些争论不耐烦、不明白而且也没时间和精力去弄明白他们争论的是什么。他们决定利用这一机会，他们明白达到这一目标首先是拉关系，而拉关系就要花钱。于是每家集资一些钱，由卢金英等人开始了活动。

他们第一步策略是取得处在平地的峒平屯的支持。因为要改道，就得走峒平屯这一侧，要经过峒平屯的田。想从这边修路而没有峒平屯的同意是绝对不可能的，布丰人要让峒平人支持并不容易，因为布丰屯与峒平屯之间有矛盾。矛盾的缘由是达乐屯曾经得过一笔来自平果县水电局的库区补偿，峒平屯认为他们的水田也被淹没了，因此这笔补偿不应该被达乐屯独占。他们告到乡里，现任乡领导新官不理旧事，相互推诿和稀泥，峒平人嚷嚷要将这事往县里告。[1]在那莫屯与布丰的土地争讼中，由于那莫屯与峒平屯有亲戚关系，峒平也一直站在那莫一边给布丰和达乐施加压力。不过峒平人还是被布丰人说服了，决定把眼前的事与以前的矛盾分开。因为这件事于他们有明显好处：公路顺便经过了他们村边，这样省去他们不少工钱。至于他们损失的田，布丰人在这一带也有一些水田，布丰人答应可用他们的水田补偿回来，这样，峒平人不费分文，就赚了一条路，何乐而不为？

有了峒平屯的配合，布丰人开始做工作队和乡干部的工作。据说是在峒平屯里，由峒平屯具体安排，布丰人杀了一只羊，请来了一些干部。他们一边喝酒，布丰人一边提出了他们的改道方案：公路从峒平屯一侧经过，从这边的山坡进山，先修到布丰屯边的山头上，再拐

1 其实达乐人也很委屈，因为这笔钱是由乡里转交过来的。应给的补偿大概是近两万元，乡里说这钱分给每家也没多少，也没意义，决定给达乐屯修一个小学。我看过那个小学，是一个小小的平房，大概最多只用了 4000 元。对于前任乡干部的这种作为，后来的乡领导当然不想理会这件事。

向龙包屯。布丰人解释说这条路线的好处是一条路将立丰村六个自然屯联系在一起，布丰人也不会有怨言了。他们当场向干部们保证：只要乡政府同意公路走这条路线，他们屯和达乐屯全体上工，大干快上，三个月时间一定将公路修通到布丰山头。

工作队乡干部的全盘考虑与其他

对于工作队和乡干部来说，布丰人的出现、他们的决心和表现也许来得正是时候。

首先要说清的是建立丰村这条公路的资金并不来自百色地区“百日公路大会战”的专用款项。这笔钱是自治区“以工代赈”项目的钱，是自治区工作队申请来的。因此没有在报上公布，但同样也是村村通公路大会战的项目。这笔钱得来不易，试想一想，自治区的领导住在城里，如果没人告诉他，八辈子也不会知道你这儿有一条路要修；第二，就算知道了，这钱给谁不可以，为什么偏要给你？因此，要到这笔钱充分显示了当时工作队队长的活动能力和过硬的人际关系。为此，他肯定付出了相当的精力，动用了他积累已久的社会关系资源。这件事肯定要跑前跑后、跑上跑下、看人脸色，包括牺牲个人的一些尊严去恳求关键机关的小人物，甚至自己掏腰包请客送礼。说起来，工作队下到乡里看似无事，但心理上并不轻松，尤其是工作队领导。即使不谈对贫困村民的同情心与责任感，他们自己也得有工作成绩，也得用事实向当地的政府和领导证明自己存在的重要性和合理性。争取到这个项目，肯定是队长这一年里最重要的一条成绩，他个人也因此深感荣耀，或许也让县领导刮目相看。他们的这一欣喜反映在立丰公路的开工仪式上，1998 年 × 月 × 日，立丰公路在那造屯的起点举行了开工典礼，出席这一典礼的有很多当地很少见到的大人物，尽管仪式很短促，但隆重而又热烈，充满了希望。大家都相信并期望这条来之不易的公路早日建成，成为山区人民脱贫致富的一条康庄大道。

因此，工作队、乡干部对接下来这五屯之间的争执毫无准备。本来对于这条期待已久的公路，村民应该有久旱逢甘雨的喜悦，应该倍感国家和政府的温情，应该配合领导的关怀，从而焕发出冲天的革命干劲和呈现出热火朝天的劳动景象。然而，除了开工仪式所展现的热烈外，这些都没有出现，相反是开工不久马上就陷入无休止的争执之中。

这类争论以及争论所导致的停工，可能给工作队所带来的更多是气恼和心理上的挫折，但给乡干部们带来的是确确实实的着急。工作队会认为村民素质低、不识抬举、不懂珍惜、以为这钱是天上掉下来的。他们希望这条公路能在他们撤队之前修建好，这样他们的工作有一个圆满的结果。而乡干部要面对另外的问题，百色地委机关报《右江日报》每个星期公布一次各县公路大会战进展情况，并排定座次。这种昔日打擂台式的做法给县主要领导人以很大的压力，他们的压力就是乡干部的动力。自己乡的工作如果拖累了全县的工程进度，县领导没脸面事还小，如果影响了领导晋升那问题就大了。因此，按照地委和县委的布置，每条路都指定了一位乡干部做责任人，这位责任人对工程的进度和质量负责任。

立丰公路的责任人是乡里一名姓陆的副书记。陆副书记是本县人，高中毕业后留在所在乡里做小干部，慢慢地提升后调到这个乡来做副书记。他的老婆没有什么工作，他来本乡后，老婆也跟随来乡里开了一个杂货店。据我的了解，这真是一个贪得无厌的人，几乎任何值钱的东西经过他的手都要减少，所有经过他的手到农民手中的钱物他都要从中克扣，然后拿到他老婆店里去变卖。甚至同事和上级的钱由他托转都不可靠。我 2000 年回田野地点时，他们欣喜地告诉我：这个人被“双规”了。后来被撤了职，但似乎还保留了公职。其直接原因是他伙同别人将给立丰村修地头水柜的水泥私下卖给峒梅和龙丰村的人，[1]这些都是后话。按照其他5屯的说法，这个人肯定接受了布丰人的收买。因此，在工作队和乡干部为立丰公路的进展迟缓而着急的情况下，他的意见显得很重要。五屯的人也总结是自己的慢待导致陆副书记倒向布丰人。但据我后来的了解，最主要的还是乡干部和工作队基于如下一些考虑：

一是的确如布丰人所说的，公路走布丰屯这边能将立丰村6个屯一次性连接起来。立丰村7个自然屯，一个人要走遍起码得有两天，往常支部开会，都是等到街天在街上找各屯熟人通知才能聚集开会。乡政府从整个行政村的角度出发，希望利用公路建设来改变这种各屯之间不相往来的现象。按乡里的想法，原来的路线的确对布丰这个大屯考虑不周，而这条公路的建成将使立丰村真正成为一个整体，这样在村委村支部的坚强领导下，立丰村就可以"团结一致奔小康"。

其次是面对立丰人无休止的争论，乡政府已觉得时间不等人。乡干部认为：如果公路走那造一侧，布丰人就不会参与，布丰屯不参与而5屯又迟迟不动工，公路何时建成乡政府实在没有把握。现在有了布丰人的承诺，公路起码可以按时通到布丰屯，有布丰屯的参与，每个劳力负责的平均工作量减少很多，等其他五屯内部的矛盾解决，总工程也就易于完成了。

当然，改道还包含着对立丰5屯的气恼。国家的钱当然要支持积极性最高的地区和人民，5屯的人不积极，布丰人积极，那么乡政府就

1 这也是让我大惑不解的事件之一：陆副书记卖掉的是立丰村的水泥，有一部分卖给了立丰人。他们知道这是立丰人应得的水泥，但并不妨碍他们与陆副书记合谋损害自己的村集体。这一类似事件我在最近又碰到，他们新建小学的水泥，被学校的负责人私下里卖出不少。他们愤愤不平。我问有什么证据，然后有人私下告诉我他们家厨房用的水泥就是在那儿买的。一方面在公众场合是社区利益的维护者，另一方面私下里又不失时机地去做损害社区以获得私人利益的事。公与私的区分制造出了人格上的分裂。

支持布丰。乡政府和工作队也希望借此刺激一下立丰5屯的群众，让他们珍惜这来之不易的机会。

村干部的屈服

1998年×月×日，乡干部、工作队正式作出了改道的决定。他们为此专门召开了一个会议，参加会议的有：自治区扶贫工作队队长，乡党委书记，乡长，龙丰公路责任人，以及村领导人谈永森、阮国爱、卢金英、卢永权。

会议首先通报了全乡公路会战的进展情况，对这段时间公路会战的工作做了一个总结。反复强调了不能因为个别的工程影响全乡乃至全县的进程。会议严厉批评了立丰公路进展缓慢的问题，并将问题的原因归结为村干部领导不力。最后，乡干部宣布了改道的决定，几个主要干部分别解释了改道的理由，然后强调这是最后决定。干部们说，不要再争来争去搞乱人们的思想，影响工作效率。现在干部们的责任是如何做群众的工作。

面对这突如其来的变故，大概除了卢金英心中有数外，其他村干部都始料不及。他们知道他们要开始面对一个更大的困难，他们本能地表示反对，但他们的开口很容易就被乡干部否决。领导已经讲了改道的好处，这些好处主要是从全村的角度、从大局出发的，这些说辞冠冕堂皇，他们没有反驳的空间。他们只好说这样的话很难做群众的工作，乡干部说，正因为群众的工作难做才需要我们干部去做，否则要我们这些干部干什么？我们做干部就是做群众工作的，这是我们不容推辞的职责。党和国家正确的决策和指示就是要坚决贯彻执行，从这里也可以反映出我们干部队伍的素质问题。乡干部由此格外强调说，首先是我们干部自己的思想要通，我们通了才能做群众的工作。我们不能和一般群众有一样的觉悟。

村干部们只好沉默，但一肚子的不以为然。他们很清楚，这些领导七嘴八舌的话都是说给他们听的，都是在用大话压他们去面对群众。他们也清楚乡干部也不是不知道群众工作难做，乡干部也知道自己说的都是一些什么话，说这些无非就是不让村干部逃避，因为直接做群众工作的还是他们。他们想：你们乡干部做几年就跑了，工作队也是一年一换，你们当然没什么。工作往下一推，干好了是你们的成绩，干不好是我们的素质问题。但我们不同，我们土生土长，得罪了群众我们自己怎么生活？村干部嘴里不说，但心里在盘算回去怎么向群众解释。首先一点当然是要撇清改道与其个人之间的关系。

布丰大干快上

布丰屯在得知正式改道后，马上在全村进行了动员，以最快的速度开始了改道后公路的建设。

布丰人十分明白，事件随时可能还发生变化。布丰能做到的事情，其他五屯当然也能做到。实际上，五屯的失败就在于他们太不把布丰当回事，他们事先根本没想到公路还存在这种改道的可能，没有意识到还存在布丰这样的挑战。布丰当然不会再轻易失去这一机会。他们清楚只有让乡里的决定变成一个事实，才能把自己的希望变成现实。因此，他们迅速地从乡里要来了一台柴油机、一台空压机、一台打钻机，还有爆破用的雷管和炸药。他们组成了爆破队，爆破队的任务是将拟定路线上的石头炸开，然后人们将石头垒平，就成了一条公路。他们差不多第二天就将从峒平到布丰的那一段按人口分给了每一个家户。这样没几天，布丰屯的那条路上已开始机声隆隆，人声鼎沸，一派热情高涨、大干快上的样子。布丰人还将自己的热情和干劲充分表演给乡干部们看。他们有一些在广东打工的青年，听说家里开始修公路，就赶了回来帮家里修公路。还有一些老人也上了工地。这些都作为干劲冲天的事例被渲染后反映到乡政府和工作队那里，让他们倍感路线和决策正确后所产生的惊人效率。布丰人的效率高这也是事实，因为石头爆破到哪里，属于该段的家户就组织起家人和帮工的亲戚朋友上工地；而他们自己的那一段修好后，他们又会帮其他家户去修。因此只要爆破的速度足够快，他们修建公路的速度还可更快。这一过程在他们这里很自然，放在其他屯也是这样，因此，虽然是每一段都分给了某一家户，但实际上公路每一段都差不多倾注了全屯的劳动。换句话说，效率来自于其传统的组织方式，但这些情景让乡干部和工作队看在眼里，的确很受鼓舞。

就这样，一条宽约六七米的山路蜿蜒曲折地沿着从峒平到布丰屯之间的山坡向陇里延伸过去。

尾声

2001 年的 3 月，为了参加立坡春天全屯的“拜山”，我再次进陇。在进山公路的起点外，很幸运，有一辆运石头的农用拖拉机准备进山。和我一起进山的有立坡的几个人，还有从邻近的峒拨屯回立坡屯“拜山”的谈姓老乡。我们商量好了价钱，车蜿蜒行进在去立坡的路上。我知道这条路的危险性，因此选择了车后边的一个位置，他们有人好心要我坐下来，我摇摇头，手扶着车挡板保持站立的姿势。因路面没有用碎石铺平，都是粗糙的大块石头，车行走得很慢，也颠簸得很厉害。我东倒西歪，还是不肯坐下，让自己保持住一种蓄势待发的状态。按我的经验和想法，只要车有歪向一边的迹象，我就在第一时间跳车。车经过两块大石头所在地方时，我望着右边 1 米远外深约 100 多米的深坑，我想象连人带车摔下去尸骨无存的样子，头有些发晕。车过去这一段后，我如释重负地坐下来。转过布丰山头后，通往龙包屯的路上，另外一个更深的陇在等着我们。我又紧张地重新站在车挡板边，看着拖拉机歪歪扭扭地随时要翻车下山的样子，我实在担心得很。终于过了这一段，我也长出了一口气，决定以后即使再辛苦，也走路进陇，不愿坐车受这份惊吓了。我注意到，周围的立坡人一副见怪不怪、心情轻松的样子。坐在车里的谈姓老乡看出了我一路的紧张，他对我说：刚才过那一段时，我都闭上了眼睛，不敢往外看，我太怕了。看到有人在分享我的恐惧，我笑了，我说：我也怕死了。

到了立坡后，我将我怕死的经历讲给大家听，大家哈哈大笑。说一开始我们也怕，后来多走几次就习惯了，又问我看到百苗那儿的一块牌子没有。我说没有，他们告诉我，那块牌子上写着：此路不合格，禁止行车载客。

在经历了公路事情之后，立坡屯与龙排屯也正式分裂成了两个祭祀单位。在一个晚上，龙排屯的道公将立坡屯后社庙里属于龙排屯的祖先与神灵请回了龙排屯，他们在龙排屯的村后山坡上新修了一个社庙，从此以后，他们的祖先与神灵就安居在这个社庙里，有了独立的社庙，龙排屯也不再和立坡屯一起进行春秋两次的“安社”。两屯之间的亲戚仍然是亲戚，他们还在继续来往，但两个屯就是两个独立的屯了。也许这一过程从长远来看是必然的，但公路的纠纷无疑加速了两屯分裂成为两个独立的社会单位的进程。

一条为所有人期盼的公路最后惨淡地修成一条不合格的公路，而且这一过程还加剧了地方社会的分裂，这显然不是所有人预期的结果。在这一过程之中，似乎也很难有人应该为这一结果承担责任，事情中的每个主体，甚至涉嫌贪腐的乡镇官员，也似乎都有可理解的理由与立场，这些看上去不同的立场应该如何协调——或者怎样才能协调呢？他们的立场就真的存在冲突吗？本来，这条公路除了能将村落与外界社会连接起来之外，还可完成村落之间的连接，但每个村落都以自己的村落为中心，强调公路直通自己村落的意义，而将其他村落视为只是主干路上支路的延伸，似乎对公路能够同时连接彼此村落毫无兴趣。他们的坚持与反对，到底是基于村落的利益，还是村落在地方社会上的象征地位，或者只是不愿因为公路而改变长久形成的、传统的习惯行走路线？即便说如果他们的立场与利益存在真的冲突，那他们又为什么不能协商出对所有人都相对有利的方案而任由事情演化为对谁都不利的结果？或者说在这样的一个地方社会格局下，他们在怎么样的情形下又可以达成对所有主体都相对有利的方案并很好地给予实施呢？这些问题显然不是这篇小文章能够完全解答的。本文也只是提供了供我们进一步思考的一个描述，告诉我们在一个复杂的社会环境下，即使有明确的、共同的社会目标，我们也未必能实现这些目标，甚至社会变迁的结果也与我们的目标完全背道而驰，不论是边疆地区通往现代化的小公路，还是体量庞大的社会发展之路，路在何方？路向何方？我们依然难以把握和难以确定。

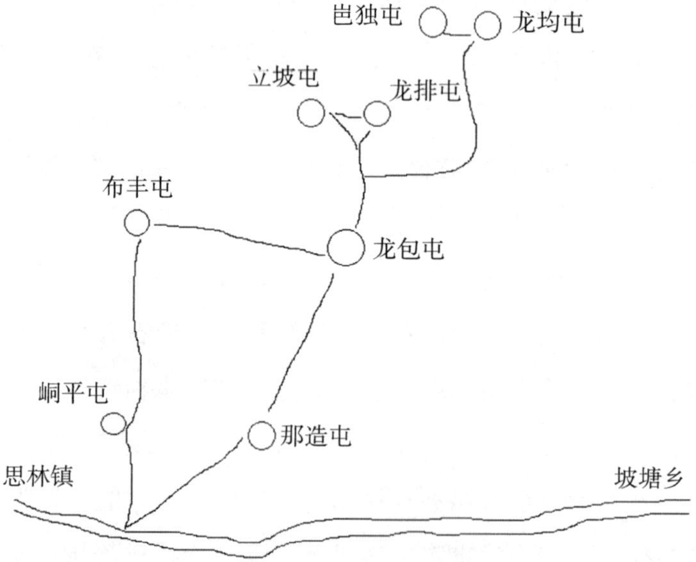

附图

阿尔泰山区游牧牧道：现代化挤压下的游牧文化空间

崔延虎　陈祥军*

田野记录场景

1999年5月3日，阿勒泰地区北屯镇，向南临近准噶尔荒漠，额尔齐斯河就在其北两公里处缓缓流淌着。这里原来是阿尔泰山区一条最重要的游牧牧道上的畜群集结点，游牧民沿着牧道驱赶牲畜来到这里，然后渡过额尔齐斯河，继续向阿尔泰山的草场前进。北屯在过去30年间发展成了一座新城镇，现在是312国道上的一个重要枢纽。上午10点多，我们乘坐的小公共汽车通过额尔齐斯河大桥时，来自福海县的游牧民沿着312国道（国道本身就是在牧道的基础上修建的），驱赶着他们的牲畜已经由南向北开始过桥了，前面的牧民和牲畜还没有完全过桥，后面的畜群越来越多。车行至北屯中心大街十字路口北侧几百米处我们下车后，被后面的情景惊呆了：一群又一群的羊、马、牛和骆驼，拥挤在宽阔街道的南面，等待通过十字路口。焦急的牧民

* 崔延虎，新疆师范大学。通讯方式：tigercyh@163.com。
陈祥军，中南民族大学。通讯方式：benjamin115@163.com。

费劲地试图围拢他们的畜群，妇女们骑在马上，身后是幼小的孩子，孩子们瞪大了眼睛，茫然地看着眼前的一切，交警正在指挥东西向的车辆通过，而几头牛可能等不及了，从南边蹿到了十字中心，刹那间所有缓慢前进的汽车都停住了，那几头牛并不知道它们已经“违反”了交通规则，站在汽车之间，惊恐地看着四周。从路旁的一个院子里突然开出了一辆装满家用电器的卡车，司机按照交通规则鸣响了喇叭，等待转向通过十字路口。它的左侧有几十匹马，正在烦躁地嘶鸣着，冷不丁听到汽车喇叭声，一下子炸了窝，向四面方向狂奔乱跳起来。马群的主人惊叫了一声，想策马去拦阻，却又被前面的交警挡住了。等在旁边的女人们把马缰绳交给了孩子们，自己跳下了马，试图挡住受到惊吓的马群。司机们叫骂着，孩子们惊喊着，交警慌乱不知所措……。一个多小时过去了，这里的交通才恢复了正常，可是后面的畜群又随着他们的主人蜂拥而至了。

摘自作者《田野观察日记》1999 年

一、前言

历史上，放牧牲畜是世界上人类群体赖以生存的生计方式之一，畜牧业是经典人类学研究的前工业化社会的三个主要人类生计系统之一（采集—狩猎—畜牧和农耕）。对游牧社会及其文化的研究也一直是社会文化人类学研究的一个传统领域。前辈人类学家对非洲、美洲及欧亚草原地带游牧社会的研究对于形成人类学经典理论和方法具有特殊意义，其研究成果仍然是我们今天认识传统游牧文化及其变迁的重要参照体系。但是，游牧社会及其文化已经被认为是全球化过程中“消亡”的社会和文化现象，工业化使游牧变得越来越不可能。毋庸讳言的是，在世界工业化进程中，传统的游牧社会及其文化一直是工业化力图摧毁的对象之一。这是因为，工业化进程及与其相适应的现代世界政治进程把传统游牧社会的生存环境——草原，分割成了不同“国家”的领土，由于国家之间领土的不可侵犯性，古代历史上没有国界的游牧变成了只能是在国家领土范围内的活动；其次，游牧社会的社会结构被“国家化”，传统的部落社会结构解体，在越来越多的地区成为“历史记忆”，越来越多的游牧群体被“再社会化”或“再结构化”[1]；第三，20世纪下半叶全球化进程加快的事实与游牧社会消亡的速度加快呈现出一致性，凡是进入后现代化状态的地区，游牧已经基本上成为“过去”，即使个别的存在，如北欧地区萨米人的游牧，其形态和方式也已经与传统的游牧不能同日而语（Sinor 1992；Leybourne 1993；Humphrey & Sneath 1996，1999；Humphrey 1972；崔延虎 2002）。

本文所讨论的阿尔泰山牧区位于中国新疆维吾尔自治区准噶尔盆地以北，阿尔泰山脉以南，西部与哈萨克斯坦、东部与蒙古共和国、北部与俄罗斯阿尔泰自治共和国接壤。阿尔泰山地区在历史上是内亚游牧民族人口活动的主要地区，考古学家与历史学家认为这里是欧亚草原地区游牧民族的“摇篮”和游牧文化最重要的“发源地”之一；中国古代史籍中记载过的诸多游牧群体，如塞人、匈奴、鲜卑、柔然、高车、铁勒、突厥、葛逻禄、蒙古、乌梁海、哈萨克等，都在这个地区游牧生息过（苏北海 1989；杨廷瑞 1991）。阿尔泰山脉又是历史上游牧民族迁徙流动的通道，许多游牧民族正是通过这里，走下蒙古高原，走向准噶尔盆地，翻越天山走向塔里木盆地、中亚地区或河西走廊乃至更远的东、南部。

本文不准备全面探讨阿尔泰牧区现代化进程加速与游牧民传统文化嬗变之间的复杂关系，而是依据获得的民族志资料，仅把这个地区

1 对这个问题的讨论人类学家有许多论述，Caroline Humphrey 的《卡尔·马克思集体农庄》（Karl Marx Collective）中的讨论对本文所探讨的问题具有直接的认识价值。

游牧民使用的传统牧道受到现代化进程的影响而使牧民游牧生产方式和生活方式发生变化的现象作为案例，以“道路”折射出的传统与现代的关系为视角，考察牧道在草原地区现代化过程中的“传统道路”与“现代道路”的关系，并把它们作为牧区社会文化变迁的象征符号进行分析，试图提供一个“道路”的个案，为探讨道路与地域、民族国家和城乡空间关系的塑造提出一些认识。

二、阿尔泰山区的牧道与游牧文化

牧道是游牧文化存在的重要空间，对于游牧和游牧民具有特别重要性。以下是两个有说服力的个案：

个案1：阿勒泰市汗德尕特蒙古乡牧民游牧的牧道与路线

汗德尕特蒙古民族乡是新疆北部阿勒泰市所属的一个蒙古民族乡，位于该市行政管辖区东部，乡政府驻汗德尕特村，与阿勒泰市区的直线距离为32公里。东西两面与福海县交界，北抵乌希里山南麓，与蒙古人民共和国交界，全乡总面积900平方公里，以山地为主，大部分处于汗德尕特河流域，小部分在额尔齐斯河谷平原。[1]福海县的一部分牧民每年经汗德尕特乡境内游牧至高山牧场。

在过去，汗德尕特是一个以哈萨克、乌梁海蒙古牧民为主的牧业乡。从20世纪50年代中期开始，汗德尕特乡的行政区域几经变化，到60年代初逐渐固定了下来。虽然行政区域几经变更，但是这里的哈萨克牧民和乌梁海蒙古牧民的游牧路线和四季草场的位置却基本上没有大的变更。无论是在50年代中期的牧业互助组、合作社，还是50年代后期开始的人民公社时期，乃至现在，游牧民一直

1 数字取自马祥琛（主编），《阿勒泰市志》，乌鲁木齐：新疆人民出版社，2001。

沿着传统的牧道，驱赶着牛、羊、马和骆驼，年复一年，游牧在四季牧场。

阿尔泰山区大多数牧民的冬牧场位于额尔齐斯河河谷地带和准噶尔盆地北缘。汗德尕特乡牧民的冬牧场在角沙特和锡伯渡之间，这里东西全长近20公里，属于额尔齐斯河的中游地带。河谷宽度3-4公里左右不等。牧民们每年10月上中旬离开高山牧场，到11月底陆续返回这里，要在冬牧场待上将近5个月，第二年春天3月底开始离开这里，向北进发，踏上他们一年的游牧道路。

下面是汗德尕特乡牧民游牧的牧道路线和停留的大概时间：

角沙特（冬牧场）—阿克布拉克（初春过渡草场）—乔尔黑—墩德布拉克（主要的春秋草场）—窝宗劳瓦（中山牧场—夏初过渡草场）—困列皆老（在阿尔泰山脉的乌希里克山区，这里海拔为3000米左右，是高山草场，也是牧民的夏牧场）。

从角沙特出发到阿克布拉克的牧道，距离20-30公里不等，畜群一般要走两天多，中间停留一夜；从阿克布拉克到乔尔黑—墩德布拉克，距离为30-40公里，牧民和他们的畜群要走3天左右，在途中要停留两夜。乔尔黑—墩德布拉克靠近汗德尕特蒙古乡乡政府。这里是汗德尕特牧民的春草场，在这里的放牧时间为每年4月初到6月中旬，一共两个多月。在两个多月期间，他们接羔、剪毛、为牲畜去势。

待到新生小畜有力量移动的时候，牧民们开始从乔尔黑—墩德布拉克春草场出发，沿着汗德尕特河谷或邻近的山谷，游牧到到窝宗劳瓦。这里同样有一条历史上固定下来的牧道，距离为30-50公里左右（依据牧民的草场分布地点不同）。这是汗德尕特牧民的中山过渡草场，牧草与水源条件很好，在这里牧民与他们的牲畜要待上两个多星期，做好游牧到高山夏牧场的准备。当年的幼畜在这里啃食优质牧草，身体发育很快，变得很强壮，能够翻越高山。

牧民们从6月底从这里转场出发，从窝宗劳瓦到阿尔泰山中部的乌希里克山的困列皆劳夏牧场，距离是30–50公里（同样依据牧民高山草场分布地点不同而异），这里因山势不同，有几条牧道通往困列皆劳夏牧场，站在那里的高山顶，可以看到蒙古国的草场。因为沿途山高，牧道弯弯曲曲，地势险峻，牧民驱赶牲畜需要走3–4天。从7月初到9月中旬，牧民和畜群一直待在夏牧场。

到了10月上中旬，阿尔泰山进入了早冬，在下雪之前，牧民们又会驱赶着他们的牲畜，陆续从高山牧场循来路返回乔尔黑—墩德不拉克，在这里他们出售自己的牲畜（包括一些瘦弱不能过冬的羊），购置过冬的物品，大概一个月后陆续出发返回额尔齐斯河谷的冬牧场。罕德尕特乡的牧民每年游牧距离大概为260–320公里。

汗德尕特乡的年老哈萨克牧民告诉我们，他们的祖先在部落首领阿吉公的带领下，19世纪中叶从原沙俄哈萨克斯坦的宰桑泊（今哈萨克斯坦北哈萨克州一带）迁回新疆阿尔泰山区，到达汗德尕特一带后，就开始使用这条牧道了，这里的乌梁海蒙古牧民说，在哈萨克人归来之前，这里就有一条上山的道路，他们的祖先狩猎、放牧都是沿着这条牧道进行的。几百年来，无论是乌梁海蒙古牧民，还是后来返回的哈萨克牧民，都沿着祖先走过的牧道，从额尔齐斯河谷出发，游牧到高山草场，一直延续到今天。

从1993年至2010年，我们在汗德尕特乡做了6次长期的田野调查，时间最长的一次历时5个多月，并跟随这里的牧民沿着这条牧道转场。6次田野调查给我们最深的印象是，没有牧道就没有汗德尕特乡牧民的游牧，牧道是游牧社会生活和文化存在展现的最重要的空间。

个案 2：富蕴县各牧业乡牧民转场与牧道

富蕴县隶属新疆阿勒泰地区，位于准噶尔盆地东北部，阿尔泰山中段南麓。东界青河县，西邻福海县，南面伸入准噶尔盆地，北部与蒙古国为界，境内南北最长处约 413 公里，即冬、夏牧场间的直线距离。由北自南地貌类型依次是山区、盆地、河谷、戈壁及沙漠五种类型，牧民每年来回穿越这些区域（见图 1）。每个牧业乡与村，具有完全同样的地形地貌特征，全都呈南北纵向的垂直自然带分布。

图 1：新疆阿勒泰富蕴县哈萨克游牧民转场路线图

冬、夏牧场之间的转场

牧民离开冬牧场的时间按惯例一般在 3 月 20 日左右。距离沙漠最近的牧民最先开始搬迁，因为他们的冬牧场积雪融化得最早。从冬牧场到春季接羔点，牧民搬迁的次数从三四次到七八次不等，依据接羔地点的远近而定。牧民于3月底或4月初陆续到达各自的春季接羔点。在此大约停留一个多月后，等到所有的母畜产羔结束，开始向夏牧场搬迁。从冬牧场向夏牧场的移动过程中，正值春季天气多变，搬迁移动的次数也比较频繁。所以转场过程中，牧民经常要拆、支毡房，非常费时费力。

夏、秋牧场之间的转场

每年9月初，牧民开始向秋季牧场转移。按照传统习惯是依据天气情况而定，第一场雪就是搬迁的信号。转场时，牧户之间按照先后及时间次序，相互错开，距离冬牧场较远的牧户先行。搬迁的前一天就要把毡房拆了，把被褥、毡子、衣服、炊具、餐具及容器等打包。晚上全家人睡在露天，天不亮，全家人都起床开始向骆驼身上装各种物品。这里也有很多学问，要考虑前后左右重量平衡、物品大小均衡搭配、绳子捆绑的力度大小以及不同骆驼的承载能力大小等。这个环节非常重要。如果骆驼身上的物品没有捆绑好，半路物品倾斜或松散，有可能会使骆驼受伤而影响转场进程。

各类畜群下山的次序也有所不同。最先启程的是驼队，而且一定要在下雪之前出发。因为骆驼蹄子很大且是平的，一旦下雪很容易滑倒。驼队一般由家里的主妇或儿媳妇骑着马带领，沿着牧道直接去下一个停留点。每到一个停留点，卸载下骆驼身上的东西，把骆驼和坐骑赶到附近水草最好的地方去放牧，然后搭建转场途中简易的小毡房。主妇们开始烧茶等待后面赶畜群的家人。驼队出发后是羊群、牛群，马群一般最后走。马群行走的速度较快，要等到夏牧场下雪之后才走。这样做是为了尽可能长时间地利用夏牧场，缓解春秋牧场牧草资源不足的压力，同时也是为了保证来年春季接羔点有充足的牧草。

牧民卡纳提家的转场情况[1]

次数	搬迁时间	到达地点	停留时间
1	9月1日	从夏牧场出发到达阔克勒尔克	20天左右
2	9月底	吉别特	约15天
3	10月5日	胡吉尔特	2个月
4	11月5日	乌伦古河附近，等待下雪	10天左右
5、6、7	11月20日	冬窝子阿热勒库木	4个月左右
8、9、10	3月19日	恰库拉库姆接羔点	一个月左右
11、12	4月20日	前往夏牧场，到达胡吉尔特	2到3天
13	5月20日	阔克勒尔克中山牧场	约20到25天
14、15	7月1日	哈拉可赞夏牧场	约2个月

秋、冬牧场之间的转场

春秋牧场使用的是同一区域，只是利用的时间不一样。春秋牧场是过渡性牧场，搬迁的次数相对较频繁，具体次数根据冬牧场距离的远近而定。有的牧民搬迁五六次，有的牧民要搬迁十几、二十次。牧民每次搬迁的距离在15到20公里之间。每年11月初，牧民到达乌伦古河谷等待第一场雪。冬牧场没有地表径流，人畜都要依靠积雪。因此下雪是牧民搬迁至冬牧场的信号。

11月中旬左右下了第一场雪。雪虽然不厚，但足够人畜饮用。雪后的第二天一大早，牧民就开始搬迁。因为冬牧场类似于农民的农田一样，一定要照看和保护好。为了防止牧草被别人家的牲畜吃了，因此要早点到达自己家的牧场。雪后，牧民驱赶着各类牲畜向各自的冬牧场缓缓移动。还是驼队最先出发，羊群在后边牧边走。

冬天转场是最辛苦的，零下十几乃至二十多度的气温，冰天雪地。一路上牧民只有喝“黑茶”（没有牛奶的砖茶）。牧民在到达自己的冬

1 卡纳提的儿子有写日记的习惯，这是他儿子对2008年至2009年全年的转场顺序与搬迁次数的记录。他家夏、冬牧场之间的距离不是很远。在他们村夏、冬牧场距离较远的牧户来回至少搬迁次数达二三十次，甚至更多。

牧场之前，都会经过很多牧户的草场。冬牧场对于牧民来说尤其珍贵。畜群能否安全过冬，除了放牧技术外就取决于牧草的充足与否。因此当牧民转场经过其他牧户草场时，哈萨克社会按照习惯法使用著名的“一条肠”路来解决这个问题。“一条肠”路就是羊群要走在两家牧户草场界线的中间地带，即两家牧户的草场各自让出约百米宽度的一个通道。要是羊群想走捷径，直接经过他人的草场中间地带时，这是不允许的。一般在转场的头半个月内，每户牧民都会专门派出一个人守护草场。他们指引着转场的畜群穿梭在各牧户草场之间“一条肠”路。每个牧户都遵守这个习惯，没有任何怨言。（陈祥军 2010）

人类学家对游牧社会的研究获得的民族志资料表明，“移动性”（mobility）是游牧社会最重要的生态、社会和文化特征之一。David Sneath 在对内亚地区游牧社会的研究中发现，游牧社会移动性可以影响乃至决定游牧社会生计、生态环境和文化的状态（Sneath 1997）。牧道是游牧移动性存在的基本条件之一。在漫长的游牧历史过程中，不同时期的游牧群体逐渐发现并开拓了许多固定的牧道，即在四季转场游牧过程中驱赶牲畜而使用的固定通道。牧道不同于一般的道路，能否作为牧道，就阿尔泰山牧区而言，一般要满足以下几个条件。第一，它的生态环境一般都有一个从平原（河谷、荒漠盆地）经过前山地带到高山地带的植被垂直带，并且沿途有比较丰茂的水草，能够为牲畜和人提供水源和牧草。在阿尔泰山牧区，这样的植被垂直带一般呈从南向北走向，即从准噶尔盆地北缘荒漠或额尔齐斯河河谷地带开始，一直延伸到阿尔泰山高山地带；第二，从历史角度看，牧道往往与游牧社会特定群体的游牧区域有着直接的关系，即所谓“牧道为游牧部落或氏族所共有”，某一个部落或氏族一旦开拓一条牧道，那么周围的草场、森林及水源的使用权习惯上就归它所有；第三，游牧部落的牧民负有对这条牧道进行维护的义务或责任；第四，这个部落的每一个家庭（household）的毡房在春牧场、夏牧场、秋牧场以及牧道周围都有固定的地点，其位置一般不会改变。第五，牧道对其他群体的牧民开放，共同享有。

牧道的长短距离以游牧民特定群体的冬牧场（俗称“冬窝子”）到高山夏牧场的距离长短不等而有差别。从阿尔泰山牧区田野调查获得的资料说明，四季游牧牧道距离（从冬牧场到高山夏牧场，再从高山夏牧场返回冬牧场）一般为300–600公里，游牧民在从冬牧场到高山夏牧场的转场过程中一般要停留7–15次。我们观察到的最长的牧道距离为1100公里左右（由新疆昌吉州吉木萨尔县游牧民使用），沿这条牧道游牧的牧民每年单程停留次数为40–45次，平均在一个停留点放牧5–6天就要搬家继续向前游牧。

在1950年前，和新疆的大部分牧区一样，阿尔泰山牧区存在着一种双重管理体制，即国家的行政管理体制和游牧社会的部落或“扎萨克”管理制度，后者在很大程度上管理着牧区的游牧事宜（Tusi 1996）[1]。从1950年开始，在阿尔泰山牧区普遍建立了以县为单位的行政机构，随着县与县之间行政管辖边界的确定，原来以部落或扎萨克制度管辖的牧民被划分到了不同的县。这样，原有的社会结构就被打破了，同一部落的牧民分属两个县或更多的县管辖的现象并不少见。这样就出现了对牧道使用方式的一次调整，使得原来部落或氏族之间对草场和牧道使用权的争议甚至械斗转移到了县与县之间，甚至更小行政单位之间（牧业合作社或后来的公社之间）。然而，即使存在这种大规模的行政区域调整，我们依然看到，当时的调整还是“照

1 崔延虎参与了1992年至1994年间由剑桥大学Caroline Humphrey教授主持的“内亚环境与文化保护”国际合作研究课题研究，曾经与Humphrey教授、David Sneath博士就此进行过多次讨论，他们的观点对作者多有启发。

顾”了阿尔泰山区是牧区的实际情况，阿勒泰地区管辖下的六县一市的地域基本上是由南向北，从盆地上延到阿尔泰山区，每个县/市境内的牧道基本上没有改变，满足了牧民游牧的需要。直到20世纪80年代后期这个地区开始大规模定居之前，绝大多数牧民仍然使用他们过去传统的牧道游牧（Humphrey & Sneath 1996）。

阿尔泰山区牧道及其使用特征解释了其具有的文化内涵。首先，牧道是游牧群体对于特定的自然生态环境长期适应的结果，什么时候转场、中途停留的地点和时间、哪一类草场放牧什么种类的牲畜，牧民做什么样的工作，举行什么样的仪式活动，牧道生态环境条件是其中具有决定性的因素之一；其次牧道又是特定群体生计系统的重要组成部分，他们在牧道及其周围地区获取自然资源，牲畜啃食草地植物，牧民采集燃料（主要是树枝、牛粪）及其他用品，形成了获取和使用这些资源的固定方式；第三，在年复一年的游牧过程中，游牧群体对于本部落或氏族使用的牧道及其周围的自然资源（森林、草地、水源等）形成了系统的认识，并且通过家庭濡化或社区濡化的方式作为本土知识传承给后代；第四，游牧民在游牧过程中，与牧道周边的其他群体（主要是农耕和商业群体）形成了交流和交换关系，在秋牧场出售牲畜或用牲畜与其他群体换取生活必需品（粮食、衣物等）；第五，牧道还是游牧群体记载自己古老文化和举行各种仪式的场所，阿尔泰山区存在的大量古代游牧民刻记、岩画和石刻器物，记载了不同时期游牧于这个地区的游牧人群对于自然界的认识，岩画也反映了他们的精神世界。直到现在，阿尔泰山牧区哈萨克人举行的“阿肯演唱会”（阿依特斯），乌梁海蒙古族牧民举行的“敖包节”、“那达慕”，图瓦人举行的祭祀天地的活动主要是在位于牧道附近的春夏草场上进行的，而这三个游牧群体的婚礼一般都在高山夏牧场或早秋牧场举行。

从上述简略的描述可以得出一个基本的结论：阿尔泰山牧区的牧

道与游牧民的生计方式、文化和交流有着非常直接的关系，游牧文化赋予了牧道非常深厚的文化内涵，而牧道又承担了游牧文化存在、展现和传承的基本功能。牧道是这个地区草原传统游牧文化的“信息道”（information channel）和游牧民生存的“生计道”（subsistence channel）。牧道的存在维系着游牧文化的延续和稳定。同时，阿尔泰山的牧道使不同游牧群体的生计系统具有了一种相似性。哈萨克游牧民、乌梁海蒙古游牧民或图瓦人的文化虽然各显差异，但是，既然走了同一条牧道，不同游牧族群的文化又呈现出某种本土同质性（indigenous homogeneity）的特征。

三、阿尔泰山现代化进程与牧道的嬗变

1950 年在新疆牧区出现的社会制度变革预示着草原游牧地区“现代化”的开始。由此开端的一系列变化，特别是社会组织和生计方式的变化，要求这些地区的社会发展与国家的发展同步进行，现代化的进程也就由此开始预演。首先是以县为中心的行政系统的普遍建立，使过去纵向（以国家组织为主）——横向（以部落—氏族组织为主）交错的社会组织转变成了以纵向垂直为主的社会组织（国家组织），游牧民开始进入了“再社会化”的进程（崔延虎 2002），被以国家各级行政组织和与之相适应的生产组织网络形式组织起来，形成了新的生产单位（production unit）。1958 年开始的“公社化”运动，使公社具有了行政、政党基层组织、生产、文化乃至军事组织的多重功能（军事组织的功能在阿尔泰山牧区尤其明显，因为当时属于边境地区），使纵向垂直的组织形式得到了空前的加强，公社或生产大队（小队）的名称取代了过去部落—氏族的名称。与此同时，游牧部落逐步失去了组织生产行为的社会功能，而只保留了协调婚丧嫁娶等日常生活行为

的功能。部落控制游牧功能的丧失标志着，从社会组织的角度，它进入了逐步解体的过程。这个文化上的巨大转变使游牧民的“认同意识”发生了微妙的变化，除了民族—部落—氏族认同继续存在外，一种新的“地方或组织认同”（regional identity or organization identity）意识产生了。反映这一点的一个有趣现象是，过去来自不同部落的牧民在草原上相遇，告诉对方的是“我是某某部落或某某阿吾勒的某某人”，公社化后则会告诉对方“我是某某公社某某大队的某某人”。同时，人们也注意到，社会组织的变化与当地出现的新的道路形式——公路有着某种内在的关联。

在20世纪50年代后期阿尔泰山牧区被“拉进”了国家现代化的过程。在这个过程中，作为国家在场的象征，现代公路被看作是现代化最重要的符号之一。到1970年底，国家陆续在在阿尔泰山牧区修建了现代公路，包括国道、省道和县级公路。特别是进入21世纪后，公路建设出现了突飞猛进的发展。截至目前，地区公路总里程为9015公里，其中二级公路1142公里、三级公路1588公里、四级公路4440公里、等外公路1845公里。干线公路总里程为2461公里。农村公路总里程为6554公里。全地区57个乡镇场全部通了油路；532个行政村有527个行政村通了公路[1]。

在公路发展的同时，游牧民的牧道发生着急剧的变化。由于公路和其他现代产业的发展，这里的草场被“切割”得越来越小，出现了我们称为“草场生态环境碎片化”的现象。许多公路，特别是县乡公路大多修建在原来的牧道上。随着公路的出现和不断延长，牧道也出现了“断裂”，牧民们不能够再像过去一样，沿着传统的牧道顺利地从一个草场转场到另外一个草场，而是时断时续地驱赶着牲畜在公路

1 资料来源：阿勒泰地区交通运输局网站。http：//www.altxw.com/jiaotong/content/2012-06/12/content_6925661.htm，2013年10月28日浏览。

上迁徙。“公路转场”具有不确定性和危险性，如公路两侧草场由于修路受到破坏，使牲畜无食可觅，公路上来往的汽车使得牲畜和牧民们人身危险程度大为增加等等。尤其明显的是，公路作为现代化的符号，与传统游牧牧道承载的游牧文化之间的关系复杂了起来。

新疆维吾尔自治区和当地政府近20多年来在阿尔泰山区将旅游业作为振兴经济的支柱产业。由于旅游景点一般都在高山夏牧场、高山林区或中山过渡草场中，为了发展旅游业，地方政府加快了修建通向旅游景点的公路的步伐，其中大多数是沿着传统的牧道设计、修建的。甚至有些公路就修建在牧道上，如从布尔津县城到喀纳斯旅游景区的长达180公里的旅游专用公路就修建在从县城和额尔齐斯河谷牧民冬牧场向中山牧场（海流滩）、从中山牧场到高山牧场的牧道上，现在，每年数千户牧民转场依然使用这一条古老的牧道，形成了畜群与汽车相伴而行的景象。在牧民转场时期，数十万牲畜拥挤在公路上，与来往的汽车争抢前进的通道，在山隘口时常发生牲畜被汽车挤到悬崖边甚至掉入山谷的惨剧。作为草原现代化象征的公路挤压着牧道的存在，而作为另外一个现代化象征的汽车，则把游牧民和畜群挤压到了公路的边缘，因为传统的牧道已经被改建成了供旅游者乘车前往景区的公路。

为旅游业发展修建公路只是导致传统牧道发生变化的原因之一，阿尔泰山区出现和发展的其他产业同样是重要的原因。

首先是种植业。种植业在阿尔泰山区始于清雍正年间，驻扎在克兰河畔的清军组织士兵屯垦，开荒生产军粮。但种植业的快速发展要到1960年，为了解决日益增长的人口对于粮食的需求，国家开始在阿尔泰山区建立专门从事农业生产的国营农场和以农业生产为主的公社。以阿勒泰县为例，到1980年，这个县的耕地面积激增到了近42万亩，增加了近12倍，总人口中从事农业生产的人数也从1949年的不到1%

增加到了1982年的40%左右。论及阿尔泰山区种植业的快速发展并非与本文主题没有关联，相反，本文认为种植业的发展是当地现代化进程的重要组成部分。首先，种植业的发展加速了人口聚落的密集化程度，在广阔的草原上出现了越来越多的农业人口聚落，后来逐渐变成了功能类似小城镇的定居点，其中的一些就出现在沿传统牧道上修建的公路两侧，如北屯，现在已经发展成了一个功能比较齐全的城镇。这些聚落的周边地区已经完全成为农田和农民的居住点了。第二，大部分种植业地区是靠开垦草场形成的，而开垦的草场大部分又分布在牧道两侧，因为牧道靠近水源而且容易改造成简易的道路，便于人员、农业物资和农产品进出。第三，农业的发展为后来政府组织游牧民大规模定居创造了条件。定居后牧民生计方式主要是从事粮食种植或种草，他们往往愿意选择靠近牧道的地方，因为对其水土条件比较了解。过去20年大规模的交通建设使人流、物资流和信息流的速度空前加快。与此"巧合"的是，阿尔泰山牧区牧道更为急剧的变化也发生在过去的20年间。

另外一个使牧道发生急剧变化的社会和经济现象是，1984-1985年新疆牧区逐渐实行了类似中国内地农业地区的承包责任制政策，牲畜作价归户、草场使用权归户所有。公社化时期以公社为单位的草场管辖和使用方式转变为以牧民家庭为使用单位的方式。每一户游牧民依据其家庭人口的多少，获得了一定面积的草场使用权，开始时使用权为15年不变，1994年后延长到50年不变。草场使用权的这种变化彻底打破了阿尔泰草原地区历史上长期实行的"草场属于部落'公有公用'"的制度，也使游牧民在得到供自己家庭使用的草场喜悦之余，处于一种新的窘况之中。因为过去游牧时，经过牧道游牧使用的草场属于"部落共有"或"公社共有"，人们都遵守历史上形成的"习惯法"，在很短的时间内一个"阿吾勒"或一个生产队的牧户会集体准时出发，按习惯规定时间到达春牧场；而现在草场归户使用，游牧时沿牧道前进牲畜必然要“侵入”其他家庭的草场内，每一年春天从冬草场出发游牧，先出发的牧民家庭的牲畜往往把牧道周围草场刚刚返青的牧草啃食一空，这就迫使一部分牧民改变了过去在相对集中的一段时间内从冬牧场大规模出发游牧的习惯做法。实际上，过去离开冬牧场的时间限制具有牧区“习惯法”的作用，不按规定时间离开冬牧场出发游牧被认为是违背“习惯”的，过去一个游牧群体（部落时期的‘部落’或‘阿吾勒’、公社时期的‘生产队’）的全部牧户家庭的牲畜必须在大约1–3周内陆续全部离开冬牧场，而现在最先离开的和最后离开的时间间隔延长到了6–8周。草场使用权归户也使牧民对待草场的行为发生了变化。虽然刚开始时，牧民们很清楚，归自己使用的草场的所有权是集体或“国家”的，并不是自己的，但是50年的使用期使他们产生了心理上的安全感，也使他们有了他们的前辈从未有过的“我家有一片自己的草场”的意识。于是，由部落或1950年后的牧区组织管理通过牧道游牧的“习惯法”的功能逐渐失效。

牧民开垦草地种粮也是一个值得注意的问题。从1994年开始，由于粮食价格的提高和国家对于游牧民生活必需品价格上的优惠政策的逐步取消，牧民的粮食和生活必需品消费的支出增加了很多。为了减少支出，很多牧户家庭在自己使用的冬草场或春秋草场开垦草地种粮，而这些被开垦的小块草场大多数也位于牧道附近。由于开垦的耕地与已经定居的牧民或从事种植业的农民的耕地相距不远，这就再一次形成了对牧道的威胁。同时农民、新定居牧民的耕地里的农作物也经常受到经过附近牧道或草场上放牧的畜群的践踏和啃食，于是，从1990年起，农民们开始在耕地和草场分界的地方用土筑起了围墙或种植了带刺的灌木丛林带，以阻隔牧民牲畜对农田的侵扰。

个案3：阿勒泰市汗德尕特乡的"微型长城"（见图2）

20世纪60年代中期，汗德尕特开始发展农耕，从乌鲁木齐及其他地方招收来了一些内地农民从事种植业。当时的公社开始建立农业队，并在汗德尕特河谷地带和盆地比较平坦的地方"开荒种地"。"开荒造地"的地区在游牧民的春秋草场一带。到1966年，耕地面积已从1950年初的数百亩增加到了上万亩。在公社时期，由于草场和耕地都是"集体"的，虽然游牧民和农民之间有矛盾，但是公社出面调解，一般没有发展成为大的冲突。

图2：阿勒泰市汗德尕特乡的"微型长城"

1984年的牧区改革，"草场使用权归户所有，集体牲畜作价归户"和"耕地使用权归农民所有"政策的实施，使这里游牧民和农民之间在资源使用上的矛盾逐步激化。特别是大多数农田都在河边或牧道边，牧民的牲畜在春秋草场要待上两个月之久，出苗的庄稼对它们来说有很大的吸引力，牲畜闯进农田的事件常有发生。

于是，从1990年开始，汗德尕特乡的农民和定居牧民开始在草场和农田之间的丘陵坡上修建“隔离墙”，用于阻挡牧民的牲畜进入耕地。逐渐，在春秋草场边缘的牧道和农田之间修建了大约15公里长的土—石围墙，把原来的草场划分成了两个相临而不同的生态环境区域——天然草地和人工开垦的耕地。

但是随着牧民人口数量增加、牲畜数量增加以及每一户放牧草场空间的缩小，牲畜还是不断越过“边界”进入农田，农民们和定居牧民继续加长他们修建起来的“微型长城”。到了2007年，这道围墙的距离已经达27公里之长，把原来的一段牧道基本上堵死了。原来的草地生态环境由于农耕发生了变化，而游牧民和农民及定居牧民之间的冲突事例也因为利益的不同而增加了。定居点的扩大以及周围种植业的快速发展，阻碍了来往于传统牧道上的游牧活动，也在日益威胁并有可能阻断附近牧道的畅通。

而使阿尔泰山区游牧社会发生最深刻变化的动因是近20年来政府主导的大规模水土开发与牧民定居。由地方政府（县乡）规划组织的水土开发，往往是在河谷和春秋草场的牧道两侧，而且规模很大，一个定居牧民农业开发区的面积一般在1万亩到10万亩之间。比如在布尔津县，已经建成或正在规划建设的农业开发区数量达4-5个，这些开发区大都位于河谷地带和前山春秋草场的平坦地带，也就是牧道经过的地区。这种开发规模继续发展下去，牧道赖以生存的生态环境（草地植被、林木和水源）将会在比较短的时期内遭受到严重的破坏，原来畅通的牧道会逐渐割裂成若干不畅通的区段。

近50年里出现的草原城镇也是导致牧道发生变化的重要动因。一百多年前，阿尔泰山区基本上没有近代意义上的城镇，唯一的一座比较大的聚落——承化镇，只具有行政中心的功能。城镇的出现和发展只是近五十年内的事。今天，城镇化的发展使传统牧道的处境变得更加复杂起来。在每年春秋季节牧民转场的时候，在这里的许多城镇和大规模农业聚落点，都会出现一群又一群的牲畜在游牧民的驱赶下艰难地穿过街道的情景。城镇的人流和来往的汽车，往往会把畜群和他们的主人围堵在街区的某个“交通拥挤”的地方。穿过城镇游牧不仅使游牧民对城镇道路产生了心理恐惧的体验，而且也使他们感到牧道已经在发生着变化（崔延虎 2003）。本文开篇描述的景象已经不是一个特例。

如果说在20世纪50年代到90年代，当时的城镇主要承担行政功能，牧道和公路基本上可以“相安无事”，那么20世纪80年代以来，现代化的迅猛推进已经使阿尔泰出现了依托工矿发展形成的城镇。工厂、矿山和旅游景点的不断出现，特别是牧民定居工程的实施，促使了公路加快发展。原来基本“相安无事”的牧道和公路的关系，发生了根本的变化。两者的“符号地位”出现了前者不得不退让乃至消失的格局，而各自承载的象征意义也在发生着深刻的变化。

四、讨论

对于游牧社会来讲，牧道犹如今天遍布大地的高速公路、铁路对于当代人们一样，有着不可替代的社会、经济和文化功能。

阿尔泰山区各个游牧民族游牧所使用的牧道，不仅是一条“道路”，而且是一条流动的资源和经济活动通道，更是一种流动的文化空间。因为正是在长短不一、地理环境同迥异的牧道上，游牧民适应了这里的生态环境，创造并实践着他们的游牧文化。如前所述，牧道是游牧民生计系统存在的条件，也是他们精神生活展现的空间。游牧民的一生，基本上是年复一年在牧道上游牧中度过的，他们生于斯、终于斯，出生、成长、婚育、死亡的人生历程，都是在这里完成的。信仰不同宗教的游牧人，在牧道上虔诚地重复着他们的宗教仪式，积累着对于宇宙、自然和人类社会的本土知识体系，并把这些通过游牧传承给下一代。埋葬在牧道两侧墓地里的先辈们，依然年复一年地迎接和送别往返经过的后辈。可以说，没有牧道的游牧是不存在的。

在中国过去20年的社会变革中，阿尔泰山牧区的牧道受到了国家强力推行的现代化进程的强烈冲击，形态和功能有所改变。现代公路和铁路在很多地方正在覆盖和取代传统牧道的功能，摩托车、汽车和火车正在减少牧民对于与他们厮守数千年的马匹和骆驼的依赖。在牧道上发生的这些变化，对游牧民生产和生活产生了多方面的影响，也具有认识游牧文化变迁的象征意义。

随着现代化进程的加快，游牧民的生计系统正在经历经济形式多元趋势的改造，其结果是游牧生计系统失去了它的主体地位，而成为多种生计经济形式中的一种。牧道的逐渐消失是否意味着以游牧获取资源的生计方式的最终消失，是否意味着根植于游牧生计系统之上的游牧文化会发生根本变化，这很大程度上取决于游牧民现代化进程中所采取的适应策略。

位于内亚草原地带的阿尔泰山地区，到20世纪80年代初，仍然可以看作是一个处于“前工业化”阶段的传统游牧地区，当地人的生计系统仍然是传统的游牧业，他们沿着传统的牧道，逐水草而游牧在四季草场上。1949年后中国社会制度的巨变使当地的社会结构发生了急剧的变化，部落组织在游牧中的作用基本上消失了，在长达25年里（1959–1984年），牧民们被组织在“人民公社”的社会和生产结构中，但是游牧生产和生活方式仍然是他们文化的核心，游牧在很大程度上使传统文化得以保留。这种现象是否说明，由于阿尔泰山牧区人口传统的生计系统建立在以河谷、荒漠和山地草原为主的生态系统基础之上，也是几千年来许多游牧群体对这种生态环境长期适应的结果，它具有相对稳定的结构和功能。即使游牧民的社会组织形式发生变化，只要获取资源的方式不发生根本的变化，作为这种生计系统体现的游牧生产和生活方式仍然具有存在的价值，游牧文化仍然是牧区文化的主体。

最近30年间，随着国家加速对草原地区推行现代化，草原游牧出现了快速萎缩乃至消亡的趋势。面对变化游牧民也采取了多种对策。定居在政府强有力的推动下，一方面催化了社会巨变，一方面也是牧民普遍选择的应对变化策略之一。作者在1993年的田野调查中，发现愿意定居的游牧民户数只有40%左右，1998年和2008年的田野调查则显示近90%的牧民愿意定居。在定居这个对于牧民来说“再社会化”的过程中，原来游牧社会中没有的“坏东西”出现了（Tsui 2012）。

没有定居的牧民和部分半定居的牧民继续着他们的游牧，但是生产和生活增添了许多新的内容。由于牧道的变化，转场越来越艰难，现在使用汽车或轮式拖拉机转场的牧民家庭日益增多。一些家庭经济收入比较高的牧民，买了汽车或轮式拖拉机，除了自己转场使用，还用来为其他家庭转场拉运牲畜和其他物品，成为草原上一个新的“职业”（运输专业户）。

现代化进程正在改变着阿尔泰山牧区的草原生态环境和游牧文化，出现了“草原生态环境碎片化”和“游牧文化碎片化”的趋势和现状。但是游牧民也在接受着现代化给他们带来的变化，并且在冲突中寻找着对策。保持传统和适应变化成为游牧民适应现代化的两个主要策略。作者观察到，在很多定居点永久性住房旁边，许多定居牧民仍然保留着自己游牧时使用的毡房，或是建起了毡房形状的“房子”。在定居后以血缘为纽带的亲属家庭（阿吾勒）之间，出现了原来传统游牧组织内部在耕种和游牧之间的再分工。哈萨克游牧社会文化传承的重要形式"阿依特斯"（"阿肯弹唱"）在政府的组织下，依然每年都在草原举行。虽则现实和内容增添了许多"规定"的"现代化因素"，但是牧民们，乃至定居的牧民们，依然会从四面八方汇集到"阿依特斯"举办的草场，聆听阿肯们充满智慧的演唱。即使已经生活于城镇的哈萨克人，举办婚礼仪式也往往是城里一场，草原一场。所有这些，都反映了牧民们为应对现代化带来的变化而采取的适应策略。汽车用于游牧转场预示着未来的牧道会出现与现代化趋势相适应的形式，游牧的方式也可能发生多种变化，但是游牧民们并没有完全放弃游牧。

阿尔泰山区牧道发生的变化，从"道路"的角度折射出了国家与民族、道路变化与游牧文化变迁等诸多复杂的关系。认识阿尔泰山牧区牧道及存在于牧道上的游牧民生产、生活发生的一切，有助于我们认识国家现代化进程对于游牧这样一种历史悠久、传统深厚的文化带来影响的深度和广度。断言阿尔泰山牧区的牧道会完全消失，与断言这个地区的游牧社会已经完全进入了现代化进程，同样都是不准确的。现代化进程不可避免地来到了传统的游牧地区，现代化改变了牧区的生态环境，也改变着这里游牧人的生产和生活。牧道发生变化，它的功能可能被新的道路替代。阿尔泰的游牧民面对自己的传统文化遭遇现代化冲击时，不断在做痛苦但又是必然的抉择。传统与现代并存，冲突和适应是这个过程中最引人注目的文化现象。

参考文献

陈祥军，"知识与生态：本土知识价值的再认识——以哈萨克游牧知识为例"，《开放时代》，2012（7）。

陈祥军，"游牧知识与草原生态——以阿勒泰富蕴哈萨克为例"，中山大学博士学位论文，2010。

崔延虎，“牧道的困境”，《华夏地理》，2003（8）。
崔延虎，“游牧定居的再社会化问题”，《新疆师范大学学报》，2002（4）。
马祥琛（主编），《阿勒泰市志》，乌鲁木齐：新疆人民出版社，2001。
[日]松原正毅，《游牧世界》，赛音朝格图译，北京：民族出版社，2002。
苏北海，《哈萨克族文化史》，乌鲁木齐：新疆大学出版社，1989。
新疆维吾尔自治区政策研究室等编，《新疆牧区社会》，北京：农村读物出版社，1988。
杨廷瑞，《游牧论》（内部油印稿），新疆社会科学院，1991。
王明珂，《游牧者的抉择：面对汉帝国的北亚游牧部族》，桂林：广西师范大学出版社，2008。
王作之，《新疆古代畜牧业经济史略》，乌鲁木齐：新疆人民出版社，1998。
[美]詹姆斯·斯科特，《国家的视角：那些试图改善人类状况的项目是如何失败的》，王晓毅译，北京：社会科学文献出版社，2004。

Barth, Fredrik

1961. *Nomads of South Persia: The Basseri tribe of the Khamseh.* Confederacy, Little, Brown & Company.

Evans-Pritchard, E. E.

1940. *The Nuer: A Description of the Modes of Livelihood and Political Institutions of a Nilotic People.* Oxford: Oxford University Press.

Humphrey, Caroline

1972. *Karl Marx Collective.* New York: Cambridge University Press.

Humphrey, Caroline and David Sneath, ed.

1996. *Culture and Environment in Inner Asia. Volume 2.* Cambridge: The White Horse Press.

1999. *The End of Nomadism?.* Durham : Duke University Press.

Tsui, Yenhu

1996. The Development of Social Organizations in the Pastoral Areas of North Xinjiang and Their Relationship with the Environment. *Culture and Environment in Inner Asia.* Humphrey, Caroline and David Sneath, ed. Volume 2. Cambridge: White Horse Press.

Tsui, Yenhu

2012. *Swinging Between Nomadism and Sedentarism: A Case Study of Social and Environmental Change in the Nomadic Society of the Altay Steppes, Xinjiang, Nomadic Peoples*, Volume 16, Number 1, Cambridge : the White Horse Press.

Leybourne, Marina, etc.

1993. *Changes in Migration and Feeding Patterns among Semi-Nomadic Pastoralists in Northern Syria.* London : Overseas Development Institute,

Pastoral Development Network.

Moran, F.

1982. *Human Adaptability: An Introduction to Ecological Anthropology.* Boulder, Colorado : Westview Press.

Sinor, Denis (ed.)

1990. *The Cambridge History of Early Inner Asian.* Cambridge : Cambridge University Press.

历时性视域中的社区过程与道路的隐喻

——对甘庄道路的人类学研究

朱凌飞　宋婧*

一、路上的甘庄

甘庄街道隶属于云南省玉溪市元江哈尼族彝族傣族自治县，位于元江县东北部14公里处。昆磨高速公路从东北至西南穿越全境，是北上玉溪、昆明，南下思茅、景洪，东去红河州的交通要道。

甘庄街道总土地面积594.5平方公里，全街道植被覆盖率72%，生态环境相对较好，其总耕地面积9.4万亩，人均耕地面积4.4亩，在云南农村属于中上水平，是当地农业产业化的先决条件。值得注意的是，甘庄境内最高海拔2117米，最低海拔仅452米，巨大的海拔落差造就了立体性农业生态，坝区主要种植水稻、甘蔗、芒果等热带作物，而海拔较高处则出产玉米、小麦、大豆等。同时，这种地势落差甚至造成了当地族群的垂直分布，傣族（花腰傣）主要居住在坝区河谷区域，哈尼族居于半山缓坡地带，而彝族多居于高山之上，当然这也只

* 朱凌飞，云南大学，通讯方式：lf-zhu@163.com。宋婧，拉萨市公安局，通讯方式：1437540356@qq.com。

是相对而言。除此之外，居住在坝区的还有大批从印度尼西亚、越南（以苗族为主）等地归国的华侨、侨眷，以及从临近各地不断徙入的汉族民众，形成了甘庄复杂的族群结构。甘庄街道总人口 22528 人，其中汉族 4660 人，仅占总人口的 20.7%，傣族、彝族、苗族、哈尼族、壮族等族群也占到了较大的比例，并保留相对完整的族群文化，具有明显的混合文化（mixed culture）的基础。

在不同的历史时期，途经甘庄的道路历经马帮要道、213 国道、昆曼国际公路的演变，而作为道路节点的甘庄也经历了“甘庄坝”、“甘庄华侨农场”、“甘庄街道”的变迁过程，这两个过程恰好契合。我们不能贸然断言，道路的建设必然导致村社的发展，但将这两个过程放在同一个场域中进行讨论，对于我们思考人们对道路的观念、行为及文化的相关性具有一定的意义。

二、道路的嬗变与社区的过程

聚落地理学（Settlement Geography）“研究人类在地表如何积聚，聚落与自然环境如何发生相互依存关系”。这一分支学科认为，聚落与道路都是人类在地表活动所留下的重要痕迹，道路与聚落的兴衰关系密切，聚落创造了道路，道路也创造了聚落。（胡振洲 1977：171-177）由此而言，如果将“甘庄”作为一个聚落，其变迁历程必然与道路发生着密切的关系，而这需要我们进行一种历时性的研究才能发现其中的相关性。

（一）古驿道与“甘庄坝”

历史上本地人和过路人习惯将甘庄称为“甘庄坝”，[1] 其海拔最低

1　云南人所称的“坝子”多指群山环绕下的较为平坦的河谷地带，即山间小盆地。

处仅 452 米，这种河谷地形使甘庄积热难消，年均气温 21.2℃，最高气温出现在 5 月份，可达 40℃以上，且无风少雨，酷热难当，历来为“瘴疠之地”。史载，“元江之瘴以治城甘庄坝为烈，清嘉道前，附郭皆种槟榔，每当初夏花放，经其地者无不中伤。”（黄元直 1992）以至于行旅多不愿在此停留，“元江僻处炎荒，山高箐深，瘴疠时作。外来客籍多因地势气候之殊其生不繁，如城居汉人向无二十户以上之族，盈百户者惟乡间或有之。”（黄元直 2010：319）虽然自清嘉庆以后，瘴疠日消，仅有炎蒸，但仍被商旅视为畏途。时至今日，民谚“要走甘庄坝，先把老婆嫁”仍广为流传，其生存环境之恶劣可见一斑。

但甘庄地处云南乃至中原地区贯通老挝、缅甸、泰国等东南亚国家的必经之地，也是普洱茶、磨黑盐等物资在区域间流通的主要通道，商旅无法回避。据史籍记载，途经甘庄坝的古驿道贯穿滇中南，在元代时就已存在，是当时的中庆通景东八百宣慰司道。清代时元江直隶州在距元江城北六十里处设有青龙关，在今甘庄街道境内的汛塘哨口有青龙厂塘、甘庄塘、禾木底塘和路通铺。途中有“甘庄河桥在城东北三十里，乾隆三十年士民同建，嘉庆十七年重修。”（黄元直 2010：214）民国时设有青龙厂驿站，是从昆明而来的第九站或者第七站。在青龙厂设置关口、驿站的历史记载颇多，也远多于在甘庄设置塘卡的记载。由于青龙厂位于山势险峻之地，具有“一夫当关、万夫莫开”的地形优势，在古代相比地势平缓的坝区更具有军事战略上的重要意义。而商旅也多选择海拔较高、气候清凉的青龙厂作为休整之地，一般不在甘庄多作停留，在经过甘庄区域时，驿道也多从半山绕道而过。据说，从甘庄到昆明，马帮行走最快也需 20 天左右。

据方国瑜先生对汉人入滇历程的研究，元之前云南居民多为土著。自明代始，方有大批汉人迁入云南。明代实行卫所制度，出于交通的需要在山险路僻的地方也布置了很多哨戍，兵士长期驻扎在当地，因此很多就开垦田地、定居下来，成了民户。（方国瑜 2001：673–679）清代实行绿营兵制，绿营兵驻扎的地方称为汛地，其他塘、关、哨卡遍布山川平坝。招募而来的绿营兵年衰退役。他们很多人是从外省招募而来，退役之后即在当地安家立业、落籍云南。由于汛塘关哨很多在山川险峻之处，因此很多汉族人口就这样就近定居下来。除了汉族兵士落籍，也有很多从内地来的商人行商至此而定居。清乾隆年间吴大勋在《滇南见闻录·人部》中描述："至今城市中皆汉人，歇店、饭铺、估客、厂民以及夷寨中客商、铺户，皆江西、楚南两省之民只身至滇经营，以致积攒成家，娶妻置产，虽穷乡僻壤，无不有此两省人混迹其间。"（方国瑜 2001：673–679）可见清代时很多江西、湖南人就在滇南地方经商、定居下来，并且与当地民族通婚繁衍，即使在偏僻穷困的地方也有内地汉族移民的踪迹。甘庄街道派出所的民警娄继红是甘庄路通村委会三家村的汉族，据他讲述，他的祖辈是浙江人，当年来云南做生意路过路通开了马店定居下来，到他是在云南的第六代了。按每代 20–25 年计算，则娄氏祖辈系 120–150 年前移民到元江，即清末时期从浙江迁来。

随着人口的逐渐增多，瘴疠之气逐渐消退，过往商旅也慢慢愿意在此驻足，甚至有一家专为马帮服务的马店也在今"小铺子村"出现。然而甘庄并没有因此而成为商品和人流的集散地，商业和服务业的发展也仅止于满足当地人的日常所需。在当地人的记忆中，各村寨已经开始有人家"走马帮"，多是南下磨黑驮盐巴或普洱茶。此外，正因为地处要道，所以难免遭劫匪觊觎，当地人对外来者也多了一份防备之心，如甘庄大寨就建有寨门、寨墙，以防匪患。

总体而言，20 世纪 50 年代之前的甘庄坝基本上处于自给自足的状态，虽有外界的涉入，但仍相对闭守。因而，"甘庄坝"之称，在显示其作为马帮要道上一个并不十分重要的地理坐标的意义之外，更多地隐含着其作为村寨聚落的自然属性。

（二）“213国道”与“甘庄华侨农场”

云南省在民国初期时还没有公路。1925年建成通车的昆明至碧鸡关长16.4公里的公路是云南省的第一条公路。1929年，中华民国省公路总局制定了“四干道八分区”的公路修建计划，将滇南干道定位为昆明经玉溪、通海、建水、蒙自至河口一线。1941年，云南省政府才开始筹修昆明经玉溪、思茅、车里、佛海（今勐海）至打洛的昆洛公路。但是在1944年修到峨山后因经费短缺而停工。（云南省地方志编撰委员会 2001：109）1951年9月，途经甘庄的昆洛公路（昆明至打洛口岸，即213国道）开工，1954年12月27日竣工通车，全长866公里。其中昆明至元江一段1952年8月通车，在元江境内的有130公里长，从元江县东北入境，经过青龙厂、甘庄坝、澧江镇、大水平乡、因远镇至墨江。甘庄至元江县城一段是21公里长。（元江哈尼族彝族傣族自治县交通局 1991：31）

据原甘庄华侨农场分管车队的退休干部和甘庄大寨村民回忆，昆洛公路刚修通时，车流量很小，一天也就十来辆车，大多是盖着篷布的货车，要看到一辆客车经过实属不易。当地人要出门去县城，一般选择步行，幸运的话能搭上一辆过路的货车。但实际上步行与搭车到县城的时间也差不多，都需要2个小时左右。至今仍可见已基本荒废的老213线回环盘绕，爬山下谷，步行抄小道的话是能赶上汽车的。当地人有句话说，“见着城，走死人”，不光说的是走路，坐车也如此。而若北上州城玉溪的话，就要赶上早上9点路过甘庄的唯一一班客车，下午4点到扬武服务站住一宿，次日早上7点上车，下午4点到达玉溪，行车时间近16个小时。直到1965年，思茅成立运输总站，客车多了起来，每天上午有5趟车。此时车辆性能得到一定的提升，路况在不断修整拓宽后也有所改善，行车速度提高，早上7点从元江出发，晚上6点左右能到玉溪，耗时也缩短到11个小时左右。这一时期的车流量增大，货车也多了起来，每天车流量能够达到上百辆，隔十几分钟就有一辆，70年代的时候到每个小时几十辆，至90年代，每天车流量是2000多辆。（云南地方志编撰委员会 2001：129）1984年甘庄有了自己的第一辆40座客车，往返于甘庄与元江之间，已基本上能满足当时人们的出行需求。

道路建设和交通运输条件的改善，是促进人口流动的重要因素。我们可以推测，但没有充分的证据说明，甘庄因为其相对恶劣的自然环境和为213线所连通的便利条件，成为随后数十年间移民安置的主要选择点。1958年4月，云南省农垦局建立甘庄农场，安置玉溪市各机关的500多名下放干部。因为下放干部是接受“教育”和“改造”的，因而选择条件相对恶劣的甘庄也在情理之中。1960年安置印尼归侨428户1981人，[1]改设“国营甘庄华侨农场”，可认为更多是出于甘庄已有的农场建设基础，以及处于公路沿线的便利条件。因为安置归侨，甘庄华侨农场也归由云南省政府侨务办公室主管，并由集体所有制改为全民所有制。1970年3月，农场转为兵团建制，作为第一营、第二营被编入中国人民解放军云南生产建设兵团独立二团，团部设在原农场场部。1974年10月兵团奉令结束，恢复华侨农场体制，仍由省农垦总局领导。1978年7月安置越南难民[2]，到80年代初期为止共安置越南归难侨及难民2157人，全场由云南省政府侨务办公室领导。1988年全省各华侨农场全部移交地方政府管理，甘庄

1 20世纪五六十年代，印尼发生一系列排华事件。1959年5月商业部长决定书和11月内容相同的第10号总统法令规定，县以下的外侨零售商必须在1959年12月31日停止营业。

2 从1977年起，越南开始大规模排华。国务院于1978年5月在昆明召开接待安置被越南驱赶回国难侨工作会议，开始部署归难侨安置工作。

华侨农场改由元江县管理，同时农场实行农业职工家庭联产承包责任制。2001 年农场开始第二次改革，男未满 50 周岁、女未满 45 周岁的固定职工办理一次性离职手续、解除劳动合同，身份变为场员，场员与农场不再具有劳动关系，另外还剥离了“场办社会”（学校、医院、派出所）。

1958 年甘庄农场建立之初即将场部选在了距昆洛公路不到 100 米之处，1960 年到来的印尼归侨被安置在公路沿线，70 年代末期到来的越南归侨虽住在甘庄坝各处新建起的村寨中，但大多距公路不超过 5 千米。一些配套机构和设施也沿公路一线逐渐建设起来，如医院、学校、邮局、旅社、供销社、信用社、市场等。一度成为甘庄坝“地标”的“甘庄华侨饭店”（当地人称“服务大楼”）也于 1986 年 3 月建成营业，提供餐饮、住宿、购物等服务，成为甘庄坝人流汇聚的主要场所。围绕公路沿线，一些为商旅提供服务的餐馆、旅社、商店、修理店也快速发展起来。据统计，90 年代末期，在 213 线经甘庄场部所在地不足 1 千米的范围内，汽车修理店至少有 12 家，大多为过往车辆服务；餐馆超过 30 家，提供包括当地傣族饮食，以及印尼、越南特色饮食的服务。在空调逐渐出现在旅店中之后，越来越多的商旅也开始选择在甘庄住宿。每到芒果收成的季节，当地人在路边摆起了一连串的摊位销售芒果，颇受欢迎。随着人流的不断汇集，商业服务的日趋多元化，农场场部所在地逐渐繁荣起来。对于当地人而言，甘庄是一个能够满足日常生活所需、具备综合服务功能的市场，而对于商旅而言，甘庄也正在成为 213 线上一个越来越重要的节点。

不言而喻，为安置下放干部而建立农场，已经在一定程度上削减了甘庄作为村寨聚落的自然属性，而随后印尼归侨、越南归侨（苗族）的迁入，先后由省农垦局、省侨办、兵团所接管，成为元江县境内的“政策飞地”，脱离了地方发展规划范围。同时，由于上述人群的迁入，加之甘庄原有的傣族、彝族群体以及随道路的通达而从周边区域零星却不断流入的汉族人口，甘庄的族群结构越加复杂，更因“归侨”所携带的明显的外来文化的融入，加之“归侨”与其原住国在通讯通信、物资流动、亲友互访等方面的互动，混合文化在甘庄的存在已日趋明显，并在一定程度上增加了甘庄的“开放”色彩。如此一来，相较于周边村寨，至少在政治属性上，“甘庄”这一名号已经具备了更多的特殊意义。

（三）昆曼公路与“甘庄街道”

2000 年 10 月玉（溪）元（江）高速公路建成通车，过境甘庄，并设立一个出口和一个服务区。其结果是，昆明至甘庄的车程由 10 个小时缩短到 3 个小时，而由甘庄至元江县城也由约 1 个小时缩短至 20 分钟左右。其意义在于，甘庄与中心城市的时空距离骤然拉近，其经济、社会、政治等层面的区域地位发生了巨大的改变。2008 年昆曼公路全线建成通车，意味着甘庄已被纳入国际公路的路域范畴之内，与“全球化”浪潮发生了更为直接的关系。

高速路的修通给甘庄带来了巨大的冲击。最直接的影响是 213 线迅速衰落，当地果农不能再在路边销售芒果，收入受到了一定程度的影响。同时，由于过境速度大为提高，甘庄也丧失了作为商旅整休点的意义，213 线原来的 12 家汽车修理店也只剩下 2 家，也多只为一些本地的农用车服务，而境内旅店大多已经倒闭，仅剩两三家餐馆和一家只有十几个床位的旅店，部分旅店和饭店迁到靠近高速公路出口集镇上继续营业。2005 年，建成 30 余年的甘庄糖厂停产，种植面积已急剧缩减的甘蔗被运往元江县曼林糖厂进行加工，取代甘蔗的是经济价值更高的芒果。当地政府试图以本地盛产的亚热带、温带水果蔬菜和泰国的热带水果形成互补，丰富了两地的蔬果市场。到 2012 年底，甘庄街道芒果种植面积达2331公顷，产量达885.68吨，现已成为云南省最大的芒果基地。这是甘庄主动适应新的交通环境所进行的产业结构调整。此外，玉溪市还决定以昆曼公路为轴线调整工业产业布局，将建成光伏发电厂、石材厂等6个工厂，以充分利用甘庄在交通上的区位优势。

根据国务院和云南省人民政府颁布的华侨农场改革和发展的意见，2009年，甘庄被并入与之相邻的青龙厂镇。到2011年，元江县计划“把甘庄建设成为外来文化与民族文化相交融的现代小集镇”和“精炼工业聚集区”，设立“甘庄街道”，同时保留“甘庄华侨农场”的牌子。

甘庄区域内的道路建设也在迅速发展，其建设以集镇（即场部所在地）为中心向周边村寨辐射，优先考虑环场部地带和华侨居住地区。经过持续多年的建设，场部至周边主要村寨的道路基本建成了水泥路面，区域内的通行条件大为改善。与之相应，甘庄的城镇化水平也在逐渐提高。从社区景观来看，集镇中心街道两侧栽种了从外地引进的铁刀木树，架设了路灯。值得一提的是，紧邻高速公路的一片空地被开辟为公园，建设得蔚为美观，并竖起了一座高大的“飞马”雕塑，颇引人瞩目。在高速公路一侧修建当地唯一公园的做法颇具深意，一方面自然是为当地人提供必要的休闲场所，这是城镇化的重要内容；另一方面显然是为了向过往商旅展示城镇的风貌，以改变外来者对甘庄的固有印象，由此彰显甘庄的外向型形象，正对高速公路的飞马雕塑将这一意图表现得淋漓尽致。

“甘庄街道”的建立不仅更加凸显了甘庄的区域地位，更为重要的是，“街道”的设立，意味着甘庄已被作为城市社区纳入发展规划，而“甘庄华侨农场”的存续，则意味着甘庄仍然希望以“侨乡”的名号，与“海外”这一更为广阔的市场保持深切的联系，甘庄社区的文化形式和社会结构发生了更为显著的变化，其经济属性不断凸显。

三、人类学视野中的甘庄及其道路

道路作为一种物质形态的存在，它连接不同的地点，承载着人与物在空间上的移动与流通，同时，道路也成为文化的传播、融合、变迁的一种隐喻和象征。对于一个特定的社区而言，道路所产生的影响是深层次的。

（一）道路与甘庄的区域性地位

施坚雅认为："一个正在现代化的地区中具体市场的命运实质上要由交通现代化的空间模式和时间顺序来决定。被一条现代道路绕开的集镇不大可能发展成为现代市镇。"（施坚雅 1998：102）相应地，一个社区若处于某一道路的节点上，其经济社会的变迁必然与道路发展产生密切的关系，甚而其在更大区域内的地位也将相应地发生变化。

驿道时期的甘庄因其较为恶劣的自然环境，甚至被过往的马帮有意略过，使其长期保持了相对较低的流动性，并没有在滇南交通史上留下太多的印记，"甘庄坝"之称显现出其作为村寨聚落的自然属性。随着国道213线的建成通车，甘庄与道路的联系才日趋紧密，为商旅提供的服务使甘庄获得了发展的机遇。同时因其作为华侨农场所具有的特殊性质，相较于周边乡镇，甘庄表现出了更多的异质性，具备了多元文化和混合文化的典型特征。高速公路使甘庄的交通地位进一步发生变化，对于商旅而言，甘庄只是一个出口和一个服务区，或者是一个稍纵即逝的"景观"，其交通地位显然受到了削弱；但对于甘庄而言，高速公路则是一个更快速地融入更大范畴政治经济过程的重要机遇，为了"迎合"道路的发展趋势，甘庄的自身定位和区域地位也在不断调整的过程之中。

由此观之，道路建设与社区发展在进程上所形成的这种同步关系，不能纯粹当作一种“巧合”来看待，它所显示的，是一个社区与外部世界的连接方式、程度和效率，在人类学的视野中，这正是引起文化变迁和社会结构调整的重要动因。

（二）道路与甘庄的现代性发展

连通甘庄的道路历经马帮驿道、近代公路、高速公路的演变历程，其最直观的改变就是速度加快、距离缩短、效率提高，人们能够在不同的地点之间更为迅捷地通行，其最直接的寓意就在于，行旅的目的地成为最终的目标，而过程则被大幅压缩和忽略。如此，当前道路发展的极致——高速公路，就与现代性所暗含的理性、效率、实利、秩序等形成了完整的契合。

马帮驿道在一定程度上略过了甘庄，而国道213线将甘庄“串”在了国家意识的序列中，昆曼国际公路则在某种层面上重新定义了甘庄的区域性地位。因为高速公路的高速度和封闭性特征，原先“黏着”在213国道上的甘庄可能被高速公路所剥离、被商旅所“掠过”，这是甘庄作为“过程”所被赋予的宿命。甘庄若不想被抛在身后，就必须去“迎合”高速公路所具有的现代性特征。迎合的办法无非两种，一是设法成为一个“终点”，至少是一个“中点”，这就迫使甘庄进行产业结构调整，发展外向型经济，同时改善社区内部环境，包括内部道路、城市景观、商业服务设施等方面的建设，吸引外来的投资和消费；另一则是努力成为“起点”，这是一种更为主动的做法，也就是运用高速公路便利的通达条件“走出去”，甘庄以芒果取代甘蔗的种植，就是在比较之后作出的一种选择。同时，高速公路带来的这种外向型发展方向，将使甘庄迅速向市场经济迈进，对效率和利益的追求，对理性和秩序的选择成为必然。

高速公路横亘甘庄坝，不仅“切割”了自然景观，也在一定程度上割裂了原有的社会生态。高速公路将甘庄划分成了南北两个片区，两者之间在数十公里内仅有一条下穿隧道相连，两侧民众的生产方式、生活习惯以及社会网络被高速公路以一种硬性的方式进行了调整。甘庄街道的建立使其行政地位得到提高，社区内部整合得以加强，同时也使其社区性质发生了改变，被纳入市镇管理的范畴，原本浑然一体的村寨聚落，被规划为井然有序的不同“片区”，社区内部的异质性不断增强。

（三）道路与甘庄的全球化前景

全球化话语表达了对全球政治经济权力关系的一种想象，即通过霸权排除不同于其发展主义前提的其他一些可能性考虑。（德里克 1998）在现代社会中，不同的国家、地区及不同形式的共同体，在以经济往来、大众媒体和现代交通体系为基础连接起来的世界体系内，越来越紧密地联系在一起。这种“连接”正是一种跨区域的政治经济关系的体现，而“连接”确实又是道路最根本的属性。因而，我们在讨论道路与社区关系的时候，全球化似乎是一个不可回避的论题。

毋庸置疑，“流动性”是全球化话语体系中的关键要素。对于甘庄而言，其混合了印尼和越南归侨、来自不同区域的汉族群体，以及原住民傣族和彝族群体的族群结构，本就使其具有了多元文化的典型特征，对于外来文化保有一种开放和包容的特点，这也使当地人在面对外部世界时，更容易做到“请进来”和“走出去”。同时，归侨本身所具有的更为宽广的社会网络，也在带动当地人与外部世界形成更为广泛和密切的社会联系。相较而言，甘庄人身上体现出更明显的流动性特征。此外，道路建设的快速发展，使甘庄与中心城市之间的时空距离被大幅压缩，一方面使外来的“拉力”不断增强，使当地人更勇于、善于外出；另一方面，甘庄原为“化外之地”的形象也被道路所彻底改变，外来的政治、经济、社会因素能够更为迅捷地传递到当地，并被当地政府和民众所实践。值得注意的是，玉元高速还是昆曼国际公路的组成部分，在云南省寻求向南亚、东南亚开放的过程中，甘庄的发展甚至被当地政府置于一种国际性的环境之中，其全球化的进程更可能因此而加速。

全球化霸权话语的实现，必然以“地方性”的消解为前提。如前所述，甘庄已然形成了一种典型的混合文化，但其意义并不在于文化个性的泯灭，而在于多元并存。当地政府致力于“把甘庄建设成为外来文化与民族文化相交融的现代小集镇”，在欢迎和接纳外来文化的同时，也大力彰显地方性文化，在每年的彝族火把节、傣族“花街”都举行大规模的庆祝活动，甚至还为从越南回归的苗族举办“花山节”。节日期间除了各种文体项目之外，总是伴随大规模的商品交易活动，这已成为甘庄吸引游客和商贾的重要手段，而这也正是全球化的一种表现形式。如此看来，“全球化”与“地方性”并不必然呈现一种此消彼长的局面，而是可以找到协调与融合的途径。

四、讨论：社区视域下的路人类学研究

在人文社会科学领域，对道路的研究多侧重于道路的修建、使用和影响，周永明倡导综合生物学、动物学、人类学、历史学、地理学、政治学和传播学等学科对道路展开研究，并进而建构起“路学”的学科体系。（周永明 2010）对于人类学而言，其以人、文化、社会作为主要的研究范畴，而道路显然是至为重要的“物质文化”和“非物质文化”的综合体，与人的生活方式、人群的组织形式，以及社会结构

的调整都有着密切的关系。因而，道路的研究显然需要纳入人类学的研究视野中。同时，人类学的相关理论、概念以及研究方法，也必然会对道路的研究作出重要的贡献。

在人类学视野中，道路对于一个社区的价值就在于沟通内部与外部，而所谓“外部”是可以无限延展的，甚而扩充到全球化的语境之中。道路的建设与使用正在使云南众多少数民族农村迅速摆脱与外界的“隔绝”或“孤立”状态，融入更为宽广的政治经济过程之中，使“地方性”与“全球化”这一二元关系发生最为直接的碰撞，而现代性的建构也将是不可避免的。

以社区作为切入点，关注人与道路的关系，关注“内—外”文化的互动，进而关注因为道路而引起的一系列社会变迁，对人类学研究领域的拓展将起到极大的推动作用。同时，对于人类学学科不同领域的研究者而言，将道路作为一个分析的视角，也将是大有裨益的。在“路学”本身尚未获得学界广泛共识之时，我们谈及“路人类学”可能过于轻率，这需要提炼和界定一系列的关键概念，并对人类学学科理论进行拓展，甚至结合研究对象——“路”的特点对原有的研究方法进行创新，才能够逐渐建构起学科的基本框架。在这之前，研究个案的积累具有重要的意义，而对道路与社区的关系研究可以成为一个有益的视角。

参考文献

阿里夫·德里克著，王春梅，王怡福译，《全球主义与地域政治：马克思主义与现实》，1998。
胡振洲，《聚落地理学》，台北：三民书局，1977。
黄元直修，《民国元江志稿》，卷三十，杂志五·轶事·台阳随笔，刘建武纂，1992（铅印本）。
黄元直，《民国元江志稿》，南京：凤凰出版社，2010。
施坚雅著，史建云，徐秀丽译，《中国农村的市场和社会结构》，北京：中国社会科学出版社，1998。
云南省地方志编纂委员会，《云南省志》，卷三十三，交通志，昆明：云南人民出版社，2001。
周永明，“道路研究与‘路学’”，《二十一世纪》双月刊，香港，2010（8月号）71-79。

水道开辟、土客互动与区域建构
——以都柳江下游富禄镇商业化为例

王彦芸*

一、引言

历史上，中国西南乃至华南地方社会渐次进入王朝体系，在这个过程中，水道疏浚往往成为中央加强对地方控制的必要手段，这两个地区沟壑纵横的山岭使得水路交通在满足军需和货物供应方面具有重要意义，而由此引发的商业贸易、人群迁移、跨文化接触和社会转型，则成为观察国家与地方社会二者互动的切入点进入学者视野。一是关注来自于国家层面的拓殖与经营，分析中央王朝如何在河道疏浚完成后推行治边政策、推广礼法教化，以及探讨汉人移民的垦殖开发（张应强 2001；罗美芳 2009；陈贤波 2011）；二是从民间信仰出发探究地方社会如何回应中央王朝的征服与渗透，关注航道开辟和国家力量介入后区域族群关系、文化传统与民族认同上的变迁（唐晓涛 2008；谢晓辉 2008）；第三个方面的关注则着力于河道

* 王彦芸，西南大学。通讯方式：wangyy715@126.com。

疏浚后的地方市场与商业化过程（张应强 2006；朱晴晴 2011；罗康隆 2012），分析地方社会如何通过市场贸易活动逐渐接触和进入国家体制。

实际上，在以上诸层面的讨论中，河道多作为研究区域社会问题的背景被涉及，而对于水路交通特有的实质性内涵却较少有讨论展开。近几年，通道本身的流动性与连接性逐渐受到关注，有学者将国家、市场以及地方社会三者相结合，兼顾“上”“下”视角，分析不同人群如何在以水陆交通网络连接起来的地域空间留下各自创造性活动的历史印记（张应强 2014）。本文所探讨的都柳江流域地处南岭走廊，水道交通的特殊性与重要性常被提及，在所有民族走廊中南岭走廊是唯一与海洋连接的走廊，因而其族群流动与丰富的水路交通网络关联紧密（麻国庆 2013），由水道所引起的区域社会变迁应该被视作复杂的动态过程而加以重视。另外，上述研究虽然深入讨论了水道对区域的经济或文化层面的影响，但却较少呈现“文化本身的转化弹性以及个体作为历史能动性（agency）或行动者（agent）的创造性地位，从而也无法处理文化本身的历史化过程如何得以超越延续与断裂二元化的问题”（黄应贵 2006：205）。从这个意义上，都柳江的河道疏浚及其带来的流动性可以提供一种视角，看到“区域”在时间中因新的要素加入而被建构的过程。近年来，“弹持论”（Engineering resilience theory）[1]被引入了道路修建与区域社会变迁的讨论中，对这一问题做了有益的补充，该理论试图将道路置于生物文化多样性的框架之下，强调区域社会因通道而呈现出的诸层面的动态变化，其背后则是将

1 认为文化具有“弹持”的能力，面对道路带来的变化时，大部分地域性传统文化第一时间显现了明显的颓势，但其后它们又纷纷完成了自我改善与修复，弹持回归，而并非沿着一开始的轨迹一路向下最终崩溃或者重构。参见周永明，“道路研究与‘路学’”，《二十一世纪》（双月刊），2010（8月号）：71-79。

道路作为文化驱动者，将区域视为非整齐划一的又具能动性的开放系统。

本文所关注的富禄镇位于广西三江县境都柳江下游河畔，都柳江属珠江水系，发源于贵州省独山县，在现代公路兴起之前，都柳江航道一直是该区域内最重要的交通主干道。都柳江航道疏浚原是清代中央王朝开辟新疆、加强西南地区控制的重要组成部分，然而航道的开通，其意义不仅仅为中央王朝在都柳江流域建立起了统治秩序，更值得关注的是航道对都柳江流域内经济交换、社会关系、生活方式等各个面向所产生的冲击与影响。航道疏通后，富禄因其有利的交通位置逐渐成为区域内商品转运之要埠，以闽粤籍为主的商业移民自下游溯江而上，进入富禄经商并最终定居下来。以富禄为中心，都柳江水道与纵横交错的陆路网络由贸易与人群活动联系成为一个整体，新的区域社会秩序与内部关系在移民与当地居民的互动过程中被建立并被不断调适。

基于此，本文将以“河道疏浚”作为开端，探讨当河流将不同的人、物、观念等诸要素汇集在一起后，移民与原本居住都柳江下游流域的“苗”、“侗”居民如何应对变化、彼此协调，呈现人群间接触、冲突与融合的复杂动态过程。一方面，水道的疏浚的确带来了区域市场的形成、人口的迁徙以及文化间的相互接触，给社会生活带来诸多变化，而另一方面，所谓被“开发”的都柳江流域实已包含了地方社会的秩序与逻辑，这些传统的社会结构与文化逻辑仍在发挥着作用，同时，移民与当地人背后不同文化体系的相互碰撞，也发生着有趣的变化。综上所述，本文希望借由对土客互动关系建构的探讨，将地方社会和人群纳入其中，梳理因河道开辟连接起来的多元人群的复杂历史，进而在一个侧面探讨都柳江流域因人的活动而带来的文化层叠、族群互动以及观念的流动诸现象。

二、都柳江河道疏浚与富禄商业发展

都柳江发源于黔南独山县拉林乡磨石湾，流经贵州黔南州三都、黔东南州榕江、从江等地，并跨越黔桂两省，下游穿梭于广西三江县境。据县志记载，都柳江“长八十公里，水势浩荡，舟楫畅通，上溯可达三都，下驶则至香港。”（贵州省从江县志编纂委员会 1999：736）然而都柳江流域在清雍正以前，一来险滩恶石甚多，二来多系“生苗阻隔”，不能行远。从雍正年间开始，中央王朝对这一“生苗”盘踞的地区进行了大规模的军事征剿，先后开辟“新疆六厅”，囊括了今天的整个黔东南区域。在这一过程中，控制和保证都柳江河道的通畅对于生苗区的开辟和营汛防布至关重要，当时云贵总督鄂尔泰在《奏开都江河道疏》中说：

> 都江一带，皆阻以生苗，如来牛、摆调之类，皆以一大寨领数十百小寨，甚为凶顽，最称难治。欲使都江开导，直达粤西，非勒兵深入……河道□阻，更属切近之忧。是以臣调两省之兵，竭三年之力，都江河道开通，相应备叙。[1]

可见，其中所指的河道疏浚不仅仅是指水路的通畅，更有“剿抚生苗”的涵义。从雍正八年至雍正十三年，鄂尔泰对古州地区的少数民族进行镇压，同时组织地方上的土司率士兵对都柳江航道多次进行疏治，疏浅滩、伐恶木、铲怪石，不仅河道可通舟楫，并且沿河纤道也顺畅无阻。至乾隆年间，贵州总督张广泗再次奏请开都柳江航道，并依赖都柳江水道的开通，在粮米采运制度下，形成了供应都柳江中

1 本段引文摘自：（清）王孚镛纂、胡翯修纂，民国《三合县志略》卷 5，“水道·附鄂尔泰奏开都江河道疏”，中国方志丛书本。台北：台湾成文出版社，1968：458。

下游镇营粮米的运输通路。

清代中央王朝对苗疆一系列的军事举措以及沿江粮米采运制度的实施，最终使得都柳江流域纳入以水道为连接线的新的王朝政治经济秩序之中。治理都柳江河道的工程也许更多是出于政治因素的考虑，为满足军事或者“皇贡”的需要，却在很大程度上加速了流域内的开发，随着河道疏通与运输网络的形成，大小船运也得以展开，促使当地贸易活动活跃起来，并形成了一个由江河体系与陆路相交织的区域市场网络。河道疏通后从都柳江上游榕江县四日可到广西融县的长安集镇，又一日可到柳州，富禄正位于这一水道上黔桂两省交汇之处，北可由陆路达贵州黎平府，西可沿水路前往古州、丙妹、永从等地，东接广西怀远县顺流而下至广东，南有大年河连通苗山腹地，有利的交通位置使得富禄逐渐成为一重要商埠。

航道开通后，江面船只所载大宗货物之一为食盐。由于疏浚后的航道可抵粤省，于是该区域改淮盐为粤盐，外地商人（以闽粤籍商人为主）将海盐从广东贩运而来，先至梧州、柳州等地，再通过都柳江航道分销沿岸及贵州腹地，自雍正年间开始，“粤盐得行于黔，设总埠于古州，而分子埠于黎平诸郡县，闾阎无食淡之患”（吴振棫 1992：333）。除食盐之外，另一大宗货物为木材，县志记载“乾隆三年八月十一日，张广泗奏请疏浚都柳江河道。此后，水路畅通，两广木商入境采购，贸易始兴。”（贵州省从江县志编纂委员会 1999：7）都柳江流域的杉木自上游向下游贩运，整个清代至民国年间，木材生意十分兴隆，每年都有大批杉木沿河道运往广西柳州、梧州和广东。更为重要的是，木材贸易带来的并不只是都柳江主航道上的市场繁荣，而是将各支流也整合到了这一区域市场网络之中，今天所称之为“苗”、“侗”的土著也借木材的栽种、买卖参与到了市场活动中，与外地商人发生接触。都柳江航道的疏通，大大拓展了苗疆地区能够连接的地理范围，都柳江流域经由江河贸易跟更宽阔的社会连接了起来。

与河道中的商品相伴随的，是商业性的移民迁徙。由于都柳江流域商业化发展，沿西江溯江而上的闽粤商人逐步迁徙至富禄，最初迁徙到富禄的移民只能临时租住当地土著房屋经营分号，其主要的定居地仍在下游广西怀远县[1]等地，但随着商业活动的兴盛，汇集富禄的移民逐渐增多并最终定居下来。商人从下游柳州、长安运来食盐、布匹甚至各种“洋货”等商品，在富禄买卖，再被挑夫或船夫转运至黎平、永从、古州等地，而木材、桐油、药材等本地货物也在富禄进行交易，被商人们收购后运送到下游市场销售，富禄市场一时间舟楫往来、兴盛繁荣。今天的富禄乡仍居住着部分“客家人”，即是上述背景之下迁徙而来的闽粤移民后代，他们与当地的“侗”、“苗”族群一起，构成富禄的主要人群。

综上所述，都柳江河道贯通后的商业化发展使得“人”与“物”开始快速流动，水道的流动性使地方社会原有的村落联系和人际交往扩展到了更大的空间范围之中，其基本的社会生活单位，也因江河网络与市场活动由村落逐渐扩大到区域。空间扩展的背后是人群的接触与文化间的交汇，在富禄，区域社会变迁的动态过程也通过商业移民与当地人的互动过程得以呈现。

三、移居高坡的“苗”——土客接触与空间变更

河道的疏通首先带来的是空间的变化，一方面，联通内外的都柳江水道为地方带来了陌生人，富禄市场的发展与移民的定居实际包含

1 今广西三江县城古宜镇。

着对新的社会秩序的要求，这些新的变化势必会在空间上得以呈现。另一方面，当地“苗”、“侗”居民的生计模式也发生了嬗变，生计模式与经济活动的改变，又反过来调整了空间格局。

今天富禄镇上所居住的主要人群为闽粤移民后裔，其民族身份被划分为“汉”，然而最初在富禄开寨居住的却是“苗”。最初来到富禄的闽粤籍商人并无房屋或土地，只能租苗民家屋最底下一层开铺经营，又因富禄市场交通位置极为理想，越来越多的移民被吸引到此，并逐渐在贸易活动中占据了主导地位，加上移民自身的社会整合与市场秩序的形成，原本居住于此的苗民慢慢被排挤在市场之外，也渐渐失去了对富禄的控制而被迫迁移。导致苗民迁徙的直接原因则是耳熟能详的赊借故事，据说移民商家每当青黄不济的时候会将粮食借给苗民，由于苗民当时缺乏对市场行为的理解，这些赊借的物品最终变成无法偿还的债务，苗民只能被迫用房屋与土地抵押，从而最终失去了在富禄的居住权。这是一个描述移民入住过程的模式化故事，也是诸多学者所提出的商人移民进入边疆地区所普遍经历的一个过程，即“边疆经济的货币化以及市场的缓慢扩大使地方原住民与这些商人移民建立了一种依赖性较强的关系。当地对商品的需求经常会超过当地输出商品的供应。因此，部落民会用赊欠方式购物，商人会鼓励他们抵押土地和财产，很快就形成了一个对当地社会有破坏作用的债务链”（韩书瑞、罗友枝 2008：122）。

苗民大约于清光绪年间最终搬离江边移居山中，这一高坡之上的苗民聚落被称为“岑牙”，如今是富禄苗族乡下辖的一个村。入山的苗民看似为一种“被驱逐”和“被边缘化”，但苗民与移民之间并非简单的对立和失衡，二者在接触之初的经济往来和“土”“客”身份认同继续延伸到了彼此以后的关系之中。搬至高坡后，岑牙苗民与富禄商家在木材贸易中逐渐建立起了较为紧密的关系——岑牙坡上的杉木山几乎悉数被富禄一福建籍赖姓商家买下，直至今天，岑牙的一些山名还沿用了当时该商家的命名，而赖家每年清明节也需前往葬于岑牙的先人墓冢挂亲。虽然今天已无法追溯他们经济上的具体联系，但二者的关联性也体现在对外防御方面，在富禄几次与其他村寨发生的冲突事件中，山上的岑牙都会出手相助，至今富禄仍流传着岑牙寨的人勇猛、打架厉害的说法。除此之外，岑牙苗民还对富禄特定空间拥有象征性的权力，如在富禄东南角有一片河塘被称为“龙塘”，相传龙塘由于水极为深邃而有神龙居住，而苗民虽然搬迁到了高坡，但这片河塘仍为岑牙与富禄所共同拥有，岑牙的苗民仍有在龙塘里打鱼、祭祀的权利。这样的说法借由一个名为“闹塘求雨”的仪式得以清晰表达，“闹塘求雨”仪式是在干旱的季节，富禄和岑牙两地的寨老在一起合议出一个日期，到了那天富禄人先到龙塘边，恭候岑牙苗民的到来，若岑牙苗民还未到达，富禄人则不敢擅自开始仪式。当双方到齐后，师傅就会在塘边做一系列的仪式，并将茶麸撒到塘中，茶麸会让塘中的鱼全部死掉，而仪式过后几个时辰便会下雨，之后人们将鱼打捞起来，由富禄、岑牙平分两份后各自带走[1]。可见，岑牙苗民虽然最初失去了在富禄的居住权，在市场与移民的双重冲击下生存空间受到了挤压，却也并非完全被阻隔在市场之外，而岑牙在富禄的空间记忆和象征性权力也成为一种可运用的文化手段，使其能够灵活调整与富禄移民的关系。

最初都柳江河道的疏通和随之而来的商业发展的确使苗民失去了位于江边的土地，但搬迁后的苗民却并未成为无根之萍，随着山下侗民参与市场活动程度的提高，高坡的苗民反而从山下人手中获得了较多田地，这一结果与水道贸易兴盛以及土著对市场的参与密切

1 该仪式最后一次举办是在 1958 年。

相关。

富禄市场虽由外来闽粤籍移民商家主导，但水道的货物运输往往需要充足的劳力，如制造木船、肩挑背扛、撑船运送、扎排放排等，这些需求使靠近江边居住的侗族的生计模式发生了改变，如今人们回忆说“那时候给老板撑船、放排，就好像今天去广东打工一样，大家都给老板打工，家里的田都没有人种了，我们就把田借给高坡苗族种，时间久了田都要不回来啰，最后全被他们拿去”，实际上，这简单的一句话所反映的是较为复杂的区域社会变迁过程，从一些当地契约中可以看到，田地的买卖大多发生在清末民初，随着商业化发展特别是都柳江木材贸易的兴盛，沿岸村寨原住民不仅为移民商家“打工”，也一定程度地参与到了木材的收购转卖之中，不难想象，沿河村寨在这一背景之下将土地卖与高坡土著以获得生意所需的资金，而高坡苗族则在这一契机下积累下土地。

实际上，上述以岑牙苗族为例的空间变化是一漫长的过程，可以看到的是，水道的贯通的确在第一时间对当地社会带来了冲击，与移民的出现、居住空间的转移、生计模式的调整交织着的是经济交换、社会关系以及生活方式等面向结构性的变化。但当我们对土著与移民商家之间的关系进行考量，就会发现区域社会的变迁实则是一不断调适的动态过程，即使是移居山中居住的岑牙苗民也在新的情境下，积极运用自身资源与文化手段与富禄保持微妙的联系，纳入到区域社会的新的联系之中。

四、河滩之争　　移民与苗侗　兄弟寨

上述岑牙苗寨的故事让我们看到了商业移民在获得当地入住权过程中的复杂性，入住权的获得之所以值得关注，是因为它可以在族群

与文化的边界之上提供一种探讨的途径，当河道的流动性把人群间的距离缩短之后，地方社会如何变化？学者们在讨论水道对西南少数民族地区的影响时，倾向于强调水道对区域社会的“开发”和“拓殖”作用，这一视角聚焦于来自国家、移民的外部介入如何“迫使”地方社会变迁，却忽视了地方社会传统的组织方式与内在文化逻辑的改变或延续。本节将提供另一移民入住的例子，从中看到商业移民的进入也必须面对地方传统社会秩序以及处理在此基础之上的人群关系。

在都柳江中下游流域，一直存在“九域山、十段河”的说法[1]，“九域山、十段河”涵盖的是江边与高坡不同的空间范围，每一个区域内的若干寨子间都遵循着共同的规约和互助的原则，彼此互称“兄弟寨”。在当地人观念中，“兄弟”有事，其他寨子必须帮忙，彼此在通婚、防御等方面保持紧密的内部联系并具有强烈认同[2]。水道疏浚虽然实现了流域内的“剿抚向化”，为区域社会带来冲击，然而“九域山、十段河”的内部认同、人群划分与村寨关系，仍在地方社会延续，定居富禄的移民商家逐渐意识到这种传统社会组织以及在此基础上的地方秩序不可小觑，如果得不到这些村寨联合体的支持，往往会在诸如山界纠纷、商业竞争一类的事情上处于孤立无缘的境地。即使在当下，都柳江流域当地“苗”、“侗”居民与移民后裔围绕“兄弟寨”的传统规约，在新的社会环境之下仍持续碰撞出新的互动。

富禄乡上游5里处有一河滩，河滩上的寨子名为“青旗”，在河道疏浚之前，青旗只是一片田地并没有人在此扎寨，这些田地原属于今天富禄乡仁里村与滚跌寨所有，而两个寨子都位于高坡之上，并不近

1 “九域山、十段河”是都柳江中下游流域传统社会中的人群分类，其中“十段河”指从榕江到良口的十个河段，主要包括河边的寨子，而“九域山”则是高坡或支流内的九片区域。

2 这种侗族社会的村落联合体亦被称为“款”。

河边。河道通达后，青旗门前的河滩开始繁忙起来，不仅可以湾船停靠，也可进行收排扎排等木材贸易，随着人的流动性增加，一些专门从事铁器生产的商业移民，向仁里借用了青旗这片地方生产生活并最终定居下来，这些商业移民同样是以闽粤籍为主，且如今的青旗还居住着广东籍赖姓的移民后代。用当地人的话来说，"日子久了，仁里就把这块地送给那些铁匠住，田也送给了他们，才慢慢发展出后来的青旗寨子来"，可见，青旗寨移民的进入与富禄镇商家的进入经历了类似的过程，然而青旗的特殊之处在于，它的位置实际上位于一个"兄弟寨"的控制范围内，即由七个聚落联合的"七十"村寨联盟[1]，"七十"认为虽然青旗可以让给移民居住，但青旗寨门前的河滩应是"七十兄弟寨"所共有[2]，这样才方便七个寨子的人来河边进行木材贸易活动，保持对水上贸易的控制权。移民到来之后，逐渐意识到要在青旗生存发展最好要依靠兄弟寨的力量，因此向"七十"的寨老们提出请求加入村落联盟，然而"七十"拒绝了移民的要求，认为做朋友可以，但要挤入"兄弟寨"行列则不行。可见都柳江流域的"兄弟寨"具有严格而清晰的边界，也成为外来移民绕不开的力量，青旗移民的居住、经营、安全几乎都要依靠"七十兄弟寨"，却又无法跻身其间，只能处于与之相交又相争的境地。

这一处境一直延续至今，虽然富禄社会几经变迁，也经过了新中国成立之后的土地改革，且水道的重要性也在公路交通急速发展的冲击下大大下降，但如今"七十"仍旧在强调青旗河滩的共同所有权，并在中国当下的"发展"语境中呈现出新的方式。2009年起，青旗寨中的移民后代赖姓房族欲在青旗河滩开发河沙，河沙既可以卖作原材

1 分别为今天的富禄乡大顺村的两个寨、仁里村的四个寨（上寨、下寨、滚跌、响田），及葛亮共七个寨子。

2 所谓河滩"共有"，指过去七个寨子共同拥有使用河滩进行木材收放以及贸易的权利。

料，又能淘出少量沙金，对于“七十”兄弟寨来说，原本已较少提及的只具有象征意义的“河滩共有权”成为可以参与开发的理由，也希望从河沙开发中分一杯羹，于是向青旗赖氏提出要求一起分河沙所赚的利益。可在青旗赖姓看来，“七十”的说法未免过于老旧，可以不予理会。于是在2011年正月，“七十”再次向青旗展现了其强大的内部整合力，当时青旗邀请了“七十”前来赛芦笙、打篮球，在篮球比赛中，“七十”中的某一支球队以比赛中青旗队的“冲撞”犯规为由，聚集了七个寨子几乎所有的青年男性，闯到青旗寨，将赖姓房族房屋悉数破坏、拆掉，并将负责开发河沙的那个人逐出村寨，彰显“七十”对青旗的控制权。事后“七十”的人说，“青旗的人平时做事就飞扬跋扈，早就看他们不顺眼了”。

从青旗与“七十”的关系来看，虽然如今人们似乎已经淡忘了“九域山，十段河”的内容，也无法清楚地复述出它的故事，然而并不代表人们已经摒弃了“九域山、十段河”所包含的人群关系和人群范畴，人们身在其间，延续了这种看待彼此和处理村落之间关系的方式。青旗与“七十”之间所呈现出的张力，正是源于河道所带来的不同人群生活场域与社会秩序的差异性，“九域山、十段河”所蕴含的地方社会传统秩序与村寨关系并未在河道疏浚后的区域商业化过程中逐渐式微，而是作为一种历史记忆和身份象征，随着区域社会在不同的历史境遇下被灵活运用。

五、诸神汇集与文化碰撞

航道带来的不仅是人与物的流动，同时也带来了文化的流动，在富禄的不同人群将不同的神灵与信仰汇集于此，呈现出了民间信仰的丰富性和多元性。在族群互动的过程中，人们试图找寻一种象征性的沟通方式来调试彼此之间的关系，也试图创造能够涵盖各方神灵的仪式实践来应对不同的世界观，将不同的信仰接纳到各自的文化体系之中，成为自己精神世界的一部分。

葛亮寨是与富禄码头隔水相望的寨子，移民最早来到富禄时，不少商家也在葛亮开铺经营，在同治年间富禄市场兴盛起来之前，葛亮也曾是市场中一个重要的据点。今天的葛亮让人惊诧之处在于，一个一百多户的寨子中竟坐落着天后宫、关帝庙、孔明庙与孟获庙，另外还有保村护寨的土地公，以及侗族所祭拜的萨坛，这些不同的信仰空间，都是在不同的时间、不同的人群在葛亮活动留下的印记。其中天后宫与关帝庙为闽粤籍商业移民所建，而孔明庙与孟获庙则是当地侗民所建。今天的葛亮居民把上述诸神都当成自己必须供奉的神灵，在日常生活之中恪守一套敬神的行为规范，并在特定的节日通过仪式将不同神灵整合在一起。而诸庙建立以及侗民创造性地将诸神纳入自己信仰体系的过程，正是都柳江水道疏浚之后，移民与地方土著文化创造性融合的体现。

商业移民来到葛亮之后，为了经营商业和维持日常生活秩序，开始运用各种手段团结与整合移民社会，这些努力包括建立会馆、庙宇，以加强彼此间的认同。天后宫初建于清道光丙午年间，乙卯年间曾遭兵火之灾，后于光绪十三年（1887 年）获重修。主持修建天后宫的为闽粤籍的赖姓商家，赖家从广东请来建筑工匠，同时在庙宇中设立了“闽粤会馆”，至此，闽粤籍的移民既有了信仰作支撑，同时也有了自己的联络机构。在天后宫修建初期，祭拜天后的主要为客家商人，而祭拜的目的则是希望天后保佑货物在水路运输过程中能够平安抵达，载货船只不被洪水推翻，由此看来，最初天后宫与门前都柳江河道有着非常密切的关系。天后宫修好后，与妈祖有关的节日也被移植到了葛亮，即三月廿三妈祖诞，妈祖诞由于节日中放花炮的环节最为热闹，如今也被称为“花炮节”[1]，举办妈祖诞所需的资金由各移民商家筹措，而参与抢夺花炮的也都是移民商家，能否抢到花炮意味着能否将妈祖请到家中提供专门的庇佑。

关帝庙在妈祖庙修建好后的第三年搭建起来，主导修建的人群仍为赖氏家族，商家们祭祀关帝是求生意顺利、兴隆。这一时期，葛亮的侗民对这两个新出现在葛亮的神灵还感到很陌生，他们把妈祖喊作“奶嘛”，意为大妈，关帝喊作“甫嘛”，意为大爹，认为他们二人是一对夫妻神。但侗民也并非完全不参与天后与关帝的祭祀仪式，至少葛亮势力较强的石、罗两个姓氏会与闽粤移民一起操办节日和敬神，当地人的解释是因为石家与罗家就好像葛亮的“地保”，因此必须参与到祭祀活动中去。

在葛亮定居的移民商家大约在同治年间离开葛亮，搬迁到江对面的富禄码头，其原因说法颇多，其中同治年间的苗乱以葛亮为据点对商家造成了不小的冲击。在移民离开之后，妈祖庙、关帝庙遗留在了葛亮，而居住在葛亮的侗族，也延续了对神灵的祭拜与庙宇的维护，每年三月廿三妈祖诞，在移民缺席的情况下由侗民自行举办。当然，葛亮之所以能够举办妈祖诞，也与当时葛亮侗族参与市场后具备一定的经济实力有关。然而，侗族对妈祖的理解却经过自身文化的再创造与再加工，与之前产生了一些变化。比如妈祖逐渐脱离了与水的关系，而与生育行为更为贴近，人们拜妈祖认为可以生下男孩，继承香火，如果哪一家的小孩子身体比较孱弱，也会被带到天后宫，经过一系列

1　富禄“三月三”花炮节这一本由闽粤移民所带来的与天后信仰相契合的节日习俗，却因为不同时间中移民与地方社会的互动过程，逐渐演变出三个不同时空下的花炮节。对这一历史过程的梳理以及相关讨论，请参见笔者拙文：《节日内涵流变与文化创造——都柳江下游富禄花炮节探析》，《贵州社会科学》，2013 年第 3 期，第 164—168 页。

仪式将小孩过继给天后当儿子，小孩就会身体强壮，家庭人丁兴旺。而关帝庙也在侗族的再诠释之下变成能帮助“成功”、“顺利”的神灵，今天的葛亮寨有人要出外赚钱，都需要祭拜关帝。可见，侗族对妈祖、关帝信仰的接纳，是在自身文化逻辑之下经过再诠释和再创造的结果。

孔明庙在葛亮的出现颇为有趣，在庙宇修建之前，葛亮就有很多关于孔明的传说，以及用孔明命名的空间，如孔明庙、诸葛亭、孔明井、孔明桥。人们传说当年诸葛亮曾派马岱领兵屯扎于此，马岱引兵到达葛亮，饮用了都柳江的江水后，人与马都上吐下泻，遂不敢再饮用，陷入缺水的困境，诸葛亮接到报告亲自到此地探察，令士兵挖出井水解决了饮水困境，才使部队得以攻下少数民族首领孟获。这一传说在葛亮几乎人人皆知，到今天他们对外人述说这一故事的时候，仍然带着对孔明的敬佩与对葛亮这一特殊的“历史经历”的自豪。实际上，在一段时间中，孔明只是一种传说，并不具备神性，孔明庙的建立，是因葛亮侗民的一个梦，在梦里孔明坐着船从上游而来，到了葛亮决定下锚上岸，不再离开。梦醒后，人们发现河滩上果然有一棵不知哪里来的木头，于是相信孔明确实已到来，便集资在葛亮修建了孔明庙。孔明庙出现之后，侗族在原来妈祖诞的基础上增添了一个花炮，专门为祭祀孔明所准备，至此，移民所移植到葛亮的“妈祖诞”，演变成为了侗族的“花炮节”，且节日内涵也发生了变化，侗民所过的三月廿三，从祭祀“妈祖”变为了共同祭拜“妈祖”、“关帝”与“孔明”三位神灵。

随着族群互动的增加，侗族将移民所移植的庙宇与信仰进行再创造与再诠释，纳入自己的信仰体系之中。而离开葛亮的移民也发生着类似的变化。移民搬迁到富禄之后，修建起了包括闽粤湘黔桂在内的五省会馆，从黔、桂、湘的加入可以看到，随着当地人参与市场的程度加深，移民逐渐意识到，仅仅依靠闽粤二省的力量已不再够，而五省会馆能够整合更多的市场资源。但移民并没有将天后迁移到五省会馆之中，而是将“三王庙”移入了五省会馆。三王庙并非是移民所带来的信仰，从地方志中关于三王庙的记载来看，三王庙始终被划为“夷俗之祀”，实际属于都柳江流域苗侗的信仰，如今移民后裔解释说，“我们汉人来到别人的地方，就要入乡随俗，也要信别个的神”。移民接受三王的信仰，与富禄侗民在地方力量的上升有关。侗族的一些姓氏如廖、吴通过参与木材的贸易获得了不少资本，不难想象，搬迁至富禄的闽粤籍商人需要与侗民保持良好的关系才能在地方市场上立足，在这样的情境下，将三王庙移入五省会馆则是移民与当地人之间微妙关系的一种体现。然而，将三王庙移入五省会馆并非完全是移民的一种策略，移民也逐渐将三王纳入到自己的信仰体系之中。原先在葛亮举行的三月廿三妈祖诞，到了富禄后，改为“三月三”举行，这与农历三月三是三王的重要节日之一有关，且原来只祭祀妈祖与关帝的花炮节又增添了一枚祭祀三王的炮。今天在富禄镇所举行的三月三花炮节上，妈祖与关帝已不被强调，由于要突出“少数民族传统节日”的民族特色，人们只强调自己祭祀的对象为三王。

上述文化间相互碰撞以及创造性融合的动态过程与都柳江河道的流动性密切相关。在富禄，正是有了不同人群间的文化交流，才有了今天散落在都柳江沿岸的形态各异的神灵，而正是有了文化的再解释与再生产，闽粤移民最初带来的妈祖诞才渐渐演变成区域中不同人群的共同习俗——花炮节。“正是这种人的因素的活跃性，成为我们今天去研究区域的结构过程的基本着眼点，在某种意义上，人的活动与人的流动赋予了通道以实质性的内涵，而在此过程中，人的活动以及其留下来的历史印记，构成了我们可以从文化上把握的民族走廊。”（张应强 2014）这些通过文化表达出来的既整合又具差异的对于“地方”、

"区域"的观念，今天已经渗透到了富禄人的精神世界之中并成为人们日常生活中的一部分。

六、结语

航道疏浚对都柳江流域来说，是一个变革性的事件，河道的流动性的确对原有的社会生态带来冲击，区域社会也因为陌生人的加入和市场网络的形成而产生诸多改变。本文之所以选取了土客互动这一视角开展讨论，正是因为自都柳江航道被疏通之后，区域社会在新的经济活动、社会关系网络以及文化交汇的各个面向都因不同人群互动的种种故事与记忆得以呈现。由上述各部分讨论可以看到，水道的贯通并不只是地理上的沟通，更在区域发展过程中形成了一种新的经济关系、地方权力格局、身份划分以及"族群"认同标记。这种复杂的区域社会变化，在岑牙的居住空间变更中，是一种交织着经济、社会文化、历史记忆诸因素的空间关系；而河滩的归属与冲突是传统社会秩序在新的社会环境中所呈现出来的弹性与张力，可以看到，水道对于地方社会的影响并不是一个"打破—重构"的单一过程，其中夹杂着生活其间不同人群的极具差异性的社会联系与文化系统。当我们将水道的流动性与时间考虑其中，就会发现被称为"区域"的地方社会实则是一个极有弹性的概念，这种弹性来自于不同人群间的文化张力，也源自于人们在不同时间面临不同境遇之下所做出的灵活选择，可以说，正是借由通道本身具备的流动性，我们观察区域建构的动态过程才成为可能，文化的再生产过程才得以进一步被探讨和分析，从而真正帮助我们理解"区域"的结构化过程（structuring）（萧凤霞 2001）。

除此以外，如今我们在富禄观察到的复杂多元的民间信仰和庙宇系统，实际上体现了区域社会高度的开放性和综合性，而其形成，正在于不同区域的文化因通道的建立而产生的流动。借由水道，我们得以呈现具有文化差异的各类人群因相互接触而发生的冲突、调适、交融及至关系的重构，进而追问，流行于不同地理单位中的宇宙观在相互碰撞的过程中，如何在保持自身独特性的同时，经由汇集于一地的多方人群的创造性实践加以整合，从而将地理空间中“与世隔绝”的单位，带到更为广泛而复杂的联系之中。

参考文献

陈贤波，《土司政治与族群历史——明代以后贵州都柳江上游地区研究》，上海：生活·读书·新知三联书店，2011。

贵州省从江县志编纂委员会编，《从江县志》，贵阳：贵州人民出版社，1999。

韩书瑞、罗友枝，陈仲丹译，《十八世纪的中国社会》，南京：江苏人民出版社，2008。

黄应贵，《人类学的视野》，台北：群学出版有限公司，2006

罗美芳，“清水江流域航道开辟及其社会发展”，《原生态民族文化学刊》，2009（1）：65-70。

罗康隆，“清水江流域木材贸易的族际经济结构分析”，《原生态民族文化学刊》，2012（4）：34-40。

麻国庆，“南岭民族走廊的人类学定位及意义”，《广西民族大学学报》（哲学社会科学版），2013（3）：84-90。

唐晓涛，“三界神形象的演变与明清西江中游地域社会的转型”，《历史人类学学刊》，第六卷，第一、二期合刊，2008：67-109。

王彦芸，“节日内涵流变与文化创造——都柳江下游富禄花炮节探析”，《贵州社会科学》，2013（3）：164-168。

（清）王孚镛纂、胡嵩修纂，民国《三合县志略》卷5，“水道·附鄂尔泰奏开都江河道疏”，中国方志丛书本，台北：台湾成文出版社，1968。

吴振棫，《黔语》（卷上），贵阳：贵州人民出版社，1992。

萧凤霞，“廿载华南研究之旅”，《清华社会学评论》，2001（1）。

谢晓辉，“苗疆的开发与地方神祇的重塑——兼与苏堂棣讨论白帝天王传说变迁的历史情境”，《历史人类学学刊》，第六卷，第一、二期合刊，2008：111-146。

朱晴晴，“清代西南乡村集市与区域社会——以贵州黔东南小江为例”，《广西民族大学学报》(哲学社会科学版)，2011(6)：79-86。
张应强，《木材之流动——清代清水江下游地区的市场、权力与社会》，上海：生活·读书·新知三联书店，2006。
张应强，“边墙兴废与明清苗疆社会”，《中山大学学报》，2001(2)：74-81。
张应强，“通道与走廊：‘湖南苗疆’的开发与人群互动”，《广西民族大学学报》(哲学社会科学版)，2014(3)：30-35。
周永明，“道路研究与‘路学’”，《二十一世纪》(双月刊)，2010(8月号)：71-79。

“狱路”的力及其隐喻

宋立军*

一、导言

对监狱进行研究，可以选择任何一个侧面入手。将“狱路”作为观察思考当今监狱的线索，其灵感源自周永明（2010）提出的“路学”（Roadology）概念。

周永明认为，可以跨学科理解“路学”，特别是要通过人类学的方式观察和理解“道路对整个区域的社会、经济、文化和生态影响”。他还以四川、云南藏区公路建设作为个案阐述了自己对于“路学”的基本构想，并将“路学”界定为“一门从跨学科的角度对道路的修建、使用和影响进行综合研究的学科”。“道路与人类及自然无时无刻不在‘互动’，‘路学’只有置入同时涵盖社会和自然两大系统的学科框架和理论视野才能真正全面了解研究对象。”（周永明 2010：77-78）实质上，周永明关注的是人类学研究中整体与部分之间关系问题。“路”本无法从任何一个特定区域中抽离出来，它就像空气和阳光一样存在

* 宋立军，江苏省司法警官高等职业学校，通讯方式：slj405@sina.com。

于人们的生活中。但是，当"路"被人为地抽离后，我们看到的却是另一番别样的景象——通过对"路"的解读，人类学强调的整体观就变得更加显明。这与人类学所倡导的"民族志"理论方法有异曲同工之妙。

由于"路学"概念的提出，也有学者试图从自己的研究领域完善和发展这一理论框架。朱凌飞通过对"一个拒绝道路的村庄"——云南省普米族村寨玉狮场村道路的人类学研究，详细描述了"地方性"与"全球化"碰撞的过程，并对修通道路后村寨的生态环境、经济生计、社会文化出现的"弹持"现象进行深度解释。作者认为，在成功修通道路后"玉狮场获得了另一个重要的发展机遇，也必将发生更为深刻的社会文化变迁"。（朱凌飞 2014）赵旭东和周恩宇（2013）在"道路民族志"的研究框架下对黔滇驿道进行研究，"探索其在特定时空条件下对贵州社会文化及民族关系格局的影响，进而探讨国家在不同时期如何以其为载体策略性地获取统治正当性的过程"。同时，也"对当前近乎神圣化的泛发展观进行一些梳理与反思"。人类学的研究常常关注路与当地社会的关系。朱晓阳（2011）在《小村故事——地志与家园（2003-2009）》一书中，描述了小村传统生计方式是如何终结于两条公路（昆洛路和广福路）修建的，小村的村民陷入失地的境遇，并为此作出一系列艰难的抗争。曾维康在《农民中国：江汉平原一个村落26位乡民的口述史》一书中记录了村民刘贤良自费修路的遭遇：要想富，先修路。平凡村是一个产棉大村，但是由于"路不好走，东西卖不出去也拖不进来，严重阻碍了乡村的发展和农民致富"。刘多次打电话给电视台和报社，但是问题始终得不到解决。"后来我想通了，靠天靠地不如靠自己。"于是，他牵头组织村民建成了"富源公路"。当地政府对于村民自费修路态度暧昧，不光在宣传上两次出现出尔反尔的情形，而且有关领导还想将路权由私变公。从这个故事中，我们可以看出政府牵头修路常与“政绩”紧密相关，当修路与“政绩”关联不大时，则无人过问。然而一旦村民私自修成公路，则反过来会损害政府为民服务的形象。（曾维康 2012：87-95）从这两项研究中我们发现，路与乡村政治有着密不可分的关系。

从现有的文献看，对于“狱路”的研究只是零星地散见于监狱建筑研究当中。例如，监狱建筑研究专家王晓山所著《当代监狱规划设计与建设》第七章第二节介绍了“监狱道路规划设计”，包括：道路规划设计原则、道路设计要点、道路的分类、道路的做法、道路的停车场、道路的绿化、道路的照明、道路的排水等。作者还就监狱道路提出了三点建议：一是监狱道路在满足实用功能基础上，还需要体现以人为本的原则；二是监狱道路设计不能单独考虑交通特性，偏重解决人与机动车的交通问题，更要考虑人、车、路、环境四者的关系；三是监狱道路应按城市交通标准设立人行道、车行道和斑马线，以使服刑人员在狱内养成遵守交通规则的意识。（王晓山 2010：146-150）何建（2014）对福建省宁德监狱交通作如下记载：“监区内考虑到人流和车货物流的日常流线，将运动场东侧道路以及劳动改造区中间那条道路作为主干道设 8m 宽，其余均根据人流量设为次干道 6m 或者 4m 宽。劳动改造区和监舍区道路均形成环道，消防车可到达任意一幢楼，满足防火需求。”对于监区绿化、建筑物、道路的比例，本无硬性的规定，但是南京监狱在总体规划时三者比例为：4.5：3.5：1。“在监狱建筑的空间布局上，强调整体规划，在统一中求变化，布局结构与路网构成有机协调”（杜向东 2002）。尽管这些研究都还不够深入，但是对于本研究却有一定的借鉴作用。

二、狱路的物质构造[1]

目前尚无规范监狱道路规格的文件，一般参照住宅小区和校园的路。特别是考虑到监狱企业的需要，亦参照企业的道路标准。

（一）“狱路”的种类

监狱的道路可以为主干道、次干道、支道三种。主干道车行道路 9-12m，两侧人行道路 2m，故总宽为 13-17m，有的主干道甚至宽 18-24m。次干道车行道路 6-9m，两侧人行道路 2 米，故总宽为 10-13m。支道一般宽为 3-4m。由于狱内车辆少，车速限定在 5 公里 / 小时以内，为节约用地，目前许多监狱道路属于人行与车行混合道路。这种情况下，主要考虑的是服刑人员列队行走的方便问题。一般来说，监狱各监区出工以四列纵队行走，若想行进动作顺利完成，每人至少需要 0.8m，指挥人员需要 1.5m，因而总体上看不得低于 5m。否则，就会出现行进队伍混乱的现象。

（二）“狱路”制作材料

监狱在筑路时，主要有下列几种材料：

1. 混凝土或沥青混凝土路面。这种路面持久耐用，主要用于监狱主要干、次、支道及通车的路面及停车场。根据用途的不同，厚度或有所不同。考虑到狱内生产的需要，有时要通行重型卡车或者集装箱车，因而在筑路时还需要添加钢筋。

2. 卵石嵌砌路面。可用于使用频率不是很高的人行道或绿地镶嵌。监区医院庭院常采用此种路面。

1　参见王晓山，2010：146-150。

3. 预制砌块路面。它因具有防滑、步行舒适、施工简单、修理容易和价格低廉等特点，常被监狱用于人行道、广场、车道等多种场所的路面。

4. 石材路面。因其能够营造出一种质感、沉稳的氛围，常用于监狱建筑单体的入口、广场的路面。

5. 砖砌路面。常用于监狱的人行道和广场等场地。

（三）“狱路”附属物

“狱路”的附属物主要包括：绿化、雕塑、照明、排水、监控、宣传栏等。

1. 绿化。道路的绿化，常常可以对改善环境以及调节人的情绪起到积极的作用。但是监狱的绿化与普通市政或校园绿化不同，必须考虑到监管安全的需要。因而，绿化不能过高过密，以草皮、低矮花木或低矮灌木为主。一般在围墙周边（当然靠近围墙不得种植树木）的树木不得高于1.5m，否则可能给服刑人员脱逃提供便利。

2. 雕塑。在主干道上或者多条路汇集的广场上，一般会建有不同类型的雕塑，常会反映地方的文化特色或者特殊的寓意。

3. 照明。照明的功能是保证来往车辆、行人在夜间通行安全及监管安全，同时也可以起到夜间美化监区的效果。一般采用常规照明，有条件的监狱还采用太阳能照明路灯，实现节能环保。

4. 排水。监狱的生活、生产污废水以及雨水都需要及时排出，污废水还需要进行必要的处理，而排水设施多与路网重合，设置于道路两侧或路面以下。

5. 监控。目前一些监狱采用视频监控系统，以保障监狱的安全。该系统由视频矩阵、视频服务器、摄像机及硬盘录像机等构成，直接观看被监控场所的一切情况。这一系统可以把被监控场所的图像、声

音同时传送到监控中心，使被监控场所的情况一目了然，且具备图像、声音记录存储功能。（于爱荣 2009：114-115）

6. 宣传栏。监狱为了美化监区，活跃文化氛围，会在道路两侧有选择地设置宣传栏，用于张贴标语或者宣传画报等。

（四）狱路的直观特点

凡是参观过监狱的人，都会对监狱的道路有这样直观的感受：道路横平竖直，很少有弯道或不规则情形；狱路的视野开阔，无“曲径通幽”或“柳暗花明”之意境，亦无坐凳等休闲设施；狱路内循环实现路路通，没有断头路或死胡同；狱路连接每个建筑单体，且在建筑单体入口处断开；狱路相交处形成路口或广场；狱路与外界交点只有一个，那就是狱门。另外，凡是参观监狱者可能还有一个深刻的感受，那就是监狱的路上很少见到人，除非是服刑人员收出工或者管理人员上下班才能见到人群，其他时间路面光秃而冷清，而夏天烈日下炙热的路面令人生畏。

三、狱路的力

“狱路”属于“监狱空间”的一部分。黄应贵认为空间有力，即“空间的力”。“空间的力”，第一层含义是指“空间的物质基础塑造人类社会生活的能力”，第二层含义是指“物质性的地理形式或建构环境如何构成（constitute）、限制（constrain）以及调节（mediate）人类社会生活”。人的活动与物质性空间相互结合运作又建构出各种新空间，如：社会关系空间、认知空间、象征空间、意识形态空间、文化习惯空间等。在这个过程中，“也具备各种不同的意念机制来发挥构成或界定、限制以及调节或超越的力量”。除此以外，空间还产生另一种重要的力，那就是权力。在各种空间相互纠结中，“势必产生个别空间的优越性及边陲性，而有支配与屈从的不平等关系”，特别是空间成为利益争夺的对象时，尤为如此。（黄应贵 1995：16-19）这与福柯关于监狱空间与权力之间的关系有一致之处，但所不同的是福柯还看到，那种制造不平等关系的权力，并非如计划般的有效。“在计划中，监狱在设立之初就应该成为一个与学校、兵营或医院同样完美的工具，精确地作用于个人。”“失败随之而来，和计划本身几乎同时被记载下来。”（杜小真 2003：269）在监狱这个独特的空间中，并没有完全精确地作用于每个人的权力，其力量也是有限度的。假设制造权力的空间的力量是有限的，也就意味着包括“狱路”在内的空间，会成为各方的权力争夺场。

（一）狱方：权力的展演场

虽然无论是官方还是学术界都在刻意淡化监狱的国家机器性质，但是实质上的国家机器观念依然在监狱实践中盛行。在与一些监狱管理人员交谈中，他们往往会抱怨“现在的的劳改犯太难管了，没有了规矩”。20世纪90年代时，监院墙内还可以见到这样的标语：“你是什么人？这里是什么地方？你来这里做什么？”以强化服刑人员的身份意识，目前服刑人员依然要穿着制式囚服，男性服刑人员要剃光头，见到警官时要毕恭毕敬，不经许可不得擅自行动，等等。

最能反映监狱作为国家机器的规定要属《罪犯改造行为规范》（司法部1990，已于2004年5月1日失效）第二条的规定：

> 第二条 在服刑期间，必须做到“十不准”：
>
> 不准反对四项基本原则，编造和传播政治谣言；
>
> 不准抗拒管理教育，逃避改造，装病和自伤自残；

不准超越警戒线和规定的活动区域，或脱离互监小组擅自行动；

不准利用吃喝、讲哥们义气、宣扬地域观念等手段攀亲结友，拉帮结伙和拨弄是非；

不准打架斗殴、聚众滋事、练拳习武、制造凶器、纹身、赌博；

不准传播犯罪手段，怂恿他人犯罪，阅读传播反动、淫秽书刊，以及搞封建迷信活动；

不准私藏现金、粮票、便服、易燃易爆品、剧毒品和绳索、棍棒、刃具，未经批准不准穿戴绝缘服装、鞋靴、手套；

不准私自与外界人员接触，索取、交换钱物或找人捎信传话；

不准恃强凌弱，打骂、侮辱、勒索、诬陷他犯；

不准破坏生产，消极怠工，偷摸、毁坏公私物品。

尽管该规范已经失效，但是实践中有不少监狱在入监教育时还要求服刑人员学习背诵，作为日常行为的指南。

监狱，作为国家机器拥有意识形态领域的权力，其核心内容是强制和惩罚。这种意识形态不断地渗透于监狱的任何角落任何时段。自然，我们也可以在狱路上看到这种意识形态大行其道。

1. 从脚镣声到队列规范

监狱内总有违规者存在，特别严重者要被加戴戒具，最常见的就是手铐、脚镣。过去，一旦某监区有人被戴上手铐及脚镣，则必会引起人们的关注。因为，在空旷的高墙内，在坚硬的路面上会响起清脆而刺耳的脚镣声——哗啦啦——哗啦啦——哗啦啦——。加戴戒具的服刑人员每走一步都显得很艰难。也许当事人脸上露出好汉般不屑一顾的神情，但是路上的这道风景却着实震撼着观众们。其他服刑人员，或者在收出工的路上，或者在监舍内，或者在车间里，都乐于观看这样难得一见的场面。此时，监狱的管理者们也似乎有意让服刑人员作一个观众。这些脚上戴镣者，要被带到禁闭室或者高危犯监区，铁镣在路上划出一道不甚明显的痕迹，却在观众的心中留下极为深刻的烙印。这就是铁的规矩，这就是国家机器的力量。在这里，路为强制力的意识形态提供了展示的空间。此刻，惩罚在路上变得可见可感，权力在路上真正切入肌肤。

当然，这种场面随着监狱管理的更加人性化而愈加少见了，如果不属于狱内突发性事件（如袭警、故意杀人等），则以其他方式将当事人制服即可，无需戴镣。

但是，行动于狱路上的服刑人员还是戴着无形的枷锁。“道路也有热闹的时候：一是监狱警察交接班，……。另一个更热闹的时间段就是收出工，从监舍到车间，从车间到监舍，服刑人员一队队地行进在道路上，监狱警察指挥着队伍：‘一二一，……一,一,一二一’。同时，监狱警察一般会引领服刑人员以2/4拍的节奏呼号……有时候，领导对此种表演非常感兴趣，常常以队列效果好坏来评判监区（分监区）的管理水平。如果队列走得乱哄哄的，就说明带班监狱警察不认真，领导不重视规范化管理。于是，道路也就成了形象展演的检阅场。”（宋立军 2012：322-323）

曾经服刑者所著小说《四面墙》中有如下描写：

一大队的队长在我们后面威风凛凛地喊着：“一二一”，走一段，还带领大家喊口号：“加、强、改、造！重、塑、自、我！”

“加、强、改、造！重、塑、自、我！”一片狼嚎般的呐喊。

一大队在很多方面都挺正规化的，据说小钢厂的利润也是全监最好的，犯人们的福利相对也比我们好，就是减刑名额的比例，听说都比别的队高一些。（哥们儿 2006：357）

在这里，队长（目前常称呼为“警官”）“威风凛凛”的姿态来源于掌握着必要的权力，他指挥服刑人员队伍，使其认同并服从这种不平等关系。在他的口令中，“起步走”即是命令队伍必须即刻由静入动，“立定”则意味着队伍必须即刻由动入静，“一”要迈左腿，“二”要迈右腿。整个行进过程中，要步调一致，一切行动听指挥。“加、强、改、造！重、塑、自、我！”这样的口号，是一次又一次地确认喊口号者的身份。这种口号，只需要喊得响亮，喊出声势，无需抑扬顿挫、音色纯正。我们还会发现，这个队伍除了指挥员（管理人员）外，都是清一色的光头、清一色的囚服、抬手踢腿样式同样的“滑稽”。而按照监狱的规定，队伍并非随意组合，而是按照“三联号”[1]的规定组合而成。在“狱路”上行进的队伍所戴“枷锁”越多，在旁观者看来就越“正规化”。这种正规化训练，在监狱里有一个专有名词叫“行为养成”。“队列训练是服刑人员行为养成的重要手段，通过队列训练可以矫正他们身上的恶习、养成良好的行为规范。”（伍永平、程松川 2013）对于服刑人员来说，“行为养成”表现越好，就越符合权力追求的目标，越会得到权力方的认可和褒奖。

如果说，实体的脚镣声拖拉于坚硬的路面属于显性惩罚的话，那么虚拟的脚镣声响彻于空旷的“狱路”上，则是隐性的惩罚。“狱路”的确是一片不错的权力展演场。

在福柯看来，狱路上所展演的权力是复杂的。“权力制造知识（而且，不仅仅是因为知识为权力服务，权力才鼓励知识，也不仅仅是因为知识有用，权力才使用知识）；权力和知识是直接相互连接的；不相应地建构一种知识领域就不可能有权力关系，不同时预设和建构权力关系就不会有任何知识。”“权力—知识关系”是历史的发展的范畴。“我们关注的‘政治肉体’（body politic），把它看作是一组物质因素

1 三联号，是指一个表现差的夹在两个表现好的中间，一是可以利用好的监督差的，二是三人之间也可以相互监督。三联号成员之间不能相互脱离，有的监狱规定：相互脱离超过 5 分钟，属于严重违规事件。

和技术，它们作为武器、中继器、传达路径和支持手段为权力和知识关系服务，而那种权力和知识关系则通过把人的肉体变成认识对象来干预和征服人的肉体”。（福柯 2003：29-30）在福柯的眼中，在“狱路”上行进的队列，是知识和权力的结合。实际上类似的知识在监狱中比比皆是，叠得如豆腐块一样的被子，摆成一线的毛巾、牙缸、牙膏和牙刷无不是一种体现权力进而产生权力的知识。“没有知识，行使权力是不可能的；知识也不可能不产生权力。”（杜小真 2003：281）

2. 无时无处不在的监控

全方位全时段的监控，在高科技时代已然成为可能。有无数的摄像头日夜不休地监视着监狱的每个角落，几乎不留死角。“狱路”当然也是监控的重点部位。因为凡是脱逃者无不是经由路而离开监狱的。无论脱逃者手段多么高明，如果缺少路的导引，也就没有了机会。

某日清晨，一名监狱管理人员带领一服刑人员倾倒垃圾。监区离垃圾场有一段路程，其中有一段约 30m、倾角约为 15 度角的坡道。由于当时推车的服刑人员在下坡时速度过快，将管理人员远远落下，被监控到。监狱为此下发通报，对当事管理人员进行批评扣分。因为在监狱中有规定，管理人员与服刑人员之间跟进距离不得超过 5m。当然，所在的监区也对这位拖垃圾的服刑人员进行了处理。

这位管理人员很委屈，但是在证据面前他又只能认了。严格按制度办事，常常是监狱管理规范的体现。监控的作用，就在于时时刻刻提醒人们遵守一切规章制度。有的省份，摄像头的终端连通至监狱管理局，局里可以随时调看各监狱的情况。假设在调看过程中，发现服刑人员有违规行为，有关监区管理人员不在场或在场没有及时制止，或者没有很好地履行职责，就会被上级通报。同时，在某省还建立了省局每天考核监狱领导调看监控记录情况的制度。

摄像头已经超出了边沁设想的功能：“如果监狱长能够从中心监视

厅既不移动又不被察觉地进行监视，既能看到所有囚室的入口，甚至在无数玻璃的门打开时能看到大多数囚室的内部，又能看到看管各层犯人的看守，那么这种监视是最理想的”，成为“对监控者的监控”。（福柯 2003:280）不仅如此，当今的监控已经实现了“监控［监控（监控者）］”的效果。无声的监控设备就像乔治·奥威尔《一九八四》中的“老大哥”（BIG BROTHER），控制着人们的精神，以至于所有人都不得不时时刻刻进行自我审查。（奥威尔 1998）这种自我审查，实质上就是自我监控，这种监控真正做到了从肉体到灵魂。

3. 教化

教化是监狱在行使权力中不可缺少的另一手，与惩罚是孪生姐妹。监狱往往在道路的两侧利用宣传展板的形式传播教化标语（图文并茂，十分醒目）：“爱让我们再生”、“爱需要宽容和良好的心态”、“为社会创造财富是自我改造的最好途径”、“只有绷紧安全之弦 才能弹奏平安之歌”、“安全在我心中 质量在我手中”、“安全是朵幸福花 合力浇灌美如画”、“贪婪是最真实的贫穷，满足是最真实的财富”、“承载希望 放飞梦想”、“亲人的关心，是拨正人生航船的指路明灯”、“悔罪净化灵魂 劳动重塑自我”、“自觉接受改造 努力成为守法公民”、“你不能左右天气，但是你可以改变心情！”、“苦想没盼头，苦干有奔头。”、“每天进步一点点”、“感恩，来自于心理的满足，来自于对人对事的宽容和理解，来自于一种回报他人和社会的良好心态”。行走在这样的路上，不断接受标语的浸染，也许可能多少对一些人产生心灵冲击。

这些标语的另一个功能是显现监狱传递“人道主义”关怀的意图。此种正向的教化还体现在其他各种特殊的情境下：春节来临，路旁悬挂彩灯；减刑假释大会时，一路路队伍精神饱满地行进；参加文化教育每人手中拿着课本的队伍……

在监狱中，教化常常表现为集体化形式，如授课、讲座、请名人做道德报告、请成功的刑释人员介绍经验、请亲属进行帮教。在达顿看来，这些继承了儒家规制古代村庄的手段，起码从结构上是极为相似的。这种教化的目标是实现“自我管理与集体性相汇合”。（达顿 2009：360-363）

当然，这种集体教化的效果如何，非常值得怀疑。事实上对于此类的教化，服刑人员中除了少部分是抵触的，还有相当一部分人对之麻木不仁。毕竟这种教化在一些人眼中就是形式主义。为了避免集体教化流于形式，且效果不佳的弊端，监狱还倡导“个别教育”，对个体服刑人员进行有针对性的教化。

然而，另一种关于路的教化却常常被认为是发挥着作用的，那就是与路相关的绿化和雕塑。从心理学和美学角度看，精心而合理的绿化以及雕塑能够潜移默化地调节服刑人员的心理并从中获得教益。以雕塑为例，王晓山认为“监狱雕塑以其独特的艺术语言和经久的生命力，可以优化、美化监狱环境空间，提高监狱文化品位。同时，还能以其完美的艺术形象，丰富服刑人员及警察职工的精神生活，给他们以美的享受，对他们潜移默化地进行审美的熏陶”。他还介绍了湖北省汉津监狱监区内高达 5 米的孔子全身雕塑像和江苏省未成年犯管教所的“周处自新”雕塑，以证明自己的观点。（王晓山 2014）

（二）服刑人员：活力的加油站

前面我们介绍了权力加于服刑人员身上的一些表现。力的作用总是相互的，一些服刑人员会试图对此种力产生反作用力，哪怕是从相反的方向去想象，也多少会使枯燥、死气沉沉的监禁生活多些滋味。这一点，在福柯那里却被忽视了，因为当时的监狱更多的是单独监禁，而不像今天的监狱一样，有更多的集体的生活，甚至在不自由中还可以创设一点点的自由来。因而，“狱路”对于他们来说可以视为“活力的加油站”。

1. 输送饮食和信息的通道

生存总是第一位的，人的生存离不开两个方面：一是饮食，二是信息。对于囚禁于高墙之内的人们来说，二者也不可或缺。这主要是因为，饮食和信息不仅使他们与开放的世界保持了某种必须的联系，更重要的是经由饮食和信息使人保有了应有的尊严和意义。

（1）饮食

古人告诉我们："民以食为天"。吃对于服刑人员的最直接最原始的意义就是活着。因而，有人形象化地归纳为“犯人—饭人”。“活生生的人一旦关进监狱，原有的七情六欲中，七情已被铁门无情地割断，男女之欲也只能寄托于想象之中，或者停留在百无聊赖之时的口舌之上。因而，犯人唯一剩下的就只有那可怜的一丁点维系生命的饮食，那一口永远吃不饱，因而时时刻刻心向往之、梦魂系之的饭菜。”（严祖佑 2012：29）

尽管目前监狱已经做到了“吃饱、吃热、吃得卫生”，但吃依旧是监狱内永恒的主题。所有主副食的原材料都通过“狱路”运入监狱中，经过监狱食堂的加工，再通过“狱路”送到各监区，成为服刑人员赖以生存的重要营养源。监狱内一般也有超市，超市的物资通过“狱路”运入，再通过“狱路”被服刑人员搬到监舍。

有人认为，饮食中还不能忽略香烟，因为香烟是入口的。在吃得饱穿得暖的监禁生活中，香烟对于一些人的价值有时可能远远高于粮食和菜。对于香烟是否开禁，目前国内的监狱做法不一。有的绝对禁止，有的有条件地允许吸食。对于绝对禁止的监狱，如果你是经验丰富的管理人员，总能搜到香烟。对于有条件允许吸食的监狱，也总会看到有服刑人员不按规定地点、规定时间、规定方式吸烟。显然“狱路”成为违规吸烟者的生命线。例如为了避免火灾的发生，有条件允许吸烟的监狱会禁止服刑人员私藏火机，会专门配置点火器。一个人的烟点着后，大家可以对火，以节省时间。以至于出狱后有的人已经不会使用打火机，习惯于对火了。有人铤而走险，千方百计弄到火机。有人悄悄地告诉笔者，自己的火机是拖垃圾的外来人员传入狱内的，一只一元钱的火机，在狱内要值十几元。当然其他地下经济活动离开了“狱路”也无法展开。甚至有的服刑人员直言不讳地说:“说劳改犯违规，劳改犯在高墙里有多大本事？监狱里有那么多道门，有那么多探头，违禁品是怎么进来的？恐怕问题不在劳改犯身上。”当然，关于狱内违规问题，宜用专文论述。

2. 信息

信息化时代背景下的监狱，服刑人员对于信息的渴求同样是强烈的。

每个监区都有电视供服刑人员观看，但是看电视的时间毕竟有限。因而，获取信息的主要通道依然是“狱路”。外界信息有管理人员传播的，有新服刑人员带入的[1]，有通过会见家人获取，还有就是通过报纸获取的。一位即将刑满的人谈到未来打算时说:“报纸上说了，我的家乡正进行新农村建设，我出去后想做路灯的生意。”服刑人员也会从报纸上发现“大蒜头”的价格波动较快，在“蒜你贱”时监狱竟然以“蒜你狠”时的价格为服刑人员开账购买，于是会向监狱有关领导反映这个问题。有时候，报纸上报道了监狱发生的贪腐案件，在监狱警察未获知时，服刑人员之间已经传开了。当然，服刑人员会从各自的角度，怀着不同的目的采集信息。于是，狱内生活就多了许多谈资；于是，服刑人员维权成为管理者头疼的问题；于是，管理者不断抱怨“犯人越来越不像犯人了”。

1 有一位新服刑人员对在监狱内生活了十几年的人说，一条裤带一千多元，竟被对方打了一顿。这种说法被认为是吹牛，后者入狱时裤带并没有这个价位。

狱内的信息也经由“狱路”传递。已故的南非前总统曼德拉在狱内组织绝食斗争，其中的一种方式是将纸条藏在盛饭的圆桶里，经由“狱路”互通信息，从而争取到一些权利。（曼德拉 2005：359）

2. 体验人间冷暖

“狱路”也是体验人间冷暖的地方。对于已婚的男性服刑人员来说，会见妻子常怀着非常复杂的心情。如果夫妻恩爱，则通往会见室的路是轻松愉快的；如果妻子会见是为了离婚，有人就难以接受，走在路上心情糟糕到极点，甚至生出轻生的念头。

监狱规定，狱内有服刑人员的地方，必有管理人员在。哪怕只有一名服刑人员行走在路上，他/她的身后五米以内也必须有管理人员跟随。有两名服刑人员的经历，或许能诠释为什么“狱路”能让人体验人间的冷暖。

服刑人员甲：

天不好，今天下雨，下得多大雨啊！穿的衣服都潮了。没办法，谁管你啊。（入监队）警官把伞一打，（说）呵呵，老天爷蛮坏的。排好队走，按顺序走，一排一排的，打开水。

服刑人员乙：

我刚到这个监区时，王队长，现在在　监区。那时我刚下队，第一次接见时，买了不少东西。王队长帮我拎了一箱牛奶，挺重的。我思想当中，诶，这个警官挺善良的。他说：你这个太重了，我来帮你拎一箱。我说：报告警官，（你）不能拿。王队长说：不要紧的。走了一段路后，我说：谢谢王队长！　别客气！　虽然这是小事情，一点点的事情，在我内心当中，我永远记住这个事情。不是拎东西，我自己也拎得动。我讲人都是相互的，我会一直记着他。我说这里的警官和入监队的警官不一样嘛。

据笔者的观察，凡是会做工作的人，常有意或无意地利用与服刑人员单独相处的机会（包括共同行走路上时）说点贴心的话，做一点让人感动的事情。因为路在监狱这个封闭的空间中，此时属于相对开放又相当私密的空间。

3. 改造的润滑剂

对于绝大多数服刑人员来说，行走在路上之于枯燥的监禁生活，是一种片刻的享受。尽管常常要经受各种规矩的约束。因为行走在路上，可以晒晒太阳，吹吹风，淋淋雨，看看天空，望望风景，听听鸟鸣，闻闻泥土气息。行走对于服刑人员来说，既可以锻炼身体，又能排遣压抑的心理。某监狱在监狱设计时，将食宿及习艺劳动车间全部包含在两个封闭连通的建筑中，服刑人员起床、吃饭、出工劳动一条龙，大大节省了“消磨”在收出工排队行进的时间，同时也增加了安全系数。但是时间一长，狱方发现一段时间下来，精神疾病的人数增加。经过分析，发现这与服刑人员无法接触开阔空间下的道路有关。于是，狱方决定每天安排专门时间组织服刑人员下楼做操、跑步等。应该说，该监狱在设计时单单考虑了安全及劳动效率，而没有考虑道路对于服刑人员的价值。

对于某些“有路子”的服刑人员来说，狱路对于他们来说约束要少一些。服刑人员丙，1981 年生，1996 年至 1998 年因盗窃被劳教，1998 年至 1999 年因盗窃入狱服刑，1999 年至 2001 年因盗窃再次入狱，2002 年（2001 年被捕）因抢劫罪、盗窃罪被判处 12 年有期徒刑，2011 年刑满。最后一次，仅减刑两年。但他因为对监狱的环境轻车熟路，在狱内却是个能人，他说：

像现在我在监区里有什么事情都还是能解决的，你看几个领导都还是需要我的。监区有什么东西坏了，水车啊什么的，都要我到生活中队搞。上次监区水车坏了，他们几个劳改犯去找人家生活中队犯人修。水车就一直放在生活中队，人家就拖着不修。你怎么办？监区还有一百几十号劳改犯要用水呢。干部也不愿意去找人家监区的劳改犯，人家不归你管，也不睬你，就装呆呢。干部不也难看吗？所以干部就要我们这些能干事情的人。我到那边就是找了一个 把子 ，人家立马就帮你解决了。为什么呢？平时就是大家相互关照一下。冬天就是做两件棉袄，夏天就是做几件亚麻的衬衫。我基本上就是一句话，就能让别的缝制监区做好。那人家生活中队的犯人就给我个面子，就这样的。有时候还有别的监区的民警也找我做点事情，搞点名堂。我就是看人办事情了，有的干部关系比较好的，像你王队长有什么事情就不一样了，我们比较谈得来的，有什么事情我马上就是去帮你办了。有的人嘛，平时关系也不好，能拖就拖一下了。

对于丙来说，能搞一点名堂，正是生命意义的体现。丙几乎从少年时开始"蹲监狱"，基本上没有离开过监狱。他对监狱有一种本能的适应能力。所以，他对于这里的路是再熟识不过了。行走在这样的路上，他会有一种成就感的。或者说，他更认可自己作为服刑人员的角色，因为在开放的社会中，他的能量就无用武之地了。

四、 狱路 隐喻的追问

鲁迅在《故乡》中说："希望本是无所谓有，无所谓无的。这正如地上的路，其实地上本没有路，走的人多了，也便成了路。"路在中国总是有一定的隐喻性。“车到山前必有路”、“走错路”、“走邪路”、“回头路”、“有门路”、“半路夫妻”、“十字路口”、“狭路相逢”、“道不同不相为谋”、“你走你的阳关道，我走我的独木桥”、“峰回路转”、“温商跑路”、“形同路人”、“退路”、“对路”、“断头路”、“财路”、“上（下）坡路”、“弯路”等等。

当然，“狱路”对于人们来说，也是一条路。有的人终生不会走这条路，有的人命里注定要走这条路。

（一）常人眼中的“狱路”

几乎谁都知道“狱路”是一条不受人待见的路。

> 某官员丁因职务性犯罪而在狱内服刑，他过去的同事及下属若干人等通过某种关系获得了会见丁的机会。但是当管理人员引导他们进入会见室时，所有人都不愿意进去，他们隔着几层玻璃看到丁，在门外打招呼。管理人员不解，为什么托了关系来会见，却连会见室的门也不入呢。于是出于礼貌，该管理人员大声喊道：“你们进去吧！”依然无人响应。该管理人员想弄个究竟，原来“进去”在他们心中是有特殊含义的。他们也许是担心自己真的“进去”。忌讳“进去”的说法。他们还说，监狱里面晦气。

的确如此，对于自由的人来说，监狱里的每个空间每个物件都是晦气的。每天监狱管理人员及服刑人员走的路当然也是晦气的。这种晦气是不应该被放出来，更不应该带回家中。出狱的人，他们被同伴告知出了大门“千万别回头”，也就是说“别走回头路”。他们都要换身新衣服，都要理发洗澡，然后才算新生。然而，并不是每个人都能幸运地不走“回头路”。有时，一种无形力量会让人“回炉”，“二进宫”、“三进宫”“N 进宫”，重又踏上这条熟悉得再不能熟悉的路。

我们可以说，晦气的“狱路”是封闭的内循环，它与外界分离、分裂、对抗。但是我们也必须看到，在狱路与外部世界的路之间有一个模糊的边界。这个边界在哪里呢，很难说清。但是，会见室应该是一个模糊的边界所在。我访谈过一些从很远的地方来监狱会见狱中亲人的人，他们都有许多无奈。家与监狱之间的路，并不好走。这不是因为距离或者路况，而是因为那是一条连接“狱路”的路。在俗世的人看来，肮脏的路，他们却不得不与之紧密接触。唯有如此，才能将他们的亲人从那条令人鄙夷“狱路”拉回“正路”。

“狱路”还是一条让世人警示的路。它与高墙、电网、监控等共同构成了符号系统，深植于社会公众的心中。“狱路”与“罪恶”、“耻辱”、“病态”、“垃圾”、“丑恶”等形象连在一起。就连以监狱为职业场所的管理人员，也会因长期行走在晦气的毫无生机的路上，自觉低人一等。久而久之，一些人会形成职业性的变脸，进入大门的那一刻，脸上就仿佛挂上一层冰霜；一出大门，就会长舒一口气，脸上的肌肉也就松弛下来。这是在进行自我心理调适。如果这种能力缺乏的话，就会将“晦气”带到家中，对所爱之人发无名火。有些监狱管理人员的家属抱怨：“我们家那位，整天对我吼，把我看成劳改犯了。”也有的人被晦气浸染太甚，于是乎得了“精神病”。这种病人，在目前的监狱环境中，已经并不罕见。

（二）人生的观照

路总常常让人想到并延伸到人生之路，这也许是人们与生俱来的隐喻本领使然。

“狱路”，与人生之路紧密相连。当我就“狱路”这个话题与服刑人员交流时，他们往往不知所措，他们不知道怎么与我交流。相反地，他们却在感慨人生之路，走错了路，未来的路怎么走？这的确是最为本质的问题。走在“狱路”上的当然还有监狱职员，他们对这条人生路是怎么思考的呢？

行走在路上，人们会对人生有不同的规划。物理符号的路，刻着不同文化印迹的路，给人们以不同的心理投射。“狱路”的规范、刻板、方正、平直，都暗示着一种对人身体和心理的规训。这在福柯那里被视为微观权力的渗透，它比法律等宏观的权力更有效，更触及灵魂。但是，也正是这种纪律和规范等微观权力，使人的主体性被扼杀，人性赤裸裸地在这条无奈的路上呈现。

服刑人员精神的痛苦，就写在这条人生路上。特别是对于刑期长久的人来说，这条路找不到出路；即便对于短刑期的人来说，监禁生活结束后的路也是迷茫的、不知所措的。似乎没有多少人包括服刑人员自己会关心，监禁中的人生路该如何规划，这条路将通向何方？我们可以假设，监狱没有围墙，没有电网，是一个服刑人员自我规划的空间，他们是如何规划自己的人生之路呢？他们还会在狱中循规蹈矩，还会自我监控吗？他们会认为，那种微观权力无所不在的规训是道德的吗？换言之，他们会认同目前他们正在行走的路吗？

监狱职员们，又如何看待这条路呢？“职业倦怠”越来越成为对监狱职员心理态度描述得最贴近的词汇。为什么目前监狱职员无法将热情投入到职业之路上，相反，却有许多人厌恶这条路呢？他们也知道，这是他们谋生的手段，他们必须以辛苦的劳作来换取衣食无忧的生活，但谋生难道是选择这一职业的唯一理由？有的监狱职员甚至认为选择这条路就是“遭罪”，而也有人说考上监狱警察的公务员个个都“灰头土脸”，那种曾经有过的职业荣誉感到哪里去了呢？当监狱职员也对这条路感到厌倦时，我们怎么能期待服刑人员行走在救赎之路上呢？

有句古话，叫“条条道路通罗马”。“狱路”是否也通往“罗马”

呢？似乎没有多少人去关注这个“罗马”。实际上，“罗马”就是“幸福之所”。当然这里的幸福与功利主义的“最大多数人的幸福”不是一个概念。这里的幸福也应该包括所有弱者，哪怕是服刑人员的幸福。我们为了“大多数人的幸福”将这些触犯了刑法的人，关在封闭的高墙内，于是以为围墙外的人们就有了幸福，于是所有的幸福似乎都可以建立在少数人痛苦基础上。但是人们没有意识到，当服刑人员无法体会到幸福时，他们的心灵是否能够被软化，他们在走完服刑之路时，会以什么样的心态去面对生活，面对这个日益复杂的社会？

（三）构建尊重生命意义的路

“狱路”是一种实体的空间，推而广之隐喻意义上的路，它们与狱内其他空间是否可以有所改变，有所变化？列斐伏尔认为：“如果未曾生产一个合适的空间，那么‘改变生活方式’、‘改变社会’等都是空话。”（包亚明 2003：47）因为“空间里弥漫着社会关系；它不仅被社会关系支持，也生产社会关系和被社会关系所生产”。（包亚明 2003：48）

这里的社会关系，更多地体现为人与人的关系。当服刑人员是阶级敌人时，自由人与服刑人员之间便是敌我矛盾，有时需要进行“你死我活”的斗争。当服刑人员中的大多数入狱前是社会弱势群体成员时，我们是否要反思监狱曾经走过的路，是否需要进行改造，该如何改造？

前述所言服刑人员在路上的痛苦、监狱职员在路上的倦怠，都可以让我们提出一个值得深思的问题，那就是我们所生产的路是否是“合适的空间”，它是否有利于“改变生活方式”、“改变社会”？是否能建造一条路，使走在这条路上的服刑人员看到希望，看到真善美；而监狱职员则能够看到自己的人生价值，看到自己热情之所属。

事实上，构建这样一条路，并不是乌托邦式的空想。它需要转变人的观念，需要对规则进行改革，需要生产与旧有社会关系不同且与新型社会关系相配套的空间，而这种新的空间也必然促进新型社会关系的发展。这样的一条路，要坚持这样的原则，那就是尊重生命的价值，尊重生命的意义。

然而，我们必须清醒地认识到，“借助知识控制灵魂”这一监狱文化的现代性隐喻功能。（郭明 2010：238）如果对此不加以警惕和约束的话，那么一切宣言都显得苍白无力。

（本文为2014年度司法部预防犯罪研究所黄丝带二级项目最终成果。特别感谢江苏省苏州监狱王晓山先生、江苏省司法警官高等职业学校彭洲文先生提供的资料和观点启发。感谢浙江警官职业学院的郭明教授，中国人民大学人类学研究所博士后陈学金博士，南京大学的“豌豆君”，他们对初稿提出了大量宝贵意见。本文在重庆大学高研院人类学研究中心于2014年12月主办的“路学工作坊”上进行交流，对中央民族大学王建民教授等专家的点评和指导表示感谢。）

参考文献

包亚明，《现代性与空间的生产》，上海：上海教育出版社，2003。

杜向东，“对我国监狱建筑的一些思考——从南京监狱迁建得到的启示”，《犯罪与改造研究》，2002（12）：42-44，88。

杜小真，《福柯集》，上海：上海远东出版社，2003。

哥们儿，《四面墙》，北京：文化艺术出版社，2006。

郭明，《监狱的隐喻：来自铁窗内的人生故事》，上海：学林出版社，2010。

何建，“浅谈监狱建筑设计——以福建省宁德监狱为例”，《福建建筑》，2014（3）：42-44，48。

黄应贵，《空间、力与社会》，台北：“中央研究院”民族学研究所，1995。

迈克尔·R. 达顿，郝方昉，崔洁译，《中国的规制与惩罚：从父权本位到人民本位》，北京：清华大学出版社，2009。

米歇尔·福柯，刘北成，杨远婴译，《规训与惩罚：监狱的诞生》，北京：三联书店，2003.

纳尔逊·曼德拉，谭振学译，《漫漫自由路》，济南：山东大学出版社，2005。

乔治·奥威尔，董乐山译，《一九八四》，沈阳：辽宁教育出版社，1998。

宋立军，《新编监狱工作实务教程》，北京：对外经济贸易大学出版社，2012。

王晓山，《当代监狱规划设计与建设》，北京：法律出版社，2010。

王晓山，“监狱标志性建筑的研究”，《安徽警官职业学院学报》，2014（2）107-110，121。

伍永平，程松川．柳州监狱“开放日”活动纪实.http://www.mzyfz.com/cms/jianyulaojiao/xinwenbaodao/zhuantibaodao/html/1087/2013-01-28/content-649932.html.

严祖佑，《人曲》，上海：中国出版集团东方出版中心，2012。

于爱荣，《监狱信息化导论》，北京：法律出版社，2009。

曾维康，《农民中国：江汉平原一个村落26位乡民的口述史》，北京：高等教育出版社，2012。

赵旭东，周恩宇，“道路、发展与族群关系的‘一体多元’——黔滇驿道的社会、文化与族群关系的型塑”，《北方民族大学学报》，2013（6），100-110。

周永明，“道路研究与‘路学’”，《二十一世纪》，2010（8月号），71-79。

朱凌飞，“修路事件与村寨过程——对玉狮场道路的人类学研究”，《广西民族研究》，2014（3）69-78。

朱晓阳，《小村故事——地志与家园（2003-2009）》，北京：北京大学出版社，2011。

书评

宗教复兴的三个面向：评三部中国人类学近作

梁永佳*

Constructing China's Jerusalem: *Christians*, *Power*; *and Place in Contemporary China*. Nanlai Cao. Stanford: Stanford University Press. 2011.

《建构中国的耶路撒冷：当代中国的基督徒、权力和地方》，曹南来著，斯坦福大学出版社，2011。

Religious Revival in the Tibetan Borderlands: *The Premi of Southwest China*. Koen Wellens. Seattle and London: University of Washington Press. 2010.

《西藏边地的宗教复兴：中国西南的普米人》，威伦斯著，华盛顿大学出版社，2010。

Charisma and Compassion: *Cheng Yuen and the Buddhist Tzu Chi Movement*. Julia Huang. Cambridge, MA: Harvard University Press. 2009.

---

* 梁永佳，中国农业大学社会学系。通讯方式：dean_liang@yahoo.com。

《卡里斯玛与慈悲：证严与慈济佛教运动》，黄倩玉著，哈佛大学出版社，2009。

过去三十年，中国社会的宗教景观发生了巨大变化，宗教生活全面复兴。五大宗教以各种形式扩大影响，基督教信徒增长迅猛。传统地域性宗教和社区宗教全面回归，拜神、念经、祭祖、占卜、风水、看相、算命、跳神等现象逐渐增多。新兴宗教与救赎宗教一度在较大范围内快速传播，跨国宗教活动如佛教、基督教、伊斯兰教的某些教派日益壮大，气功、瑜伽、谭翠等身体技术在中产阶层中相当流行。尽管宗教研究在社会科学界仍相当边缘化，但是认识中国宗教活动的复兴，已经避无可避。过去几年，人类学家在英语学界出版了几部著作，探讨这一问题。除了着眼全局几部著作外（Yoshiko and Wank 2009，Chau 2011，Goossaert and Palmer 2011），三部民族志作品同样引人瞩目。分别是曹南来的《建构中国的耶路撒冷：当代中国的基督徒、权力和地方》（斯坦福大学出版社 2011），威伦斯（Koen Wellens）的《西藏边地的宗教复兴：中国西南的普米人》（华盛顿大学出版社 2009）和黄倩玉的《卡里斯玛与慈悲：证严与慈济佛教运动》（哈佛大学出版社 2009）。本文即对此三部作品做一简评。

曹南来的《建设中国的耶路撒冷》，以温州为基点，分析中国基督教一独特现象——老板基督徒。他们在商业上极为成功，并与政界有密切联系，但他们的独特之处却在其基督教（本书特指新教）身份。商人成为基督徒，就不再是简单的"经济动物"，而是生产多重意义的行动者。他们的宗教活动未必尽在"三自"框架下进行，但绝非与国家对抗。很多老板基督徒认为，基督教"属天"，不该称为"地下教会"。的确，他们的活动非常公开，甚至不乏表演性质。斥资兴建宏大教堂而游离于三自体系者有之，根据《圣经》为公司命名者有之，借党务体系传教者有之，党支书信仰基督教者有之，更不用说培养基督教企业文化，利用商业活动促进基督教传播，提升基督教的国内外影响等等活动了。温商信徒拥有这一空间，全赖经济实力和政治网络。地方政府鼓励他们发展经济和促进和谐的努力，对他们的宗教活动也没有过度干预。

温商老板基督徒试图调和宗教信仰和国家力量，并非一种策略，而是反映了他们对自身商业成功的理解：成功既得益于国家鼓励，更得益于“新教伦理”。有的商人认为，所有信奉《圣经》的民族，包括犹太人，都成了现代化民族，这是《圣经》和现代性相辅相成的有力证据。也有人将经济成功和基督教信仰形容为“两个文明”，称之为物质和精神的完美结合——这是现代性的标志。换句话说，信教代表着现代化，信教使发财具有道德含义。

“道德”在这一整套话语中的确占有重要地位。例如，很多老板基督徒强调婚前和婚外性行为违背道德操守，有的教堂甚至规定，在此举行婚礼者既要受过洗也应保有童贞。道德在作者看来是一种文化资本，老板基督徒为此的投入颇为糜费。他们靠经济实力竞争教牧职位，不惜重金在全国兴建基督教堂、支持传教事业。他们将之视为有高度道德含义的行为，旨在建设温州的基督教模式，把温州建成“中国的耶路撒冷”。他们认为，温州既不同于内陆的农业经济，也不同于国家发展主义话语支配的北京和上海。后两者并不符合现代性标准。经济成功并非现代性，经济成功加上基督教才是真正的现代性。温州强于中国其他地方之处，就在于基督教。温州商人强于政府官员之处，也在于其基督教的跨国性。温州商人通过礼品，保持对农民工新基督徒和非基督徒的优越感。这一系列排他性的文化营造，造成了一种道德的等级性。作者总结说，这种道德等级性的基础，在于老板基督徒将生意上的成功与利他的行为结合在一起，这是一种圣俗不分的温州特色。他们一边拼命赚钱，一边热情传教。他们没有因为物质成功而失去道德高地，因为他们强调道德的保守主义和因果报应。“道德”在温商这里构成了循环论证：老板基督徒代表真正的现代性，反之亦然。

曹南来认为，流行于温州商人的基督教，不仅可以潜移默化地改变基层的宗教—国家关系，而且促进了基督教在中国社会的主流化。温州的基督教复兴存在多重话语，与阶级、性别、出身等因素交织在一起，并与温州长久以来的重商传统、实用主义精神、个体主义倾向相结合，尤其体现了温州地域文化中财富得于神佑的观念。因此，现代理性与宗教信仰在温州可以同步兴起。温州的老板基督徒，并非形成了一种反国家、反霸权的封闭体系，而是提供了容纳各种地方力量和国家力量的场域。

老板基督徒的现象，展现了一幅独特的中国基督教图景。它不仅挑战了“现代性将使宗教沦落”这一世俗化理论的老生常谈，也挑战了有关中国基督教徒“三多”（老人多、妇女多、文盲多）的刻板印象，更迥异于外界媒体对中国基督徒的报道。有人惊叹：在中国存在如此活跃的非三自基督徒群体，令人难以置信。作者则看得更深入，并试图以老板基督徒超越长期主宰中国研究的“国家—社会”二分模式。作者指出，将未注册基督教组织视为对抗国家的力量，是一种“支配—抵抗”的粗浅模式，它预设了一个“公民社会”的存在，骨子里“反映的常常是研究者对道德清晰度和某种陈旧政治逻辑的关心，而不是地方信仰者的视角”（p.7）。的确，中国基督教的社会科学研究，长期受制于“国家—社会”的简单二分，往往轻易将“非国家力量”还原为“抵抗国家的力量”。超越“支配—抵抗”模式，堪称本书最大的贡献。

作者尝试以一种市场模式解释老板基督徒的社会动力：天主教需要大量时间学习繁文缛节，佛教和道教已经沦为外地人在温州求财和温州人攀比的场所，民间宗教则不能在行政力量很强的城市空间内普及，所以基督教有着不可比拟的竞争优势。作者对老板基督徒与民间宗教精英进行了区分，认为民间宗教求助于传统的儒家权威和封闭的地方网络，而基督教则属于跨国福音运动，且更适应全球经济态势。这一基于各“宗教”区别的观察固然合理，但有可能忽略了各“宗教”的共性。从老板基督徒在教堂事务的争议中，或许能找到佛道信徒的攀比心态。民间宗教同样存在广泛的跨国网络和非“现实”的诉求，并非基督教独有。作者多次提到，老板基督徒笃信一种“给予”和“回报”之间的因果关系。例如，不少人相信，支持福音传播会为生意带来更大的成功，“他们给得越多，上帝就会还得越多”（...the more they give，the more God will give back，[p. 35]）。也有人认为，为上帝的服务是对商业成功的“回馈”。有一位商人在祈祷中承诺上帝退回灰色收入，以求得女儿的康复。老板基督徒用礼物保持对农民工的优越感更是本书的一个亮点（pp. 152–154）。我觉得这一线索很值得追问：虽然老板基督徒没有像民间宗教“信徒”那样“追求现实利益”（p. 165），但他们与上帝的关系以及信众之间的关系，显然存在大量的、有道德含义的“给予”和“回报”。这与其他宗教信徒的行动逻辑异曲同工，都包含有具体的、总体的、有时间间隔的社会团结力量，有着巨大的理论潜力（莫斯 2002[1924]，汲喆 2009），更可能是温州老板基督徒不同于世界很多基督徒的地方。对此，作者或许有更为深刻的思考。但无论如何，本书都是基督教人类学者和中国研究专家值得仔细阅读的著作。

威伦斯的《西藏边地的宗教复兴：中国西南的普米人》，是研究西南地区的人类学者期待已久的著作，这位挪威人类学家在普米人研究上花了 15 年时间，终于为我们展示了他的发现：国家意识形态放松，使川滇交界的普米人得以重新实践宗教活动。具体说，基层社会从集体到家户的转变，使风险原子化，加剧了普米巫师（anji/韩规）和藏传佛教僧侣（yèma）的回归。

全书从四川木里的历史入手，展开了漫长的背景介绍。历史部分几乎都基于二手材料写成。木里被描述成一个“喇嘛王国”，处于汉藏势力的夹缝之中，直到共和国时期才终于成为国家直接管辖的行政区域。50年代民族识别，将木里县说普米语言的人口识别为藏族，将云南境内的同类人群识别为普米族。然后，作者介绍了他的主要研究地点——被匿名的木里“繁镇”（Bustling Township），着力介绍其社会、经济、政治背景。这是一个生计农业小镇，由于改革开放以来国家对基层社会放松管制，繁镇被边缘化了，国家和市场都变得很遥远，传统的宇宙观、价值观和社会组织方式也因此回潮。全书快到一半的时候，作者终于开始探讨宗教生活。作者先用一章集中论述西南地区乃至东南亚地区的普遍社会形态——“家屋社会”（house society）。作者认为，普米人的家屋社会以火塘为中心，各种社会关系都以此为基点。如各种婚姻形式（多妻、多夫和交表婚）的选择和建立，以及多民族背景下的生计和交往等。维持火塘和家屋社会的健康，需要仪式专家（anji）和藏传佛教僧人持续不断的参与，这是导致两种宗教人员重新出现且不断增多的根本原因。正是非集体化导致国家退出公共事务，才使人畜疾病等各种风险都由家屋社会承担。也正是因为家屋社会的日益回归，才促进了宗教活动的复兴。在叙述“普米宇宙观”的时候，作者突出了国家在地方世界里的变迁。改革开放前的反宗教举措，并未真正清除anji和yèma在普米宇宙观中的地位，国家只是在复杂的神灵、活佛、仪式专家和僧侣关系中，获得了一席之地而已。曾经力图反对宗教的国家力量，从80年代以来逐渐在普米人的宇宙观中失去了权威。换句话说，宗教复兴所追求的是一种不同于国家的另类道德力量。作者最后将视野投射在云南宁蒗的普米族身上，他们由于具有正式的民族身份，所以一直受到中国民族学者的重视。改革开放以来，普米族精英一直希望复兴 anji 传统（在宁蒗被称为“韩归”）。但他们的 anji 所剩无几，必须到木里邀请大 anji 来重振传统。有趣的是，由于木里普米人已经被识别为藏族，因此这里的 anji 一向被藏族精英视为异端。而到了云南，以 anji 为中心的宗教民族化成为营造民族独特性的利器，备受民族精英青睐，也在一定程度上得到国家认可。

本书在很多方面沿袭了英语世界对西南中国的研究套路，对国家的处理尤为如此。国家被理解成遥远的、非道德的存在。它不仅弄错了民族，更迫使地方社会发生当地人不情愿的改变。而一旦国家控制力量松弛下来，地方社会就回到了过去那种颇为浪漫的传统生活之中。从郝瑞（Harrell 1995）编辑《中国民族前沿的文化遭遇》以来，这样的叙述在英语学界已经形成套路，缪格勒（Mueggler 2001）可谓一个标志。但正如曹南来指出的，国家—社会的二分多是学者自己的分类，并非当地人视角。潘蛟（Pan 2010）也曾指出，这种解构民族识别的努力，看似去东方化，实际上是一种再东方化——少数民族仍被想象成一个神秘的群体。尽管威伦斯看到了国家只是当地宇宙观中的一种力量，但他所描述的国家似乎相当抽象、单一、非道德，也缺乏地方性。谁是“国家”？上层的政策如何在地方操作？不同国家力量之间构成了何种地方意义？又如何产生细微的改变？本书对这些内容涉及不多。

此外，本书有意无意地预设了一个回到传统的过程，国家的退出成了传统回归的充分条件，这一“新”的传统又跟“旧”的传统既有衔接又有差异。这一类似“传统的发明”的视角预设了一种难以成立的“非发明的传统”。王斯福曾质疑说，或许已经没有人还“天真地”以为，回归传统就等于回到毛泽东时代之前，而无需使之适应当下的环境：“我认为，传统制度的遗留或复兴是否真正重复了过去，是一个无用的问题”（Feuchtwang 1998：50）。周越也指出，“传统的发明”理论“或许让人假设了毛泽东时代的压制之前，存在过一个更为协调一致、更为本真的传统”（Chau 2006：6）。“国家—社会”模式下的国家抽象化和“传统的发明”，常常将复杂的社会互动还原为简单的“国家—社会”关系，并暗示一种个人主义基础上的宗教信仰自由主张。将国家处理为一个单纯的政治体，并暗示国家应该退出宗教领域。这种简单的“国家—社会”二分或“政治—宗教”二分，并不能解释“宗教”在地方社会中的意义。

本书主张去集体化过程与宗教复兴存在因果关系，但这方面的讨论却没有成为主体内容。退一步说，去集体化的过程即使真的将人畜疾病等生计风险转到了“家屋社会”上，也无法解释为何要求助仪式专家来规避这些风险。应该存在其他促使宗教复兴的原因。毕竟宗教不仅是关乎人畜兴旺的活动，还关乎人的意义和有道德的生活，且需要一种超越现世的彼岸世界来维持这种意义，不论这一彼岸世界存于异度空间还是其他时间。这也是查尔斯·泰勒（Taylor 2007）所说的宗教的两面特性：人丁兴旺（human flourishing）和超越性（transcendence）。本书对于宗教的讨论，欠缺对超越性的观照，似乎普米人的宗教只是一种应付现实需求的“魔法”。当然，本书充满洞见，在家屋社会、本土宇宙观、两地普米人的关联上尤其具有穿透力。这全赖高密度长时间的田野工作。在一个传统民族志写作几近消亡、西南中国研究充满各种时髦学术词汇的时代，本书仍可以让我们领略经典人类学的魅力。

黄倩玉的《卡里斯玛与慈悲：证严与佛教慈济运动》，是近年来台湾人类学的重要著作。全书围绕台湾地区人间佛教的一大宗派——“慈济功德会”，展示了一个佛教组织的兴起与其领袖之间的关联。证严法师创立的“佛教慈济功德会”，初建时不过三十人，现已成为台湾最大的正式组织。信众五百余万，覆盖三十几国，资产两百多亿，拥有三家综合医院、一家电视台、一所大学。慈济会提供的人力物力，解救了无数贫病、伤患和灾民。四十年间，它从花莲的一个草根组织成为闻名世界的跨国NGO，原因何在？作者认为，“慈济运动的非凡成功得益于调控情绪和纪律的方式，即，情绪和纪律辩证地在一个宗教卡里斯玛运动中被秩序化，互相转换，互为结构”（p.2）。本书的主旨，就是要审视卡里斯玛如何在一个迅速扩张的组织内理性化。显然，作者要处理韦伯体系中一个根本问题。

作者提出“三体说”（three bodies），解释慈济的卡里斯玛在地方、台湾和全球三个层面的理性化。三体即领袖之体、信众之体、集体之体。证严法师从行孝拒婚、出家修行，到拜师印顺、建立慈济，成就了一个从大家闺秀到佛教上人的卡里斯玛传奇。这一传奇经过制度和非制度的促进，让信众对上人本人、照片、座椅、用具倍加崇敬和珍惜。证严上人羸弱的身躯、婉转的语气、慈悲的情怀、勤奋的作风，在信徒中间形成巨大感召力。“爱上人”成为信众实践慈济理念的理由，成为卡里斯玛直通信众的明证。

慈济会快速发展的四大志业（慈善、医疗、教育、人文），实际都有强大的组织保证。会内人士既有荣董、委员、慈诚队员等功能区分，也有年资、衣着、等级之分。但仔细看，组织本身却并非完全理性化的科层制度。证严法师身兼慈济功德会长、基金会董事长、总执行长，直接领导总部“静思精舍”以及分支机构、志业中心和基金会，并握有重大问题的最终决策权。因此，慈济组织是一个“未定义结构”——组织越大，科层越不明朗，越依赖证严法师的权威。作者认为，慈济分工明确，动力巨大，运行高效，并非出于事本主义，而是有赖于证严上人的巨大人格魅力。

这种魅力不仅巨大，而且保持恒常的流动。证严法师通过“上人行脚”，按月访问慈济分支，主持重要典礼或做出重大决策，形成一个“地理身体”（geobody），让信众有机会亲睹卡里斯玛领袖的风采。同时，信众定期通过“慈济列车”等方式到位于花莲的慈济总部“回家”。这离心和向心的流动，为以静思精舍为中心的组织同心圆，定期创造出“阈限”状态。两种流动保持了卡里斯玛的直接性，使组织不断经历“共融”（communitas）。“领袖之体”也因此保证了慈济会的卡里斯玛权威和理性权威交叉并行。

作为“信众之体”的信众，做“慈济人”成为具体个人的日常生活原则。作者以嘉义的分支建立和运行为例，提出“信众之体”意味着一种基于性别的礼仪和动员力，一种充满道德含义的“为人之道”。例如，女性着装更重情绪控制，而男性着装则表现为身体控制。成为“慈济人”，意味着在日常生活中体现“知足、感恩、善解、包容”的“慈济面霜”，强烈的道德取向和自律，是地方层面上“信众之体”的内核。在全台湾层面，“慈济人”的公共形象仍然体现为一种道德性。该形象不仅超越了政治变迁所造成的社会变动，也纠正了卡里斯玛运动只是“盲从”、“危险”的宗教运动这一刻板印象。作者谨慎地质疑慈济与台湾民主化的关系：显然，两蒋时代建立第一家医院，与“解严”后建立第二家医院，都有难度，只是性质不同而已。例如，以非民主方式举办公益事业，就已经成为慈济当下不得不承受的争议。在台湾层面上，慈济“非政府组织性”（NGOness）的变迁，反映了台湾公民社会和文化身份的变迁。在急剧的政治和社会变化中持续扩张，说明了慈济的“信众之体”在全台湾的成功，也说明了卡里斯玛运动不能简单地理解为集体危机时刻的宗教反应。慈济并非昙花一现，而是遍地开花。在跨国层面上，慈济在纽约、波士顿、东京、槟城、马六甲的分支，则体现了“信众之体”的另一种含义：虽然不乏女性的积极角色、道德自律和植根台湾的特征，但是做“慈济人”在跨国情境中，却更多地表现为对包括台湾人在内的各种华人的吸引，并帮助华人在所居国表达他们的积极性。因此，跨国的“信众之体”更呈现为一种族性特征。

“集体之体”最鲜明地表现为慈济的“哭泣”与“手语歌”。哭泣在慈济十分常见，理由也俯拾即是。有矛盾、被批评、受感染、念经、“朝山”，见到、听到甚至想到证严上人，都可能让一个信徒大哭一场或多个信徒哭作一团。作者认为，哭泣是个体与其环境的切实融汇，极为身体化，在其他宗教中多出现在与领袖直接见面的场合中，而慈济则不然：“慈济独特地将无自我的情感深入到志愿者的经历及其相关的场景中。无自我的情感不仅可以通过与宗教和卡里斯玛圣体的接触而激发，还可以通过完成师父的事业，或通过与师父吸引力有关的仪式而激发”（p.140）。由此证明，“哭泣在慈济信徒中如此常见，因此，韦伯提出的卡里斯玛时刻，实际上是一个超凡的情绪时刻，有着很高的心理拯救价值”（p. 270）。手语歌则有明确的程序、表演场合、训练手段，有首有尾，甚至有专门的创作团队和表演团队。它是一种可控制的情绪，可以将卡里斯玛情绪转化为“音乐的集体肉身”（musical collective corporeality）。因此，“哭泣与手语歌的对照，是一种狂热与控制的对照，前者属于不可控制的宗教和卡里斯玛式的狂热；后者是有组织的、形式化的集体”（p.151）。两者在慈济会中并行不悖，说明了交融与结构可以共存，并构成一个情绪的连续统，“两者是一场卡里斯玛运动的日常化过程中，情绪结构的两个端点”（p.152）。这就构成了一个动态情绪和静态秩序结合、有形组织与无形权威结合的“集体之体”。

就本书设定的论题来说，作者近乎完美地完成了任务。遗憾的是本书未在卡里斯玛的“日常化”（routinization）和“理性化”（rationalization）之间作出明确的区分。“卡里斯玛型权威”是在与“传统型权威”和“法理型权威”的关系中提出的。在韦伯那里，多数卡里斯玛型权威将回归到“传统性权威”，只有少数卡里斯玛可以走向“法理型权威”。前者让非西方社会一直陷于传统型权威和卡里斯玛型权威的轮回中，而只有后者才是真正具有变革意义的“日常化”，才可以称为“理性化”（李猛 2010）。这就是说，“日常化”不等于“理性化”。当然，作者在台湾政治民主化背景下探讨一个慈善组织中的卡里斯玛权威，有正当的理由将“日常化”等同于“理性化”。然而，尽管证严法师的卡里斯玛权威的确具有极大的超越性，但这种卡里斯玛本身是否回归到一种类似“家长制”的“传统型权威”，的确有探讨的空间。

作者认为，领袖的卡里斯玛与组织的扩张必然产生矛盾，这也是全书处理的核心问题。但是，我们看到的却是领袖魅力与组织扩张近乎完美的结合。那么，这种矛盾是否真的存在于慈济？是否只是凭借成功的情绪调控，才让慈济很少出现这种张力？类似哭泣与手语歌的调控模式，在弥赛亚式宗教中并不鲜见，并非慈济所独有。如果在礼拜日踏入一家美国乡村的简易教堂，不难见到几家人在牧师的带领下，载歌载舞赞颂主，转而又嚎啕大哭，最后几乎到了送院急救的地步。那么，为何慈济的哭泣与手语歌能如此有效？

正如作者所说，慈济运动终究是一场在华语世界吸引华人的宗教运动，它“结合了两个晚近且显著的社会文化现象——华人佛教复兴与台湾人的跨国主义”（p.10-11）。因此，慈济的巨大成功，除了跟卡里斯玛相关以外，也同样跟“人间佛教”对华人的社会价值重塑有关，跟华人社会的组织特征有关。作者让我们注意到，证严法师的传奇，十分类似妈祖、地藏王的传奇。而慈济运动的巨大感召力，也与其肯定家庭、女性的传统价值有关。情绪调控本身不容易解释为何慈济一方面可以在华人中间激起巨大的感召力，另一方面又不能像基督教、天主教、伊斯兰教那样，具备强大的超越族性的动力。那么，近代以来的人间佛教运动，到底在何种意义上赋予整个华人传统以一种现代化的正当性？慈济的成功在多大程度上得益于这种正当性？

以上三部著作，田野作业环境差异甚大，涉及的宗教传统也十分不同，甚至在学术分工上也不乏隔阂，但不难看到彼此的关联。三部作品呈现了中国宗教复兴的三种不同景观，展现了中华文明的不同面向和各种面向所遇到挑战。首先，三部作品不仅都属于广义的中华文明区，而且考察的立脚点都在后冷战时代。经济全球化和政治开明化，成为三部著作的共同背景。其次，超越政治力量成为三者的共同特色。三部作品以不同的方式展现了宗教力量如何在上超越国家疆界，在下游离国家管制。后冷战时代国家掌控力的减弱，已经是全世界的趋势，在中国社会中不能不说日益明显。如何描述和理解这种超越政治的动力，是三部作品共同致力于探讨的课题。三部著作的作者都没有参考彼此的研究，但却不谋而合地瞄准了这一共同的“中国问题”。更重要的是，这一问题很可能同时也是重要的“亚洲问题”乃至“世界问题”。或许，“后毛”或者“后蒋”都只是问题的一面，新自由主义意识形态和交通通讯技术的更新，也同样不容忽视。第三，这三部作品都有十分鲜明的经验性（empericality）——既非只考虑具体情境的“经验主义”，也不是拿一点材料就陷入哲思的无病呻吟，更绝非只顾中国问题的“义和团学术”，而是用丰富的经验事实挑战已有的知识，试图获得一种跨越边界的学术沟通。这虽然是社会人类学的本分，但却越来越成为中国人类学研究中的稀缺产品。

参考文献

汲喆，“礼物交换作为宗教生活的基本形式”，《社会学研究》，2009（3）：1–25。
李猛，“理性化及其传统：对韦伯的中国观察”，《社会学研究》，2010（5）:1–30。
莫斯著，汲喆译，《礼物》，上海：上海人民出版社，2002[1924]。
Chau, Adam
2006. Miraculous Response: Doing Popular Religion in Contemporary China. Stanford: Stanford University Press.

Chau, Adam.ed.

2011. Religion in Contemporary China: Revitalization and Innovation. London: Routledge.

Goossaert, Vincent and David Palmer.

2011. The Religious Question in Modern China. Chicago: University of Chicago Press.

Feuchtwang, Stephan

1998. "What is a Village?" in Vermeer, E., Pieke, F. and Chong, W. eds. Cooperative and Collective in China's Rural Development. Armonk: M. E. Sharpe, pp. 46–74.

Harrell, Stevan.ed.

1995. Cultural Encounters in China's Ethnic Frontiers. Seattle and London: University of Washington Press.

Mueggler, Erik

2001. The Age of Wild Ghosts: Memory, Violence, and Place in Southwest China. Berkeley: University of California Press.

Pan, Jiao

2010. "Deconstructing China's Ethnic Minorities: Deorientalization or Reorientalization?" .Chinese Sociology and Anthropology 42（4）: 46–61.

Taylor, Charles

2007. A Secular Age. Cambridge: Harvard University Press.

Yoshiko, Ashiwa and David Wank.eds.

2009. Making Religion, Making the State: The Politics of Religion in Modern China. Stanford: Stanford University Press.

评《寻找天堂：中国都市的中产阶级生活》

王梦琪*

In *Search of Paradise: Middle Class Living in a Chinese Metropolis* Li Zhang, Cornell University Press, 2010.

《寻找天堂：中国都市的中产阶级生活》，张鹂著，康奈尔大学出版社，2010 年。

从 2001 年出版第一本学术专著 *Strangers in the City: Reconfigurations of Space, Power, and Social Networks within China's Floating Population* 开始，张鹂教授的研究就集中在城市研究，中产阶级消费和全球化，自我建构，后社会主义研究，新自由主义批判等领域。张鹂教授的民族志研究多以住房为视角，通过对居住空间的记录，来阐释和理解改革开放后中国城市的发展以及中国人社会心理的变迁。

《寻找天堂：中国都市的中产阶级生活》是张鹂于 2010 年出版的以住房研究为重点的一本民族志兼学术专著。虽然只有 200 多页的内

* 王梦琪，布兰戴斯大学人类学系。通讯方式：mqwang@brandeis.edu。

容，但是此书的7个章节分别覆盖了住房研究的几个重要方面：从福利房到商品房（地权和产权的变迁），房地产行业的兴起，都市中产的新居住环境，阶级差异的空间化，拆迁和资本积累，中国人对自我价值的重新定义，住宅小区管理问题。总的来说，本书以居住空间变革为切入点，论述的是中国改革开放后社会生活的宏观变迁。

讨论阶级，首先的问题是，一群人是如何被称为一个阶级或者阶层的？汤普森（E. P. Thompson）在其经典著作《英国工人阶级的形成》中指出，一群人之所以会成为一个阶级，除了在社会生产关系中占有相同的结构地位之外，还因为他们有共同的身份认同和利益诉求。并且在面对其他社会群体的时候，这种共同的利益诉求会使得这群人组织起来（1964：9）。汤普森同时指出，阶级不是一个固化的社会群体，而是发生在人与人之间关系之中的一种历史现象。在此认识的基础上，张鹂进一步提出，中国的中产阶级有更加鲜明的"正在形成中的"特征（an emerging social stratum）（p.8）。这个群体不同于汤普森笔下在社会生产关系中具有共同的地位的英国工人阶级；也不是一个单纯的散漫的建构（discursive construct）。使这个正在形成中的社会阶层区别于大众的，是他们的房主身份，中产消费习惯，以及基于房屋所有权的维权行为（p.8）。基于此观察，张鹂提出了"the spatialization of class"这个概念来理解这个形成中的中产阶层。张鹂指出，商品房的产生给中国中产阶级的形成提供了物理和社会空间。在商品房替代了福利房的后社会主义中国，单位不再是一个人所属的社会群体的标志，不同档次的住宅小区才是。别墅区，中档小区，工薪小区的住户享受不同档次的居住环境以及配套设施（第四章）。这些不同档次的居住环境一方面将人群区分开来，一方面成为一种身份标签。值得注意的是，这个正在形成中的社会阶层自身也在有意识地寻求一个"中产"的身份认同。"中产阶级"的标签作为一种自我认同的欲望被消费着。人们通过消费习惯，比如穿衣买车等，来确立外部对自己的身份认同。然而回归到阶层的定义问题，这个阶层的“正在形成中”的状态和其内部（当然，其内部和外部的边界也是不确定的）成员的多样性也值得注意。正如张鹂观察到的，居住在同一个小区的人们，其社会背景（职业、习惯、审美趣味等）差异巨大。人们的共同点在于都有足够的经济资本去购买一定档次的商品房，并且通过消费实践实现一种“中产阶级”的生活方式。他们共同的利益诉求并不来源于职业，而来源于基于房屋产权之上的维权行动（同时也是对自身物理和社会空间的捍卫）。结合汤普森对阶级的定义来看，更可见“the spatialization of class”这个概念的精确。

作为和这个中产阶层的对比，张鹂同时描写了房地产商、政府、保姆、保安等人群。书中同样可见作为同一档次居住小区的业主，在面对这些“外来势力人群”时的态度（p.131）。然而因为此书的研究主体是新兴中产阶层，大部分的采访都是从业主的视角而进行的。有时不禁让人产生疑问，保姆和保安这样没有进入这一阶层的人群，是如何看待阶级标签、中产消费习惯的？张鹂提到财富来源的多样性，结合中国改革开放三十年来的剧烈的社会变动，使得人们普遍有一种对自身地位的不安全感。张鹂提出，这种不确定性，可能刺激人们进一步通过消费来彰显身份标签（p.9）。这种不安全感和不确定感，是如何被相对弱势群体（比如保姆和保安）体验的。这种通过消费确立身份的欲望，是否也存在于其他社会阶层中？ 而本书的研究人群之所以区别于大众，是否是因为这个群体有足够的消费能力将此欲望转化为事实？还是因为这个群体会基于共同的利益诉求而演化出一种组织（例如业主维权运动中的业主组织）？同样，本书的一些观点，如果可以加入更多不同社会阶层的视角，相信会更加丰富。譬如第四章结尾，张鹂提到中国大众认为现阶段的社会转型是一个自然的发展的过程

（“it is troubling to note that the emerging class-based spatial and social order is often seen by the Chinese public as a natural and progressive move away from Maoist absolute egalitarianism”）（p.136）。这里自然会有一个问题，谁这样认为？如何衡量这个观点（中国社会现阶段的变化是一个自然发展的结果）的普遍性和流行性？如果不同的社会群体在这个观点上的意见一致，那么他们分别是如何解读社会变迁下自身的处境变化的？当然，以上这些都是从本书中衍生出来的疑问。对这些疑问的解答或许超出了本书的理论与实证范围，但笔者相信从这些疑问出发，更进一步的学术工作会加深我们对当代中国阶层分化的理解。

本书的另一个重要章节讨论的是拆迁。张鹂对于拆迁的解读是在地方政府和开发商联手推动下的“后社会主义的资本原始积累”（“postsocialist primitive accumulation”）（p.138）。张鹂使用的“accumulation by displacement”这个概念在此处极为恰当，因为由地方政府和开发商主导的拆迁，其本质和英国资本主义原始积累阶段的圈地运动非常相似。同样是对原来土地上的住户的资本掠夺，只不过在中国，被圈起来的地盖了房子，而非用于直接生产。用列斐弗尔的空间理论解释，中国的圈地运动越过了“空间中的生产”（production in space），直接进入了“生产空间”（production of space）的阶段。通过对强拆事件，钉子户，拆迁维权的记录，这一章节展现的是中国居住空间变革的另一张脸（相对于中产阶级以及商品房居住环境）。张鹂也指出，拆迁户维权和小区业主维权，共同体现了人们物权意识和法治意识的提高。

本文作者认为这一章节在理论阐释拆迁户和商品房业主联系上略显保守。将拆迁户和商品房业主联系起来的，首先是一个通过生产空间而积累资本的过程。土地作为一种生产资料，经开发商之手而产出作为产品的商品房。新兴中产阶层通过购买商品房而消费了作为产品的空间。而失去土地的拆迁户，多半也只能选择购买和住进商品房。在这一过程中，被生产出来的不仅有经济价值，也有来源于社会差异的文化价值。大卫·格雷布指出，价值可以被理解为一种带来不同可能性的能力。这种能力表现为一种潜在的可能。使用这种能力，实现这种潜在的可能，就是制造一个差异于现状的社会现实（2001）。这样看来，从拆迁到新的商品房被消费的过程，不仅制造了经济利润，也制造了新的社会差异。这种社会差异（譬如小区档次的不同），是不同的经济能力被实现被具体化的结果，也给阶层分化提供了条件。

另一方面，从这本书的记载可以看出，拆迁户维权和住宅小区业主维权的共同点，在于维权的过程都是和地产商以及地方政府长久而复杂的博弈。张鹂提到人们日益增长的物权意识是维权运动的一个重要特点。她也指出，理解当代中国维权运动，应当摈弃“文明/不文明”的二元对立论述框架，而采用更具体的更强调语境的理解方式（situated civic action）（p.159）。而落实到对具体维权事件的分析，笔者认为书中还有更多空间可以使用道德经济（moral economy）的概念。道德经济这个概念最先由汤普森提出（1964），指的是将文化传统、社会习俗、道德规范考虑在内，来理解人们的经济行为。和卡尔·波兰尼在《大转型》中提出的观点相似，汤普森指出，当资本主义的发展触及到了社会道德框架的底线，反抗就是可以被理解的。用道德经济学去解释，涉及暴力的反抗并非无理性，而是被压迫群体经过理性考虑后采取的合理行为。因此，如果从道德经济学的角度来分析拆迁户维权和小区业主维权，或许可以更深入了解维权户主的动机和诉诸的道德准则。

从深度和广度上说，本书都是当代中国住房研究的奠基之作。以住房变革为切入点，本书一方面要抓住中国社会改革开放之后的宏观变迁，另一方面要体现变迁中的普通人的日常生活。在具体而翔实的民族志和宏观叙事框架的关系上，本书的处理比较见功底，也为将来进一步的研究提供了基础。

参考文献

Polanyi, Karl
1944. *The Great Transformation*. New York: Rinehart & Co., Inc.
Thompson, E. P.
1964. *The Making of the English Working Class*. New York: Vintage Books.

评《统治教育的欲望：中国文化、政治和学校》

吴晋婷*

Governing Educational Desire: Culture, Politics, and Schooling in China. Andrew B. Kipnis. University of Chicago Press. 2011.

《统治教育的欲望：中国文化、政治和学校》，任柯安著，芝加哥大学出版社，2011 年。

凭着精湛的历史敏锐感、锐利的民族志视角以及娴熟的理论素养，任柯安在本书中向读者展示了在中国和东亚地区广泛存在的对教育的渴望，并对其作为一个重要的社会、文化、历史的统治场域进行深入分析。对教育的渴望这个课题兼具时代性和经典型，尤其是在深受儒家文化影响的大中华地区和东亚地区。许多学者对于教育如何在中国国内和海外侨民社区中作为强大的驱动器这一社会现象，都从不同角度给予了关注和阐释。任柯安在本书中的过人之处在于他深层次地从法律、宗教、美学、经济、文化上剖析教育渴望的成因，把其视为一

* 吴晋婷，澳门大学。通讯方式：jintingw@gmail.com。

个“完全”的社会现象，并聚焦于人类学、历史学、中国学和比较教育的跨学科视角下。通过对快速工业化的山东省邹平县的分析，任柯安的研究囊括了更深远的文化现象，体现人类学家格尔兹的名言：人类学家不仅仅研究村落，而且在村落中对更广泛的现象进行研究。

三个相互交错的理论概念——文化、统治、在地化——为本书定下了理论框架，让作者得以从历史观和全球观角度对教育愿望这个持久而广泛流传的现象从四个层面上进行分析：当地的、全国性的、东亚区域性的和全球性的。任柯安首先回驳“文化”作为一个静态的概念，而赞成其在说明复杂的社会动态上的实用性；例如它能够较好地从各个角度来解释“完全”社会现象（如教育的愿望），涵盖了经济学、艺术学、人口学、政治学和地理学等学科。任柯安进一步阐述了“中国特定文化背景下的统治机制”（“culturally specific aspects of Chinese governing,” p.6），并批判性地引用福柯的治理术（governmentality）。作者不仅仅借用福柯治理术的视角，同时也质疑它是从西方起源并流传开来的这一观点。他特别关注中国和东亚地区历史上的治国方略和执政条约，例如儒家、道家和法家等众多的治理机制与福柯的理论预设有很多异曲同工之处，如“从远处治理”（“governing from a distance”）和“行为的行为”（conduct of conducts）自古也存在于中国和东亚地区。最后，“在地化”视角使得本书能够把“特定的文化进程安放在特定的地方来进行阐释”（“install particular cultural process in a particular place” p.8），让本书的历史性和全球性的视角兼具民族志的实证性和在地化的色彩。

本书的四个分析章节多角度、多层次地聚焦教育渴望这一研究议题，包括“对在地的描述”（第二章），“围绕在地的全国性的研究”（第三章），“本土历史化”（第四章），以及“在地的普适性”（第五章）。章节之间的动态联结是清晰而具逻辑性的，不是简单的线性归纳，而是相互交织和互补。第二章对存在于当代邹平的教育欲望描绘了一幅历史和人种学的图景。在任柯安的笔下，我们看到邹平的学生、家庭、教师如何甘愿忍受学术竞争的压力，应付新兵训练营一般的学习纪律和财政负担，来追求教育成功所带来的永恒的荣耀。经过对邹平地区教育扩展的详细讨论，包括学校合并、义务教育政策、教育融资和标准化等问题，以及政府决策者、家长、学生和教师们如何共同建构、想象教育的道德和社会收益（schooling-as-moral-social-good），任柯安提出了本书的中心议题：为什么有那么多人强烈的崇拜并投资于自己和子女的教育，尽管随着文凭的持续贬值这已经变成越来越“不经济”的投资？

第三章从地方和国家政策的角度探讨政府如何提高、重新定位或者操纵民众对教育的渴望。这些政策包括计划生育、增加教学经费、扩大高校招生、素质教育改革，提升职业教育等等。尽管这些政策在缓和教育愿望上往往不能达到预期的目标，有些甚至带来意想不到的后果，但它们充分表征了中国大环境下威权主义、自由主义、自律性的并存和杂糅及其对民众教育态度的影响。

第四章从东亚的历史传统来阐释教育的欲望。通过所谓的“错综复杂的帝国的管理机制”（“the imperial governing complex”）这个视角，任柯安描绘了在东亚国家广泛存在的几个大议题，包括典范性、考试制度、社会阶层、国家建设等等，以及它们如何交织成一个复杂的执政治理系统。在中国这个崇尚典范的社会，模仿是学习和维护社会秩序的核心。这样的典范性通过任人唯贤的考试制度得以加强，这同时也为社会阶层分化赋予了合法性，并通过颂扬模范人物（所谓的高素质的人）来建立一个统一的爱国民族文化。当然，任柯安也谨慎地指出，这些“错综复杂的帝国管理机制”并不是导致教育欲望的唯一而直接的原因；事实上，这种治理技术在现实中频繁被消解。

在第五章中，任柯安令人信服地论证了点燃教育欲望的多种元素是普世性的，它们超越了邹平、中国和东亚地区。这些元素包括传统农业社会教学机制、社会阶层分化、人口转型、才子佳人的文化理想和教育性别化、语言对国家的建构、文凭热以及教育中的审计和评估文化。这种“普遍性”的分析对前面章节中讨论过的“文化”和“在地”的视角做了很好的补充，并为将来的跨国比较研究开辟了有益的途径。

《统治教育的欲望》这本书精辟地探讨了对教育的渴望不仅仅是一个中国问题，更是东亚地区和全球性的问题。它对中国教育、教育人类学以及东亚裔学生为什么在美国学校常常被视为“模范少数族裔”这个现象都有很强的启示作用。从理论上说，通过研究独特的从中国／东亚起源的教育现象，任柯安挑战了斯坦福大学的新机构主义学派，以及该学派对西方意识形态在启发世界文化以及对世界各地一体化（isomorphism）的作用上的过分强调。这本书进一步对福柯的治理性理论提出挑战，把中国放置于一个治理机制的发源地，而不是单纯的新自由主义传播的领受地，并重新定义本土化及全球化的教育理论。虽然任柯安的深厚的学术造诣在本书的每一页上都是显而易见的，读者在读完本书后或许仍然会心存好奇，想知道相同程度的对教育渴望是否也存在于中国的边境地区，如西藏。因为在那里，国家教育、民族政治、宗教运动等社会动态赋予教育十分不同的内涵。关注中国教育、国家建设和统治机制的学者、学生和大众都能从本书中收益不少。

评《我的凉山兄弟》
（中文改写版）

哈光甜*

Passage to Manhood: Youth Migration, Heroin, and AIDS in Southwest China. Shao-hua Liu. Stanford University Press. 2011.

《我的凉山兄弟》（中文改写版），刘绍华著，群学出版有限公司，2013 年。

对于读者而言，一部人类学民族志可以具备几种不同的时间性。曾经，人们希望通过人类学家的讲述来了解一个早已逝去的世界："原始人"的当下就是"文明人"的曾经。空间的距离被转化成时间的区隔——这既是现代人类学得以产生的前提条件，也是其自我批判的最初起点。但除此之外，民族志可以具备另一种时间性。这种时间性对于研究一个动荡变迁的当代世界尤其显著：一部民族志在付梓之际，其描述对象很可能已经濒临消失。我们越发不知道，人类学家与考古学家的区别在哪里，因为记录现实与挖掘曾经的界线已经模糊不清。

* 哈光甜，英国伦敦大学亚非学院。通讯方式：haguangtian@gmail.com。

我们因而无法确定，未来会在哪里开始，或者究竟会不会开始。我们甚至会怀疑，未来是不是早已在我们的浑然不觉中结束。

刘绍华博士的新书《我的凉山兄弟》因而更加显得弥足珍贵。伤逝——这是刘绍华的文字给人的第一感觉，因为她自己明确地意识到，下笔时的“当下”将不可避免地成为阅读时的“过去”。虽然刘绍华对凉山诺苏人（被政府归入“彝族”）毒品与艾滋病问题的关注由来已久，但此书主要基于她2005-2006年在四川凉山州昭觉县利姆乡为期一年的田野调查。之所以选择此地作为这部医疗民族志的研究对象，不仅在于这里是诺苏人的“腹心地区”，还在于昭觉县本身被政府看作是海洛因与艾滋病双重危害的“重灾区”。

凉山，乃至于整个中国西南地区与鸦片的联系从一开始就与世界资本主义体系在19世纪的扩张和掠夺密切相关。19世纪后半叶的鸦片贸易以及鸦片在中国的大受欢迎促使中国西南很多地区成为鸦片种植场，而清廷20世纪初的禁烟运动不但没有阻止鸦片贸易和种植的扩张，相反却使得西南汉商为了躲避追剿，而将鸦片种植移入诺苏人居住的高山地区。从平原入高山，从汉区入彝区——利润可以削平高山，也可以跨越文化。虽然刘绍华在序言和后记中都说，她觉得自己正在见证一场更为彻底的彝族汉化之途，但凉山的鸦片贸易从一开始就是“跨文化”和“跨民族”的：汉商之可以在诺苏人地区种植鸦片，全赖本地土司和黑彝贵族的合作，而后者又利用鸦片贸易所获得的丰厚利润购买武器、扩充私人军事力量，同时换取新鲜的生活用品。鸦片在这种情况下，被普通诺苏人看作是仅黑彝和土司可以享用的奢侈品（“鸦片是黑彝和土司的糖”）——在刘绍华看来，这种历史造成的对鸦片的特殊看法，是后来年轻诺苏人大批吸毒的重要原因。

虽然诺苏人有自己的历史、自己的伤痛，也有自己特殊的社会组织形式（“家支”）和信仰实践（作为祭司的“毕摩”和相关仪式），但20世纪后半叶的利姆却拥有与中国其他农村地区大同小异的历史命运。在第三章中，刘绍华将海洛因和艾滋病在利姆的肆虐与年轻人外出闯荡联系在一起：改革开放所带来的青年自乡村向城市的流动构成利姆年轻人进城“探险”（“耍”）的主要诱因。争强好胜的男子气概、对鸦片长久以来的渴望（鸦片不仅是黑彝和土司的糖，还是当代有钱城市人的奢侈品）以及西南地区在当代毒品贩卖路线中的特殊位置，使得这些诺苏年轻人大量成为海洛因的俘虏，而交换重复使用不洁的针头更是孳生艾滋病的温床。但刘绍华提到的三个事实值得引起注意：一、因为注射比吸食需要的毒品量更少，所以经济困窘的诺苏年轻人很自然会更倾向于注射。二、经济条件较好的汉人在注射毒品时，相比诺苏人，重复使用针头从而造成交叉感染的情况较少。三、由于毒品和艾滋的双重侵蚀，很多年轻男性或者丧失劳动能力，或者无心生产，导致不少诺苏女性为了维持家庭和养育子女而不得不流入城市从事小生意——而在这之中，小额兜售毒品却又成为她们的主要职业。族群和文化的界线直接延伸到这些领域之中：由于缺乏信任，诺苏人从不与汉人发生毒品交易。而即便是吸毒，诺苏人也从不与汉人为伍。经济地位的差异、族群文化的区隔以及家庭中不同的性别地位，都会造成各种族群内以及跨族群的差异，这些差异使得不同人群在面对毒品和艾滋的威胁时具备完全不同的抵御能力。

刘绍华博士在全书多处不断重申的一个重要论点，就是任何力求遏制毒品扩张和艾滋肆虐的措施，无论是地方性的、国家性的，抑或是国际性的，都必须以对当地实际社会状况和文化背景的深入了解为最基本的前提条件。由于政治体制的缘故，完全在地的社会组织力量——例如诺苏人的“家支”——即便具备自发组织的能力和约束行为的效力，却很难获得政府一方的信任和持续支持，无论这种支持是政治上的，还是经济上的。地方政府的投机和怠惰，往往使得地方禁毒组织举步维艰，而成功的例子大多得益于完全偶然的因素（例如一个有魄力和号召力的地方菁英）。而由国家一方完全自上而下发动的禁毒防艾运动，由于缺乏对在地社会状况的深入了解以及地方政府的漠不关心，往往事倍功半以至虎头蛇尾。

全书中第七章显然占据极为关键的位置。刘绍华在这一章中，详细分析了一个忽略在地文化背景和历史特征的国际防艾项目（英国政府国家发展部门与中国政府合作的、在利姆开展的防治艾滋的“中英项目”）如何处处碰壁，又如何笨拙地在一个本不存在艾滋恐惧和歧视的地方不经意地创造出这些恐惧和歧视：在一个所有人都不排斥艾滋病人的地方大肆宣传关爱艾滋病人反倒适得其反，让人们开始觉得原来艾滋病人是一群需要加以特别“关爱”的人。国际组织防治艾滋病的口号实际上正好符合了弗洛伊德关于否定（negation）的论述：被压抑的无意识只能通过被否定的方式呈现在意识中。中英项目所做的，恐怕正好是将利姆诺苏人带入一个艾滋恐惧症的符号秩序之中，而这个符号秩序的表征，就是一个看似温情的“关爱艾滋病人”。

刘绍华的讲述有一些地方发人深省，但稍显可惜的是，她似乎并未深入解析这些现象背后的涵义：比如，她在第六章中提到中英项目有资助生产、帮助艾滋病人自救的计划，而实际的情况是，有很多并未罹患艾滋的“健康人”生活条件还不如艾滋病人，因而更愿意假冒艾滋病人来换取些微的生活补助。这或许可以说明利姆本地对艾滋病人少有歧视，但这种解释显然远远不够——即便利姆人后来具备了艾滋歧视，被歧视本身难道可以抵御饥贫对人的逼迫吗？如果艾滋病本身也可以成为可供交换的商品呢？刘绍华的叙述已经指向了这个方向，但却并没有明确展开分析。就如失业的工人更加渴望被剥削——他们连被剥削的机会都已经丧失（而这些失业工人正是资本主义体系内在的组成部分，甚至是它得以不断再生产自己的前提和基础），没有艾滋病的穷困诺苏人更希望自己被看作是艾滋病人，更希望将艾滋病如劳动力一般变成可换取收入的商品（利姆诺苏人将接受资助的证明称作“艾滋收据”）。那么一个全球的医疗救助体系是不是也在再生产着另一种不平等，从而让那些“底层人”更加陷入万劫不复的“(最)底层”呢？失业的工人与未患艾滋的穷人（或许他们未来会患，或许他们觉得，如是活着还不如患艾滋、拿资助，然后早些结束生命算了）——这两者是否存在结构性的相似性？如果存在，那么当代以艾滋病为主题的医疗民族志是否可以重写？它还应该以艾滋病人本身为主要描述对象吗？究竟一种什么样的理论视角，一种什么样的视觉错位，才能让我们捕捉到隐藏在表面的艾滋困境背后的深层结构呢？

即便变迁与动荡是一个囊括全球的总体形势，不同地区的变迁速率和方式却不尽相同，并且不同国家、不同人群会承担完全不同的变迁后果，他们在面对突如其来的变化时，会具备完全不同的应对能力——有些生命、有些生活，由于世界资本主体系所造成的结构性的政治经济不平等，完全不具备抵御风险和重建生活的力量。一些最脆弱、最缺乏保障的人却被放在了风险最大的位置，因而为社会变迁付出最大的代价——虽然在这样艰难的夹缝中，我们往往也会发现人性的光辉和生命的韧性，以及未来所可能蕴藏的超乎原来想象的可能性。

故而，与结尾处刘绍华哀伤的心境不同，我更愿意相信，一群逐渐脱离了毒品和艾滋困扰而依靠亲朋脉络入城打工的诺苏年轻人，完全有可能以他们自己的方式延续诺苏的生活，无论这种生活会不会被人类学家自己看作所谓“汉化”。刘绍华在民族志开头讲述自己进入田野时的转折点，其中一个便是她“见鬼”的神奇遭遇。但她并没有对这个故事做出任何解释——她或许不知道怎么解释，或许根本找不到任何解释的切入点，或许她根本不想解释，因为这个故事与民族志本身要表达的主题相去甚远。但还有另一个可能性，就是她无法下笔去解释——不是不想解释，而是无法下笔（could not）。这才真正是民族志的伦理（ethical）问题：不是人类学家的主观选择（伦理问题不可能仅是一个“选择”问题，尤其不应该是掌握权力的人类学家的“理性选择”），而是由于情感的介入和感同身受的理解，人类学家不得不放弃解释，不得不诉诸悬置。我想，既然“鬼故事”要被悬置，那么诺苏人的未来更要被悬置——读完刘绍华的书，我实在做不到，也不能去相信，诺苏人的未来已经结束。相比哀伤，我宁愿看到希望——人类学家的责任难道不正是在艰难处吹响希望的号角、在不公中寻求正义吗？

评《香港重庆大厦——世界中心的边缘地带》

卢霜*

Ghetto at the Center of the World: Chungking Mansions, Hong Kong. Gordon Mathews. University of Chicago Press. 2011.

《香港重庆大厦——世界中心的边缘地带》，Gordon Mathews 著，芝加哥大学出版社，2011 年。

重庆大厦是一栋位于世界金融中心香港的繁华商业区尖沙咀的传奇建筑。多年以来，它所汇聚的三教九流的人群，它所容纳的各色各样的生意，它所产生的特殊文化，一直是媒体人、大众、艺术家、社会科学研究者所关注的对象。麦高登这本《世界中心的边缘地带》是人类学领域为数不多的仅以一栋建筑为研究对象的民族志。他从这个很小的切入口，给我们展现了复杂，丰富，引人深思的“草根全球化（low-end globalization）”，从而让我们对“全球化”这个总是与高科技，跨国企业，网络科技联系起来的概念进行重新反思。

* 卢霜，哈佛大学人类学系。通讯方式：shuanglu@fas. harvard. edu。

《世界中心的边缘地带》基于作者麦高登与他的研究助理们从2006年开始的田野调查，期间研究者们经常造访并住在重庆大厦的旅馆里。他与助手们在重庆大厦中的个人经历也成了本书重要的组成部分——不管是女助手们与大厦里占大多数的男性住户的敏感关系，还是麦高登自己的白人以及大学教授身份对研究的帮助——都从各个方面体现了重庆大厦中的社会关系。虽然本书以重庆大厦为主要研究对象，但是研究者所关注的时间与空间远超过建筑本身。麦高登与他的助手们跟随商人们追溯商品的源头到非洲及中东各国，比如尼日利亚、肯尼亚、阿联酋等。

以重庆大厦周围一组电影般的漫游镜头开始，作者在第一章的开头通过对空间画面，流动人物，以及日常交流的描述，给了读者一个对重庆大厦的感官印象。之后作者把重庆大厦的历史、建筑、生意等娓娓道来，其间很有机地把空间与社会关系的互相影响在书中展现了出来。一方面，书中讲述了香港独特的政治，经济，社会环境如何生产了重庆大厦这个特殊的空间。另一方面，也分析了重庆大厦那似乎本就为“兔穴”所建的建筑空间（The building’s architecture...seems almost to have been designed to become a rabbit warren. p.34）如何生产以及影响了大厦中的复杂、隐蔽社会关系。

第二章中作者描绘了重庆大厦中从事各色职业的人：本地与外国商人、房主与管理者、临时工、政治避难者、清洁工、妓女、吸毒者、游客，以及他们之间产生的各种有趣、突破常规的社会关系。因为重庆大厦住户中男性占绝大多数，性别比例的严重失衡，不少周末来此娱乐的菲律宾女佣成了重庆大厦里的男性追逐的对象。一个吸毒者坦言，当西方白人游客和第三世界的人们在一起吞云吐雾的时候，他们之间似乎没有了国界。

第三章主要通过商品从重庆大厦到非洲，南亚等发展中国家的流动，展示了“草根全球化”（low-end globalization）层面的商品交易方式与我们所熟知的大型企业之间的交易的巨大区别。商品的运输主要靠商人自己随身携带。商人之间的交易没有合同，主要依靠互相之间的信任。香港政府所采取的经济主导自由主义，使得香港这个第一世界的市场充当了中国大陆与非洲这两个巨大第三世界市场之间的商品通道。

以非法工人以及政治避难者为例，第四章讲述香港以经济为主导的新自由主义体制是如何影响法律的制定与实行，从而给非法工人与政治避难者打开进入香港，以及在香港生存的空隙。而这些人提供的远低于一般工人的廉价劳动力，恰好成为重庆大厦能继续在香港存在的重要原因之一。

相比前几章着重描述式的民族志，本书最后一章讨论了这些现象引发的思考。比如一直被认为加剧了区域不平等的新自由主义市场经济，在书中所给的例子中，其实也给一些不发达国家的人民带去了全球化带来的些许利益——这些低档商品，可能是这些处于全球化最边缘的人们能享受到的全球化带来的唯一直接利益；在香港人看来如贫民窟一般的重庆大厦，其实是许多第三世界人民为数不多可以实现中产阶级梦想的地方。

《世界中心的边缘地带》是一本浓墨重彩的民族志。就像麦高登在第一章中所说的，人类学家的长处就在于用民族志展现“全球化”如何渗透在一个具体环境一个具体人群的日常生活里。通过关注重庆大厦这个特殊环境，麦高登把人与人层面的“日益增强的全球相关性”（“Intensification of global interconnectedness” on a human-to-human scale，p.19）具体生动地描绘了出来。他用一个极其微观的角度阐释了“全球化”这个极为宏观的话题。作为对“全球化”研究感兴趣的学者，这本书可以提供一个完全不同的角度重新思考“全球化”。如果对都市人类学，建筑人类学感兴趣的学者，这本书也非常值得一读。它很好地展示了空间与社会关系的互相影响，都市空间与城市的关系，以及都市空间与国际贸易、资本、人口流动的关系。

作者提出的“草根全球化”相对于我们所熟知的“全球化”——在书中作者称之为“高端全球化”（High-end globalization），似乎是个很新鲜的概念。但是在全球化的历史发展中，这个概念是否真的新鲜呢？广义的“全球化”——人类跨越边界，遍及全球的交流——几乎可以追溯到公元前一万多年人类跨越大陆迁徙的历史，接着是各个帝国跨大洲的统治，丝绸之路，大航海时代，工业时代，直到现在的互联网时代（Steger 2013）。人类之间的联系随着每个时代科学技术的变革，在不断发展演化着。现在我们所谈论的“全球化”，是随着80年代开始的信息科技（ICT）发展的巨大飞跃产生的。虽然全球化（Globalization）这个词第一次出现于20世纪40年代，但是这个概念的风靡是却是在80年代末（Steger 2013）。的确，“全球化”是个模糊的概念。全球化不仅被用于学术讨论，更在大众媒体中广泛被使用。它既被用作为一个“过程”（process），又被用作为一个状态（condition），一个系统（system），一个力量（force），抑或是一个时代（age）（Steger 2013）。在本书中，对于全球化这个经常被提起的概念，作者并未给出一个自己的定义或者理解，而是直接跳跃到“全球化”与重庆大厦情况的对比。

如果从历史发展的角度来看，把全球化划分为“高端全球化”与“低端全球化/草根全球化”是个令人混淆的概念。从作者所描述的许多重庆大厦商人交易的方式——商品的运输主要靠商人自己随身携带；商人之间主要运用现金交易；主要依靠互相之间的信任等等，我们可以看出，他们之间的跨国交易并没有体现“当代全球化”所紧密联系的“新信息技术导致的时空剧烈压缩”。恰恰相反，他们的交易不禁让人回想起几千年前丝绸之路时代的画面。所以重庆大厦呈现给我们的，是否不是“当代全球化”的另一面，而只是“全球化”在演化过程中的一个截面？严格意义上说，它是“现代全球化”（The modern period）往“当代全球化”（The contemporary period）（Steger 2013）发展过程中的一个例子？如果本书作者可以不仅仅从“发达国家-发展中国家”这个角度横向比较来讨论全球化，并且把全球化发展的纵向历史考虑进去，重庆大厦的例子对整个全球化讨论的贡献或许将会更加清晰。

参考文献

Steger, Manfred B.
2013. *Globalization: A Very Short Introduction*. Oxford University Press.

评《丽江故事：中国改革以来的萨满、出租车司机与落跑新娘》

陈怀萱*

Lijiang Stories: Shamans,Taxi Drivers, and Runaway Brides in Reform-Era China. Emily Chao, University of Washington Press. 2012.

《丽江故事：中国改革以来的萨满、出租车司机与落跑新娘》，赵省华著，华盛顿大学出版社，2012。

丽江纳西族文化的保存与发展，一直是民族学与人类学研究热点。在中国改革开放后，丽江自20世纪90年代中期开始发展观光，历经大地震后申遗成功，以世界文化遗产之名，在短短十年间跃升成为西南中国国际级的精品旅游景点，除了改变当地纳西族的生活形态与样貌，也影响着丽江纳西族人的民族文化与地方认同。在旅游景点的语境中，一方面强化了纳西族与地方叙事的联结，一方面也反映出主流汉文化对少数民族作为具有相异风俗文化的“他者”的想象。在丽江，日常生活的旅游邂逅，也逐渐成为当地纳西族历史叙事与民族文化与

* 陈怀萱，台湾大学。通讯方式：hwai0208@gmail.com。

地方建构认同过程的一部分。

包括当地纳西族研究学者在内的许多丽江纳西族历史社会文化的研究者已经指出，在多元族群文化交集的丽江地区，一直以来，纳西族社会运用文化适应作为生存策略，来因应各种文化冲击的挑战。因此，回顾纳西族的民族文化认同发展脉络，可以发现纳西文化本身即是不同文化交流、融合、对话与堆叠、不断演进变化的过程。然而，时至今日，纳西文化在全球化与中国市场经济发展中，也成为丽江旅游市场的商品与观光客体验消费的对象。换言之，纳西文化在旅游叙事中，成为丽江地方意象的符码，不断再现与展演。

人类学家赵省华的最新著作，《丽江故事：中国改革以来的萨满、出租车司机与落跑新娘》，即是基于她从 1990 到 2011 年持续在丽江两个村落与丽江古城进行深入的田野调查，呈现少数民族文化、性别与历史再现等面向交织而成的多元、多重且多变的纳西文化样貌。她透过对于纳西社会的日常生活中出现的人物厚描，描绘当地纳西居民如何诠释他们所处的世界，展演并体现他们的文化与历史，同时由此映照出当代中国发展市场经济的历程。

赵省华在第一章即以 90 年代初期丽江东风村（East Wind Village）施行萨满仪式治疗疾病与社会贫富不均之间的关系作为序幕。一开始作者用融入国家意象与政治口号的萨满仪式展演，打开读者对于丽江古老宗教仪式的想象空间，再从不被村民接受的、失败的萨满治疗仪式出发，抽丝剥茧，带领读者探求纳西农村社会为何质疑萨满仪式展演的效度，进而分析村民对疾病、阶级与现代中国国家力量意象的理解。赵省华借由这个故事，反思目前仪式理论偏向功能性诠释，忽略了仪式展演本身呈现出的文化发展脉络及其社群内部动态关系。

如果说第一章是作者将纳西萨满仪式放到国家力量与农村经济变迁的脉络中重新检视，赵省华在第二章则是阐述文化传统如何被发明与重新建构，从所谓的东巴文化过程来思考纳西族作为少数民族的主体性。她追溯从20世纪80年代早期开始，“东巴”作为一个概念，如何从作为宗教信仰的东巴教，转化并发展成为代表指称少数民族特色的纳西族特有文化。作者从生物政治学（biopolitics）的角度切入，告诉读者丽江地方政府与当地纳西知识分子如何透过强调与建构东巴文化作为纳西族特色，进而取得诠释与定义纳西传统、历史与文化的话语权。换言之，东巴教相关历史与文化实践不止成为当代纳西族文化复兴的重点研究项目，对于国家力量与丽江纳西菁英挪用、再现与叙说地方记忆建构纳西“民族性”起了很大作用。自90年代开始，在丽江发展经济与观光旅游的脉络中，东巴文化的历史叙事与再现，建构出原始而古老的纳西文化传统，逐渐成为纳西文化遗产。在这个过程中，丽江纳西菁英取得纳西族历史文化发言权，因而得以透过叙说东巴文化的本真性，重新定义阶级、性别、城市／乡村居民等区别在纳西族社会代表的意涵。发展到今日，因应旅游市场的需要，“东巴文化”不止走向商品化，更品牌化成为丽江地景符号。

在第二章中，赵省华描绘东巴文化与宗教文本成为纳西文化同义字的过程，到了第三章，作者根据她在1990-1992年对于丽江不同村落进行婚姻习俗田野调查的资料，进一步探究在东巴重要文献中，叙述拐婚与私奔故事的纳西神话，是否成为丽江当地纳西族村落的常见习俗。在前二章中，赵省华从宗教文化的角度揭示了以汉文化为底蕴的国家力量如何影响纳西社会建构与实践其民族性和主体性。本章延续对此议题的探讨，将丽江纳西社会的婚俗作为检视与分析的焦点。从新中国成立前一直到改革开放之后，拐婚与私奔故事作为纳西社会里的集体叙事，不仅是纳西乡村经济贫困家庭为求维持生计所采取的权宜策略，更反映出阶级、性别、贫富不均等问题。作者指出，尽管相较于国家论述下被视为“文明”或“现代”的婚俗，丽江纳西社会存在的拐婚与私奔风俗受到许多批评，但随着东巴文化成为纳西文化中被发明的传统，拐婚与私奔的婚俗已经重新被演绎为纳西社会族群文化的实践。

而在第四章，赵省华回顾丽江发展旅游的脉络，社会经济变迁的过程，进一步讨论转变中的丽江社会如何诠释与理解进入公共空间就业的现代女性身体。她以90年代末期丽江女出租车司机的故事，陈述丽江当地居民对于发展旅游过程中带来所谓“现代”与“进步”种种社会变化的矛盾心理。尤其是旅游与资本私有化，挑战着丽江居民日常生活空间的界线。透过叙说当地对女出租车司机与其带有传染力的气味与疾病等“不正常”身体的种种联想，作者从国家政策、地方经济发展与空间政治等面向，分析当地纳西居民为何会以更严格的道德标准来规范活动于公共空间的女性身体，借此呈现出在国家叙事中被异化与族群化的丽江少数民族社会如何产生性别化的生活空间与场域，并深化社群内部的性别不平等关系。

第五章接续上一章对于民族化丽江社群的讨论，作者从“纳西古乐”名人宣科兴讼案件，讨论身处国家发展新自由主义市场经济的当地居民如何将地方建构内化成为族群特色的一部分，透过将民族性市场化与商品化的过程进一步确立丽江纳西族的地方与族群认同。透过赵省华对于宣科兴讼案的分析，我们看到，纳西族身份认同的文化展演与表述，如何复杂地交织于全球化、国家叙事与地方发展市场经济等脉络之中。

赵省华在最后一章带领读者检视上述故事所呈现的丽江发展样貌。作者娓娓道来这些与丽江常民生活息息相关的故事，带领读者思考，地方作为居民集体生活记忆与经验层层堆叠交织的场域，如何进一步形塑居民的民族性认同。而透过描述故事人物与地方叙事的最新发展，作者不但为读者提供理解丽江发展的全貌观，她更再次强调，我们必须从实际社会文化历史背景来思考民族作为被建构的认同分类如何与为何成为地方居民日常生活实践的一部分。

《丽江故事：中国改革以来的萨满、出租车司机与落跑新娘》是一本扎实而精彩的民族志，透过人类学家对地方故事的深入解析，该书以丰富的田野采集资料与精炼的文字，呈现出丽江社会在改革开放之后所发生的质变。赵省华在本书中展现了与当代民族学和人类学的中国少数民族理论进行对话的企图心。本书各章故事观照“纳西”作为分类形成族群内部异化的过程，以补充目前中西研究多聚焦于民族识别与分类作为国家力量如何形塑少数民族认同的不足。同时，透过田野观察纳西居民日常生活中的文化实践，探究中国发展市场经济脉络下，所谓的“素质”与“少数民族文化”如何成为少数民族与偏乡居民区分其身体与行为的标准。作者从丽江纳西文化的演化与发展这样的视角切入，进一步阐述当代中国国家力量与旅游经济如何改变西南中国少数民族的生活样态与自身的族群地方认同。

本书为“西南中国研究”感兴趣的学者提供了深入思考的视角。它借着对纳西族主体性建构过程的描绘，讨论了在市场经济脉络下民族识别与民族性的内化与实践等议题，同时，对于性别人类学感兴趣的研究者，也深具阅读价值。作者从常民的神话仪式、文化符号与展演、身体空间等生活实践揭示了民族性与性别不平等的关系。再者，本书透过关注丽江居民经历文化变迁过程之视角，让读者看到中国改革开放后国家力量在地方常民生活中的具体实践及其意义。尤其可贵的是，因为作者长期持续在丽江进行民族志研究，书中不同时期的丽江故事成为可以相互映照又可延展的历史脉络。据此，作者以厚实而长期的民族志实践，体现了人类学家民族志研究与书写的可贵价值即从在地观点与发展脉络，理解变动中的地方社会与诠释当地社群的日常生活实践意涵。

作者细微而深入的民族志书写，使得本书各章故事面面观皆有着历史的重量。从地方发展的角度来看，丽江社会内部的民族性与异化过程，显示出汉文化对于少数民族文化方方面面的影响。透过这类社会过程的讨论，我们看到国家意象在地方实践中的实际作用与意涵变化，甚至看到地方如何在社会经济环境改变中，利用支配性中心权力来建构或创造新的传统文化及其社会价值。这些丽江发展不同阶段的地方故事，反而正可以使我们跳脱中心/边陲二元分化的概念，将地方叙事视为中心来检视国家力量乃至于市场经济如何体现在一个社群的日常生活之中。

然而，稍嫌可惜的是，赵省华从不同面向描绘处于社会变迁中的丽江居民；但在这些故事中，作者的许多讨论将丽江作为纳西的地方来论述。尽管作者的部分讨论已经指向丽江在国家/地方地缘政治之中的意涵，但对于丽江作为地方的意义，多止于作为纳西族生活场域来探讨。随着旅游发展带来人口流动与新移民，纳西族的地方认同如何影响其民族认同建构过程？而异质化的地方居民如何集体形塑出丽江的地方意义？或许这是未来关注丽江发展的研究者可以进一步探究的方向。

编后记

经过近两年的筹划准备,《中国人类学》终于付梓面世。

编辑此刊的目的，发刊词中业已阐明。本期的版面编排也体现出对学科发展的期盼。首先，人类学在当今中国面临的黄金时代，离不开对学术孜孜以求的大批新人，所以将“青年学者”专栏置首。其次，“全球代中国”的人类学，呼唤研究者将视野延展到世界的每一个角落，希望“全球化”专栏起抛砖引玉之效。再者，当代人类学急需开拓新的研究领域和方法，本期推出的“路学”专栏正是一个新的尝试。

创办刊物是一项集体性工程。在此首先感谢重庆大学人文社科高等研究院的支持，感谢高研院人类学中心全体同仁的努力。在本期编辑过程中，特别感谢商务印书馆的李霞和王振华编辑，以及香港中文大学的余昕女士的细致工作。感谢美国陈俊杰博士组织书评稿件，感谢江苏镇江吴当先生及其朋友为封面设计提供的帮助。

《中国人类学》将秉承办刊宗旨，在学界同仁的关爱和帮助下不断完善，努力成为中国人类学研究的常绿园地。

周永明

二零一五年岁末

《中国人类学》编辑部地址

重庆大学人文社会科学高等研究院　人类学中心
重庆市沙坪坝区沙正街 174 号，重庆大学 A 区文字斋
邮　　编：400044
电子邮箱：caeditor@163.com